21世纪高等教育建筑环境与能源应用工程融媒体新形态系列教材

建筑电气

主　编　李太富　李　茜　李奕乐
副主编　冷代伍　李开贵　林　璐　廖百胜
参　编　张　力　向　艳　陈建利　刘　丽　邹孟芹
　　　　高向前　贾　霖　柳　建　唐　玲　周吉日
　　　　袁福亮　邓元媛　孙鸿杰　干树川
主　审　李海庆

机械工业出版社

本书共10章，介绍了建筑电气基础知识、建筑电气设计及识图的基本方法和技能，包括供配电负荷计算、变配电所的组成及设计、柴油发电机负荷计算及其选择、高低压开关电器及导体的选择及其布线、常用电气设备装置配电及保护、建筑防雷接地、建筑照明及智能控制、应急照明设计、火灾报警及电气防火、建筑智能化各系统等强弱电系统设计内容。

本书注重理论与实际工程的结合，采用现行的国家行业设计规范、手册和图集，基于典型的建筑电气设计实例，介绍其组成原理、设计依据、设计计算、工程图绘制、识图的基本方法和技能等。内容循序渐进、由浅入深、图文并茂，通过引导学生查阅设计规范、手册、数据集和图集，为学生进行设计、工程图表达及识图算量创造了条件。书中提供二维码链接的工程图及视频讲解，并适度融入了课程思政元素。

本书可作为高等院校建筑电气与智能化、建筑环境与能源应用工程、智能建造、工程造价、工程管理、给排水科学与工程、土木工程等专业的“建筑电气”课程教材及课程设计/毕业设计指导书，也可作为建筑行业设计院所电气设计、工程管理、工程造价、供配电施工、管理及运营等相关工程技术人员的参考书。

本书配有PPT电子课件、习题及参考答案、教学大纲、教学进度表、若干套典型完整的建筑电气工程图、试题样本及参考答案、毕业设计案例、常用电气文字符号和图例等教学资源，免费提供给选用本书作为教材的授课教师，需要者请登录机械工业出版社教育服务网（www.cmpedu.com）注册后下载。

图书在版编目（CIP）数据

建筑电气 / 李太富，李茜，李奕乐主编. -- 北京 ：机械工业出版社，2025. 7. --（21世纪高等教育建筑环境与能源应用工程融媒体新形态系列教材）. -- ISBN 978-7-111-78475-3

Ⅰ. TU85

中国国家版本馆CIP数据核字第2025VX7196号

机械工业出版社（北京市百万庄大街22号　邮政编码100037）

策划编辑：刘　涛　　　责任编辑：刘　涛　高凤春

责任校对：梁　园　张　征　　　封面设计：马精明

责任印制：张　博

河北泓景印刷有限公司印刷

2025年7月第1版第1次印刷

184mm×260mm · 14印张 · 361千字

标准书号：ISBN 978-7-111-78475-3

定价：48.00元

电话服务　　　　网络服务

客服电话：010-88361066　　机　工　官　网：www.cmpbook.com

010-88379833　　机　工　官　博：weibo.com/cmp1952

010-68326294　　金　　书　　网：www.golden-book.com

　机工教育服务网：www.cmpedu.com

前言

党的二十大报告提出，中国共产党的中心任务就是团结带领全国各族人民全面建成社会主义现代化强国、实现第二个百年奋斗目标，以中国式现代化全面推进中华民族伟大复兴。我国电力系统的许多关键技术和装备都已占领国际电工领域的制高点，实现了众多“中国创造”和“中国引领”。这是几代中国电力人坚持不懈创新的结果，体现了中国速度与中国标准并重，是中国道路、中国制度的伟大成就。我国电网的成功得益于技术创新与自主研发、覆盖广泛的电网网络、强大的运维能力以及经验积累与人才培养。作为电网用户的建筑电气不仅在建筑物的能源供应、科学合理使用、安全保障等方面发挥着重要作用，也在提高生活质量、推动绿色环保等方面具有显著意义。在从“中国制造”向“中国智造”的转型期，培养具备专业知识和社会主义核心价值观，有家国情怀和工匠精神、有追求、有责任、敢担当的建筑电气人才显得尤为重要。

本书结合我国电力系统的实际情况，融入爱国主义、职业道德、节能环保意识等方面的思政元素，帮助学生树立正确的世界观、人生观和价值观。本书根据建筑电气行业的发展趋势和人才培养需求，按照理论紧密联系实际的原则，系统地介绍了建筑电气的理论知识和工程设计及识图的实践技能，对建筑电气工程从建设施工到管理运营进行了全面的介绍。书中以现行的国家标准、行业规范、手册、图集、新工艺、新材料、新设备为基础，以工程实例为载体，按照行业高质量、严要求、科学发展的需求，严格把控新旧规范差异，通过对比指导学生的理论学习及在既有建筑与新建工程中的应用，突出对学生的工程教育和职业素养的培养。书中结合具体知识点，引导学生查阅、应用、提炼对应的规范、手册、数据图集，明确设计依据，指明路径，有的放矢，开阔视野，授人以渔。

为了适应行业可持续高质量发展，尤其是智能化技术的日新月异，本书详细介绍了常见的智能化弱电系统（规范要求）的工程设计方法及实例。针对电气规范图集多、系统及知识点多、设备图例多、管线多、多图对应困难、思路易混、抽象难懂、难记易忘等学习难点，本书以独特的供配电识图基础知识（实践中收集创作编制而成）与理论分析结合的方式，从基础电学过渡到实际工程图；每章建筑电气计算设计及识图等知识点与工程图融为一体，设计要点及说明、图例与名称直接标注或附于图中，便于直观理解与识读，为设计、识图算量打好坚实基础，提高学生的学习兴趣和效率。为满足个性化学习的需求，书中部分典型工程图案例，可以通过扫描二维码获取视频讲解辅助学习，方便学生按需选择，培养学生的工程意识及应用能力、自主学习能力、终身学习能力。

本书适用于电类和非电类的建筑大类各专业，如建筑电气与智能化、建筑环境与能源应用工程、智能建造、给排水科学与工程、工程造价、工程管理等。

本书由李太富、李茜、李奕乐主编，电子科技大学李海庆主审。编写分工如下：李太富、李茜负责全书的构思、编写、组织及统稿，四川大学孙弘历校审。第1章由西华大学李太富、张力合作编写；第2章由西南科技大学廖百胜、北京化工大学李奕乐合作编写；第3章由成都大学林璐、四川交通厅职业技术学院邓元媛合作编写；第4、5、8章由西华大学李茜编写；第6章由西华大学李太富、张力、刘丽、邹孟芹合作编写；第7章由四川水利职业技术学院高向前、四川工商学院冷代伍合作编写；第9章由成都纺织高等专科学校李开贵、向艳，四川轻化工大学唐玲、干树川合作编写；第10章由李太富、张力、冷代伍、李开贵、李茜、成都市建筑设计研究院陈建利合作编写；工程图由中铁二十三局集团建筑设计研究院有限公司电气总工袁福亮、中国建筑西南设计研究院有限公司贾霖、中国五冶集团有限公司周吉日、中铁二院工程集团有限责任公司孙鸿杰、四川德维工程管理咨询有限公司柳建、李太富、冷代伍、陈建利、李奕乐等设计、校核。

本书编写团队汇集了有丰富工程设计、施工、造价、审图经验的建筑电气教学、实践、科研的多位编者，他们中的大多数具有国家注册电气工程师、造价师、高级工程师资格证。编写团队通过工程实践及教学思考和总结，力求抛砖引玉，提供一本引导学生关注行业高质量最新发展动态、理论联系实际、有深度和广度且实用的教材，为建筑电气教学及行业建设等做出贡献。

此外，对给予本书大力支持的各兄弟院校的教师及各大设计院所专家、工程师们表示衷心的感谢！本书在编写过程中参考了大量的书刊和资料，在此向所有文献的作者致以衷心的感谢！真诚地希望使用本书的读者提出宝贵的意见及建议。

编　者

微课视频二维码索引

目 录

第 1 章

1

绪论

本章概要

建筑供配电系统是电力系统的重要组成部分。本章主要介绍电力系统的组成，建筑供配电系统的基本概念、特点及组成；电力系统的额定电压；建筑供配电质量；建筑电气设计内容、依据、程序以及与建筑类其他专业配合；建筑电气课程性质、要求及学习方法。

1.1 电力系统和供配电系统概述

1. 电力系统的现状

电能是国民经济和人民生活的重要能源和动力之一。随着计算机和现代建筑智能化系统应用程度的提高，人类对电能的需求量和依赖程度也越来越高。电能容易转化为其他形式的能源，输配简单、经济，可以精确控制、调节和测量。因此，电能得到广泛的应用，电能的生产和输配得到极大发展。

2. 电力系统的概念及组成

电能是人类社会最重要的能源，但需要将其他能源转化为电能，完成这一任务的部分称为发电厂，如水力发电厂、火力发电厂、核能发电厂等。发电厂将其他能源转换为电能后，需要将电能输送到远距离的用户，完成这一任务的部分称为电力网或者传输网，电力网由传输电能的金属导体和变电站组成。一般将发电厂和电力网统称为电力系统，如图 1-1 所示。电力系统由发电厂、输配电网、变电站及电力用户组成。

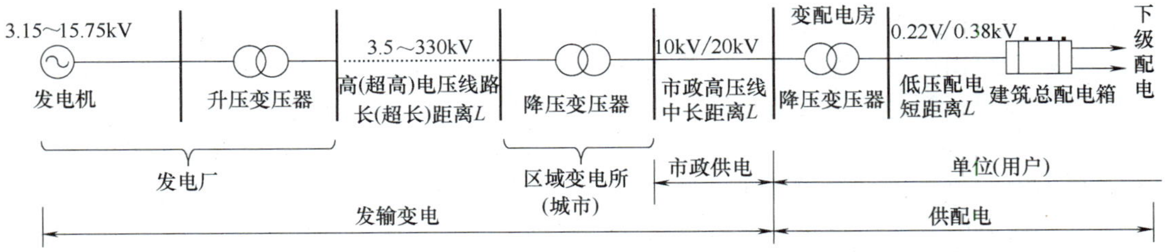

图 1-1 电力系统示意图

输配电网是进行电能输送的通道。发电厂发出的电能经升压后送到邻近负荷中心的枢纽变电站，由枢纽变电站将电能送到地区变电站，其电压等级一般在 220kV 及以上；输配线路则将电能从地区变电站经降压后输送到电能用户的线路，其电压等级一般为 110kV 及以下。

变电站是变换电压和交换电能的场所，由变压器和配电装置组成。按变压的性质和作用，变电站又可分为升压变电站和降压变电站。仅装有受、配电设备而没有变压器的场所称为配电所。

1）升压变电站将发电厂发出的电能进行升压处理，功率一定时，电压高，电流小，传输能耗小，所用传输线路金属使用少，便于大功率和远距离传输。

2）降压变电站（也称为配电变压所）的作用是对电力系统的高电压进行降压处理，以便电气设备的使用。根据变电站的用途，降压变电站可分为枢纽变电站、区域变电站和用户变电站。枢纽变电站是整个电力系统的纽带，连接电力系统各部分，负责对整个系统中的电能进行转输和分配；区域变电站是将枢纽变电站送来的电能做一次降压后分配给电能用户；用户变电站接收区域变电站的电能，将其降压为能满足用电设备电压要求的电能且合理地分配给各用电设备。

电力用户就是电能消耗的场所。它从电力系统中获取电能，并将电能转化为机械能、热能、光能等，如电动机、电炉、照明器等各种用电设备。

3. 建筑供配电系统及其组成

作为末端用户的各类建筑需要一个内部的供配电系统来接收从电力系统送来的电能。建筑供配电系统由高压（35kV 及以下）配电线路、变电站（包括配电站）、低压配电线路和用电设备组成；或由它们其中的几部分组成。一般民用建筑的供电电压在 20kV 及以下，少数特大型民用建筑物（群）及用电负荷大的工业建筑的供电进线电压在 35kV。

国家注册电气工程师考试将电力系统相关专业分为发输变电和供配电两大类。前者偏向供电系统，涉及发电、升压、输电（电网）、变电环节；后者偏向用电系统，即建筑供配电系统。本书主要介绍 10kV 及以下建筑供配电系统、防雷接地系统、照明系统、电气传动控制系统和建筑智能化系统。

建筑供配电系统要符合国家的技术经济政策、规范和标准的高质量科学发展的要求，既要安全可靠，又要节能环保。建筑供配电系统一般应满足下列基本要求：

1）安全：电力供应、传输、分配和使用过程中，不应发生人身安全和电气设备毁坏事故。

2）可靠：应满足供电的连续性和可靠性。

3）优质：应满足电力用户对供电质量的要求。

4）经济：应使供配电系统投资少、占地面积小、有色金属消耗少、运行费用低、能源浪费少。

5）节能环保：减少污染，环境保护，提高效率，降低能耗，利用可再生能源。

4. 电力系统运行的特点

（1）电能的重要性　电能与其他能量之间转换方便，易于大量生产、集中管理、远距离输送、自动控制，因此电能是国民经济各部门使用的主要能源，电能供应的中断或不足将直接影响国民经济各部门的正常运转。这就要求系统运行的可靠和电能供应的充足。

（2）系统暂态过程的快速性　发电机、变压器、电力线路、电动机等元器件的投入和退出，电力系统的短路等故障都在一瞬间完成，并伴随暂态过程的出现，该过程非常短促。这就要求系统有一套非常迅速和灵敏的监视、测量、控制和保护装置。

（3）电能发输配用的同时性　电能的生产、分配、输送和使用几乎是同时进行的，即发电厂任何时刻生产的电能必须等于该时刻用电设备使用的电能与分配、输送过程中损耗的电能之和。这就要求系统结构合理，便于运行调度。

1.2 电力系统的额定电压

1. 电力系统额定电压的规定

电力系统中电力传输要经过升压、降压等过程，对电网、变压器、用电设备都有额定电压的要求。当输送功率一定时，功率等于电压乘以电流，电压越高，电流越小，线路、电气设备等的载流部分所需的截面面积就越小；同时因线路上有电阻或电抗，电流小，则传输线路上的功率损耗和电压损失较小。另外，电压越高，对绝缘的要求则越高，变压器、开关等设备以及线路的绝缘投资也就越大。综合考虑这些因素，对应一定的输送功率和输送距离都有一个最为经济、合理的输电电压。电力系统的额定电压由国家根据国民经济发展的需要和电力工业发展的水平，经过全面的经济技术分析研究后统一规定，称为系统标称电压（额定电压）。我国常见的民用电压等级、分类、输送功率及对应敷设方式见表 1-1，可以参阅图集 19DX101-1《建筑电气常用数据》（简称【19D 数据】）中表 3.19。

表 1-1　我国三相交流电网及设备的额定电压、输送功率和距离

分类	电网和用电设备的额定电压/kV	发电机额定电压/kV	电力变压器额定电压/kV		输送功率/kW	输送距离/km
			受电设备（一次绕组）	二次绕组（U2n）		
低压	0.22	0.23	0.22	0.23	架空线<50	<0.15
					电缆线<100	<0.20
	0.38	0.40	0.38	0.40	架空线<100	<0.25
					电缆线<175	<0.35
高压	10.00	10.50	10.00(10.50)	10.50(11.00)	架空线<2000	<6.00
					电缆线<5000	<10.00
	35.00	—	35.00	38.50	1 万～2 万	20～50
	…	—	…	…	…	…

我国电力系统的标称电压由《标准电压》GB/T 156—2017 规定。0.66kV、3kV、6kV 电压一般在工业项目中有使用，民用建筑电气基本不采用，故本文不做介绍。

2. 用电设备、发电机、变压器的额定电压分析

电气设备的额定电压等级与电网标称电压等级相对应。根据电气设备在系统中的作用和位置，电气设备的额定电压分析如下：

（1）用电设备的额定电压　用电设备的额定电压通常由制造厂确定，用以规定元件、器件或设备的额定工作条件的电压。用电设备的额定电压应和电网的标称电压一致。实际上，由于电网中有电压损失，致使各点实际电压偏离额定值。为了保证用电设备的良好运行，国家对各级电网电压的偏差均有严格规定。显然，用电设备应具有比电网电压允许偏差更宽的正常工作电压范围。

（2）发电机的额定电压　发电机是产生电能的电气设备，其额定电压一般比同级电网额定电压高 5%，高出部分用于补偿电网上的电压损失。

（3）变压器的额定电压　变压器的额定电压分为一次和二次绕组。对于一次绕组，当变压器接于电网时，性质上等同于电网上的一个负荷（如住宅小区降压变压器），故其额定电压与电网额定电压一致；当变压器接于发电机输出端（如发电厂升压变压器）时，则其额定电压应与发电机额定电压相同。对于二次绕组，额定电压是指空负荷电压，考虑到变压器承载时自身电压损失（按 5%计），变压器二次绕组额定电压应比电网额定电压高 5%；当二次侧输电距离较长时，还应考虑线路电压损失（按 5%计），此时二次绕组额定电压应比电网额定电压高 10%。

当线路较长（如 35kV 及以上高压线路）时，变压器二次绕组的额定电压应比相连线路的额定电压高 10%；当线路较短（直接向高低压用电设备供电，如 10kV 及以下线路）时，二次绕组的额定电压应比相连线路的额定电压高 5%。

3. 用电设备端子处电压偏差允许值

（1）电压偏差的定义与规定　由于用电设备运行时在线路上要产生电压损失，导致用电设备运行电压降低，影响用电设备的运行和设备的使用寿命。为保证安全运行，应使设备运行电压维持在一定的范围内。

电压偏差是指实际运行电压对系统标称电压的偏差相对值，一般以百分数表示。

电压偏差百分数 ΔU 可表示为

$$\Delta U=\frac{U-U_N}{U_N}\times 100\% \tag{1-1}$$

式中　U——系统中某点的实际电压；

U_N——该点的系统标称电压（额定电压）。

我国《供配电系统设计规范》GB 50052—2009 规定，正常运行情况下，用电设备电压偏差允许值宜符合下列要求：

1）电动机为±5%额定电压。

2）照明：在一般工作场所为±5%额定电压；对于远离变电所的小面积一般工作场所，难以满足上述要求时，可为 5%，-10%额定电压；应急照明、道路照明和警卫照明等为 5%，-10%额定电压。

3）其他用电设备当为特殊规定时为±5%额定电压。

（2）危害　如果用电设备的端电压与其额定电压有偏差，则用电设备的工作性能和使用寿命将受到影响，总的经济效果将会下降。电压偏差对不同用电设备的影响如下：

1）对感应电动机的影响。由于电动机转矩与其端电压的二次方成正比，因此当电动机的端电压比其额定电压低 10%时，其实际转矩将只有额定转矩的 81%，而负荷电流将增大 5%以上，温升将提高 10%以上，绝缘老化程度将比规定增加 1 倍以上，从而明显地缩短电动机的使用寿命。而且由于转矩减小，转速下降，不仅会降低生产效率，减少产量，还会影响产品质量，增加废次品。当其端电压偏高时，负荷电流和温升一般也要增加，绝缘也要受损，对电动机也是不利的。

2）对同步电动机的影响。当同步电动机的端电压偏高或偏低时，转矩也要按电压二次方成正比变化。因此同步电动机的端电压偏差，除了影响其转速外，还会对转矩、电流和温升等产生影响。

3）对各种类型灯具的影响。如白炽灯、荧光灯、LED 电压过高或过低，其寿命将大受影响，也会影响视力及工作。例如，民用建筑在用电高峰期，因为用电高峰期主线路上电流增大线路压降大，用电灯具电压降低，所以灯光照明明显变暗，照度降低，严重影响人的视力健康，降低工作效率；在深夜用电低谷期，同样灯具因电压回升或者超压，灯光显得特别亮和刺眼。

4. 电压等级的选择

1）城镇的高压配电电压宜采用 20kV（或 10kV），低压配电电压应采用 0.22kV/0.38kV。

2）用电单位（或称为用户）的供电电压应根据用电容量、用电设备特性、供电距离、供电线路的回路数、当地公共电网现状及其发展规划等因素，经技术经济比较后确定。

3）小负荷用户宜接入当地低压电网，当用电设备功率在 250kW 及以上或需用变压器容量在 160kVA 及以上时，宜采用 10kV 供电，否则可由低压供电。

4）当供电距离超过 300m 时，宜采用 10kV 及以上电压等级供电。

5）低压配电电压宜采用 0.22kV/0.38kV；由地区公共低压电网供电的线路电流小于或等于 40A 时，可采用 0.22kV 单相供电；大于 40A 时，宜采用 0.22kV/0.38kV 三相四线制供电。

6）当安全需要时，应采用特低电压供电，即相间电压或相对地电压不超过交流有效值 36V 的电压。具体电压值应根据供电设备情况及国家、行业规范中的相关要求确定。

1.3 建筑供配电质量

电力系统满足用户对电能的需求和供电质量，供电质量包括供电可靠性和电能质量。

供电可靠性是指供电企业对用户的供电连续性，一般用供电企业的实际供电小时数与全年时间内实际总小时数的百分比来衡量，也可以全年的停电次数和停电持续时间来衡量。根据对供电可靠性的要求及中断供电所造成的损失或影响程度确定供电负荷等级，分为特级、一级、二级、三级。具体分级及保障措施详见后续第 4 章。

电力系统的电能质量是指电压、频率和波形的质量。电能质量指标包括电压偏差、电压波动与闪变、三相电压不平衡、频率偏差和谐波等。电压质量是以电压偏差、电压波动、闪变以及三相电压不平衡等来衡量；频率质量是以频率偏差来衡量；波形质量是以谐波电压含有率、间谐波电压含有率和电压波形畸变率等来衡量。供配电质量标准参见《电能质量 电压波动和闪变》GB/T 12326—2008 和【19D 数据】第 3 章，具体措施详见《工业与民用供配电设计手册（第四版）》（简称【电手册】）的第 6 章介绍。

（1）电压波动 供配电系统的电压波动用电压调幅波中相邻两个极值（极大和极小）电压均方根值之差（$U_{max}-U_{min}$）与额定电压 U_N 之比的百分数来表示，即

$$d=\frac{U_{max}-U_{min}}{U_N}\times 100\% \tag{1-2}$$

电压波动可能造成照明灯光闪烁，使人的视觉容易疲劳和不适，从而降低工作效率；使电子仪器设备（如示波器、X 光机）、计算机、自动控制设备工作不正常；使硅整流器的出力波动，导致整流失败等；影响对电压波动较敏感的工艺或试验结果等。电力系统公共供电点由冲击性负荷产生的电压波动和闪变的限值详见【19D 数据】表 3.13。

（2）频率偏差 电力系统运行时的频率与系统额定频率之差称为频率偏差，我国电力系统采用的额定频率为 50Hz。电力系统频率允许偏差见【19D 数据】表 3.11。如果工程涉及国外的供配电系统或产品时，要注意明确国外有 50Hz 和 60Hz 之分。

（3）谐波 谐波是一个周期电气量的正弦波分量，其频率为基波频率的整倍数，常被称为高次谐波。在供配电系统中，系统存在具有非线性特性的电气设备，如变压器、电抗器、气体放电灯、交流弧焊机、炼钢电弧炉等；或存在各种电力交流设备（整流器、逆变器、变频器）、相控调速和调压装置、大容量的电力晶闸管可控开关设备等电力电子装置，这些都可能产生谐波。

谐波会增加供配电系统发生谐波的可能，从而产生很高的过电流或过电压引发危险性事故；也可能缩短变压器使用寿命；使电容器过负荷和出现不允许的温升；增加电能损耗；使电动机转子出现振动现象；使计费的感应式、电子式电能表的计量不准；影响继电保护和自动装置的正常工作等。

对谐波的抑制可加装交流滤波装置等，具体措施可参见【电手册】表 6-7.12。

(4) 三相电压不平衡　三相电压不平衡将对电力设备的运行产生不良影响，如降低电动机的效率，加速绝缘老化，缩短使用寿命。三相电压不平衡还会影响多相整流设备触发脉冲对称性，出现更多的高次谐波，进一步影响电能质量。

由于造成三相电压不平衡的主要原因是单相负荷在三相系统中的容量分配和接入位置不合理、不均衡，所以在供配电系统的设计和运行中，应采取如下措施：

1) 均衡负荷。对单相负荷应将其均衡地分配在三相系统中，同时要考虑用电设备的功率因数不同，尽量使有功功率和无功功率在三相系统中均衡分配。在低压供配电系统中，各相之间的容量之差不宜超过 15%。

2) 正确接入照明负荷。由地区公共低压供配电系统供电的 220V 照明负荷，线路电流小于或等于 30A 时，可采用 220V 单相供电；大于 30A 时，宜以 220V/380V 三相四线制（或三相五线制）供电。

1.4 建筑电气设计内容、依据和程序

1. 建筑电气设计的基本内容

按建筑电气系统的功能，建筑电气设计通常包含输电线路、变配电所、照明、动力、防雷与接地和各种建筑智能化子系统，如综合办公楼、医院类智能化系统多达 20 多个子项，内容繁多，投入较大，本书介绍常见主要系统，具体内容见后续各章节。

建筑电气设计以电气工程图的方式表达设计内容，一般包括设计说明、系统图、平面图、大样图等，电气工程图一般用单线图表示连接关系，用图例表示设备，用标注进行必要的说明。常用设备及电气元器件图例、有关建筑电气工程图识图基础知识在第 2 章介绍，系列电气工程图还可以在附加电子资源上阅读。

2. 建筑电气设计依据

建筑电气的所有设计都应有设计依据，并应在电气工程图中注明所用的设计依据。设计合同、国家标准、规范、行业及地方标准、图集或者对应的国际标准等都可作为设计依据。大量建筑电气设计有关现行规范、规程及省市的有关标准、规定及设计手册，用【】内带简称代替，数字在后表示规范，数字在前表示图集或图示，将其对照罗列成表 1-2。

表 1-2　电气规范、手册、图集等的全称与简称对照

序号	规范、手册、图集的全称	简称
1	图集 19DX101-1《建筑电气常用数据》	【19D 数据】
2	《民用建筑电气设计标准》GB 51348—2019	【民电标 19】
3	《工业与民用供配电设计手册（第四版）》	【电手册】
4	《建筑电气与智能化通用规范》GB 55024—2022	【电与智能通用 22】
5	《消防应急照明和疏散指示系统技术标准》GB 51309—2018	【应急标准 18】
6	《消防应急照明和疏散指示系统》GB 17945—2010	【应急系统 10】
7	图集 19D702-7《应急照明设计与安装》	【19D 应急】
8	《供配电系统设计规范》GB 50052—2009	【供配电设计 09】
9	《低压配电设计规范》GB 50054—2011	【低配规 11】
10	《20kV 及以下变电所设计规范》GB 50053—2013	【20kV 变所 13】

（续）

序号	规范、手册、图集的全称	简称
11	《建筑防火通用规范》GB 55037—2022	【防火通用 22】
12	《消防设施通用规范》GB 55036—2022	【消防通用 22】
13	《导体和电器选择设计规程》DL/T 5222—2021	【导体电器规程 21】
14	《建筑设计防火规范(2018 年版)》GB 50016—2014	【防火规 18】
15	《办公建筑设计标准》JGJ/T 67—2019	【办公 19】
16	《教育建筑电气设计规范》JGJ 310—2013	【教育电规 13】
17	《住宅设计规范》GB 50096—2011	【住宅 11】
18	《住宅建筑电气设计规范》JGJ 242—2011	【住宅电规 11】
19	《医疗建筑电气设计规范》JGJ 312—2013	【医院电规 13】
20	《通用用电设备配电设计规范》GB 50055—2011	【通用电规 11】
21	《建筑照明设计标准》GB/T 50034—2024	【照明标准 24】
22	《照明设计手册(第三版)》	【照明手册】
23	《建筑物防雷设计规范》GB 50057—2010	【防雷规 10】
24	《火灾自动报警系统设计规范》GB 50116—2013	【报警规 13】
25	图集 14X505-1《〈火灾自动报警系统设计规范〉图示》	【14X 报警规】
26	《智能建筑设计标准》GB 50314—2015	【智能建筑 15】
27	《综合布线系统工程设计规范》GB 50311—2016	【综合布线 16】
28	图集 20X101-3《综合布线系统工程设计与施工》	【20X 综合布线】
29	《安全防范工程通用规范》GB 55029—2022	【安防通规 22】
30	《安全防范工程技术标准》GB 50348—2018	【安防标准 18】
31	《入侵报警系统工程设计规范》GB 50394—2007	【入侵报警规 07】
32	《视频安防监控系统工程设计规范》GB 50395—2007	【安防监规 07】
33	《出入口控制系统工程设计规范》GB 50396—2007	【出入口规 07】
34	《建筑设备监控系统工程技术规范》JGJ/T 334—2014	【设备监控规 14】
35	图集 19X201《建筑设备管理系统设计与安装》	【19X 设备管理】
36	图集 16D303-3《常用水泵控制电路图》	【16D 水泵控电图】
37	图集 16D303-2《常用风机控制电路图》	【16D 风机控电图】
38	《建筑防烟排烟系统技术标准》GB 51251—2017	【防排烟规 17】
39	《消防给水及消火栓系统技术规范》GB 50974—2014	【消栓规 17】
40	《自动喷水灭火系统设计规范》 GB 50084—2017	【喷规 17】
41	《气体灭火系统设计规范》 GB 50370—2005	【气灭规 17】
42	《商店建筑电气设计规范》JGJ 392—2016	【商店电规 16】
43	《建筑物电子信息系统防雷技术规范》GB 50343—2012	【信息系统防雷规 12】
44	图集 12SDX101-2《民用建筑电气设计计算及示例》	【12SDX 算例】
45	《民用闭路监视电视系统工程技术规范》GB 50198—2011	【闭路监视规 11】
46	《建筑节能与可再生能源利用通用规范》GB 55015—2021	【节能再生规 21】
47	《低压开关设备和控制设备　第 2 部分：断路器》GB /T 14048. 2—2020	【断路器 20】

（续）

序号	规范、手册、图集的全称	简称
48	《汽车库、修车库、停车场设计防火规范》GB 50067—2014	【车防火规 14】
49	《电力工程电缆设计标准》GB 50217—2018	【电缆标 18】
50	《民用建筑设计统一标准》GB 50352—2019	【民建统标 19】
51	《宿舍、旅馆建筑项目规范》GB 55025—2022	【宿舍旅馆规 22】

但限于篇幅，还有一些有使用的规范、手册、图集不能悉数列入表 1-2 中，如 14D504《接地装置安装》、18DX009《数据中心工程设计与安装》《建筑机电工程抗震设计规范》GB 50981—2014、17X401《工业电视系统设计与安装》《工程建设标准强制性条文（房屋建筑部分）（2013 年版）》、09X700《智能建筑弱电工程设计与施工（上册）》、09X700《智能建筑弱电工程设计与施工（下册）》《建筑电气制图标准》GB/T 50786—2012 或 12DX011《〈建筑电气制图标准〉图示》《剩余电流动作保护装置安装和运行》GB/T 13955—2017、《继电保护和安全自动装置技术规程》GB/T 14285—2023、《电力装置电测量仪表装置设计规范》GB/T 50063—2017 等。

建筑电气设计应根据具体设计对象的功能、性质等引用与之相适应的设计依据。随着技术发展，国家标准、规范等也在不断修订或更新；近年来【电与智能通用 22】【民电标 19】【应急标准 18】【防火通用 22】【安防通规 22】等规范不断推出，建筑电气行业高质量、严要求科学发展，设计应引用且满足现行标准和规范及做法。本书编写组与时俱进，以掌握现行的国家行业规范、手册、图集、新工艺、新材料、新设备为基础，基于工程实例，经充分酝酿、反复修改提炼，进行教材更新完善，为建筑电气教学、教材及行业建设做出努力和贡献。

3. 建筑电气设计程序

建筑电气设计程序可分为方案设计、初步设计（适应于大型或重要工程项目）、施工图设计三个阶段，不同设计阶段对工程设计文件编制的要求和设计内容不同。

方案设计阶段的主要任务是编制设计说明，一般包括工程概况、设计范围说明、变配电系统说明、应急电源说明、照明系统说明、防雷与接地系统说明和其他系统说明。方案设计是对建筑电气设计的总体说明，体现了对设计任务和设计要求的理解。

初步设计是对设计方案的补充和进一步说明，通常只在大型或重要工程项目才进行初步设计，一般工程项目可以不经过初步设计阶段。初步设计阶段的主要内容有编制设计说明书（应按电气系统进行分项说明）、提供初步设计图、提供主要电气设备表和提供计算书（供内部使用和存档）。

施工图设计是对设计方案的具体描述，其主要任务是提供可作为电气工程施工、做预算的电气工程图和说明。施工图设计的主要内容有施工设计说明书、施工设计图、主要电气设备表、计算书（供内部使用和存档）等。

国家有关部门对建筑电气工程设计文件的编制有具体要求，要满足相应设计文件的要求，要根据实际情况正确选用现行的国家标准、规范或行业标准，编制深度要符合相应行业标准的规定，并应同时满足设计合同要求。在设计院内设计者完成后由校核、审核、审定人员完成修改审查后，提交施工图到专业审图咨询公司，经专家审查合格盖章后施工图才有效，才可作为后续施工图清单计量计价招标投标、施工的依据。在施工过程中，为设计、施工、监理、建设方、建设质检部门各方进行技术监督、管理、变更核定、竣工验收等提供技术服务保障。

1.5　建筑电气与其他专业配合

1. 建筑电气与建筑专业配合

与电气专业设计有较大关系的房间，如高低压配电房、柴油发电机房、配电间、消防控制室、智能化机房、中心数据机房、强弱电井的设置等非常重要并且很专业。建筑电气设计人员需要主动同建筑专业的设计人员配合，提出其要求、位置、大小、具体布置，并必须要有详细足够的尺寸，提供必要的大样图、具体需要的面积与位置以及相关电路等资料，建筑专业来配合实现。若建筑平面或其他方面的限制不能满足电气专业要求时，应与建筑专业及其他专业协调解决，电气专业在设计中应当在总体功能和效果方面努力实现建筑专业的设计意图，但建筑专业也要充分尊重和理解电气专业的特点，注意为电气专业设计创造条件，并认真解决电气专业所提出的技术要求。

2. 建筑电气与结构专业配合

电气设计人员在进行防雷接地系统设计时，需要利用建筑钢筋，此时需要根据结构图才能合理设计；电气设计方案确定后，应尽快给结构专业提供所有设备房所需房间载荷、基础要求，是否吊装，设备是否挖沟、降板等；电气管道或桥架布置需要穿越梁、楼板、剪力墙等处时，应向结构专业提供预留洞位置并相互配合，避免遗漏孔洞给施工带来困难或影响结构受力；因结构要求不能留洞时，应考虑将电气线路绕行；引自（至）室外的电气线路，需预留进（出）入口孔洞并留设相应的检查维修孔，也需要及时向结构专业提供相应的位置与尺寸，以方便预设、预留。

3. 建筑电气与水暖专业及人防配合

水暖电都属于建筑设备，给水排水和供暖通风设计又都是电的用户，几个设备专业系统相互关联度大，需要密切配合。如建筑供配电系统需要水暖专业提供所有用电设备位置及其用电量，使电气专业可以准确计算电容量，明确负荷可靠性要求，是否需要有备用电源（是否消防负荷），停电、火灾时的运行控制要求；消防设计或平时控制中，凡需要电信号反馈信息的设备或阀门，也均需提供给电气专业它们的位置及控制要求等。此外，电气与其他建筑设备管道的交叉、碰撞、重叠、挤占位置的矛盾也特别多。近年广泛采用 BIM 技术进行辅助优化设计。

另外，建筑电气设计与人防专业的配合有严格要求，参见《人民防空地下室设计规范（2023 年版）》GB 50038—2005、《人民防空工程设计防火规范》GB 50098—2009。

1.6　建筑电气课程性质、要求和学习方法

1. 课程性质

建筑电气课程内容涵盖了电工、电子学基础以及建筑电气各方面的知识，既有强电，又有弱电，知识面广，理论与实践有机统一，实践性较强。建筑电气中的智能系统多样化且高质量飞速发展，是现代电气、电子技术、控制技术、计算机技术、网络技术与现代建筑的巧妙高度集成，也反映了国家建筑产业状况及综合科学技术实力。

2. 课程要求

学习本课程的具体要求：了解建筑电气的任务、组成以及建筑电气设备和系统的种类；

掌握建筑电气的电工基本理论与知识；掌握建筑电气负荷分类、各类负荷特征及其计算，能进行变配电系统的计算选择、变配电房设计布置；熟悉建筑电气照明，能进行灯具的选择布置和照度的计算，灯具布线控制线方式及识图；学习防雷接地及安全措施；了解现代建筑的智能化技术组成原理；熟悉并掌握主要系统的工程图及其识图；熟悉建筑电气设计施工的原则与程序，能够看懂、模仿借鉴及应用建筑电气施工图。

3. 学习基础及方法

本课程要学的知识较多较杂，针对不同专业，需要补充电学基础知识，包括：三相交流电路基础、功率计算、电压阻抗功率三角形原理、变压器及电动机基本原理；计算机控制技术的基本原理、组成、分类，计算机通信网络技术基础等，可查阅相关教材，或利用本书配套资源学习。

初学者接触建筑电气工程时，会觉得多而杂、抽象难懂、入门难、无处下手，进而产生排斥、畏难退却情绪，必须自我激励、坚持不懈、迎难而上，付出终有回报。

本课程学习方法：

1）注重基础学习训练，刻苦学习。熟悉并掌握建筑电气识图基础知识，包括高低配电房配电接线展开图，建筑总配电柜、户内配电箱、照明回路、插座回路控制及用电原理、各种元器件和图例等，内容多而杂，需要花时间反复熟悉、理解、训练，形成记忆，可提高效率。

2）理论学习与实际工程相结合循序渐进。本书读者可利用典型高校学生宿舍、多层底商住宅建筑、高层综合建筑电气工程实例融入理论教学，配套完整的实际计算及施工图。

3）深入实际、勤学苦练。形成随处可见、就地学习的意识习惯，现场观摩学习或训练（注意安全），根据教学工程图对比类似建筑的电气工程，并找出区别和联系，或在老师指导下统一组织参观学习已建成的电气工程。

4）注意积累经验，总结规律。书中引用的电气设计实例、各类现场照片、设计规范、图集、手册，为学习几大“法宝”，密切结合，多做习题，反复识图训练，方能学有所成，为从事建筑电气设计、识图算量、工程施工运行管理等打下坚实的基础。

习　题

1. 名词解释：设备额定电压、系统标称电压。
2. 什么是电力系统？什么是建筑供配电系统？两者的关系和区别分别是什么？
3. 电压偏差的定义是什么？电压偏差有什么危害？
4. 电压波动的概念是什么？它有什么危害？
5. 谐波的概念是什么？如何产生谐波？谐波的危害有哪些？
6. 三相不平衡的概念是什么？它有什么危害？应采取什么措施？
7. 我国电力网频率偏差的限值是多少？
8. 为什么在长距离输配电路中，发电机的电要经过升压变压器升高电压再输送？
9. 如何根据配电距离选择电压等级？
10. 日常生活中用电高峰期时感觉灯具不太亮，深更半夜灯具特别亮，是什么原因？
11. 建筑电气设计程序包括哪几个阶段？施工图阶段的要求和内容分别是什么？

第 2 章

2

建筑电气工程识图基础

本章概要

本章介绍识图基础知识，主要包括建筑电气工程图的类别及组成，高低压配电展开图识读，建筑室内供配电及照明识图，各类照明开关控制识图，建筑电气识图方法、步骤及注意事项。

2.1 建筑电气工程图的类别及组成

建筑电气工程图包括电气系统图、平面图、原理图、安装接线图、大样图、设备布置图等。

（1）系统图　用规定统一的符号绘制表示系统的组成和连接关系，它用单线将整个工程的供电线路示意连接起来，主要表示整个工程或某一项目的供电方案和方式，也可以表示某一装置各部分的关系。系统图包括供配电系统图（强电系统图+强电树干图）、弱电系统图。供配电系统图表达供电方式、供电回路、电压等级及进户方式；标注回路个数、设备容量及启动方法、保护方式、计量方式、线路敷设方式等；表达供配电系统上下级关系、箱柜供电方式、供电电源及数量等内容的干线图。强电系统图有高压系统图、低压系统图、电力系统图、照明系统图等，用于指导组织定购供配电设备及装置，指导安装调试。变配电所的高低压系统图也常称为变配电所的主接线图。变配电各设备元器件监测控制继电保护等原理图或接线图，称为二次系统图，常见于图集或厂家成套设备，一般电气设计可以不予绘制出图。

弱电系统图是表示弱电元器件的连接关系，包括通信电话系统图、广播线路系统图、共用天线系统图、内外网络系统图、火灾报警系统图、安全防范系统图、建筑智能化系统图等。

（2）平面图　平面图是以用电设备、器具的图形符号和敷设的导线（电缆）或穿线管路的线条画在建筑物或安装场所，表示各种电气设备与线路平面布置位置，是进行建筑电气设备安装的重要依据。竖向高度则见树干图、图例或说明。强电平面图包括动力电力平面图、照明平面图、防雷接地平面图、厂区电缆平面图、变电所电气平面图等；弱电平面图包括消防电气（即火灾报警联动）平面图、综合布线平面图等，作为指导计量组价、施工与验收的依据。

（3）原理图　原理图表示控制原理的图，在施工过程中，用于指导调试工作。

（4）安装接线图　安装接线图表示某一设备内部各种电气元件之间的位置关系及接线关系的图，在施工过程中指导调试工作，详细见标准图集，作为指导施工及验收的依据。

（5）大样图、设备布置图等　根据系统的实际情况，有时还需要绘制某一部分或某一部分具体安装要求和做法的大样图、设备布置图等，也可以选用国家标准图（若有）。

2.2 建筑电气工程识图方法及步骤

2.2.1 识图原则、方法

（1）识图原则　一般遵循“七先七后”的原则，即先强电后弱电、先树干及系统后平面、先动力后照明、先主要工作用电后公共用电、先下层后上层、先室内后室外、先简单后复杂。

（2）识图方法　第一步为粗读，首先要将全部电气图浏览一遍，大概掌握工程的总体情况，做到心中有数。

第二步为细读，要求仔细识读每一张施工图，并详细掌握以下内容：

1）每台设备和元件的安装位置及要求。

2）每条管线、电缆的布置走向、连接部位及敷设要求。

3）所有控制、调节、信号、报警系统的工作原理及参数。

4）系统图、平面图及关联图的相互对应关系。

5）与建筑、供暖通风、给水排水等其他专业的分工协作关系。

第三步为精读，精读时应按照设计说明、电气树干图、电气系统图、电气平面图、电气总平面图、控制原理图、二次接线图和电缆清册、大样图、设备材料表和图例的次序反复交叉进行。要求重新仔细阅读施工图中的关键部位、重要设备元件、电力变压器、大型电动机及机房设施、复杂控制装置的施工图，全面、系统地掌握所有工程作业的内容及施工要求。

2.2.2 识图步骤及注意事项

（1）看标题栏及图纸目录　了解工程名称、项目内容、设计日期、图纸数量和内容等。

（2）看设计说明　了解工程概况及设计依据，了解设计图中未能表达清楚的各有关事项。如供电电源来源、供电线路敷设方式、设备安装高度及安装方式、补充使用的各类非国标图形符号、施工注意事项等。

（3）看系统图和平面图　系统图与平面图的识读需要对照着看。一般可按上下级关系，按进线→总配电箱→干线→支干线→分配电箱→用电设备的顺序识读图。例如，供配电树干图、系统图与电力系统图、照明系统图对照看，核对其对应关系，系统图与平面图对照看，电力系统图与电力平面图对照看，照明系统图与照明平面图对照看，核对有无不对应之处。看系统的各组成部分在平面中对应的位置，系统图与平面图线路的敷设方式、线路的型号与规格是否保持一致。

（4）设计施工中看原理详图　看详细控制原理图、二次接线图、安装大样图，需要参照标准图集，作为指导调试、施工及验收的依据。

（5）看设备材料表与电缆清册　设备材料表提供了该工程所使用的设备、材料的型号、规格、数量，是编制施工方案、编制预算、材料采购的重要依据。电缆清册是用表格的形式表示电缆的规格、型号、数量、走向、敷设方法、头尾接线部位等。

2.2.3 电气工程图中图形及文字符号

电气工程中使用的元件、装置、连接线很多，结构类型及安装方式千差万别。因此，在电气工程图中，元件、设备、装置、线路等都要用图形文字符号来表示。对于电气工程图虽然不同的设计单位往往有不同的规定画法和习惯做法，但是基本的文字和图形符号均应按照国家标准规定绘制。识读电气工程图，首先要了解和熟悉这些符号的形式、内容、含义及其相互关系。常用图形符号则结合电气工程图的绘制原理及识图在 2.3 和 2.4 节中展开说明。更多常用图形和文字符号可以查阅 23DX001《建筑电气工程设计常用图形和文字符号》《建筑电气制图标准》（GB/T 50786—2012）或 12DX011《〈建筑电气制图标准〉图示》等。

2.3 典型电气工程图的识读

电气工程图中的系统图与平面图一般采用单线图表示，只有个别情况才采用三线图或展开图（但是画图繁杂）表示。为了简单、直观、形象地表达系统配电关系，本节以单线图结合对应的多线展开图来说明部分重要电气工程图的主要内容及识读基本知识（这是电气工程的重点和难点）。

2.3.1 变配电所主接线图识读

变配电所的功能是接收电能、变换电压（配电所则不需要该部分）、分配电能。配电装置主要包括高压开关柜、变压器、低压配电屏等装置。系统由电源进线、主变压器、母线和低压配电出线四大部分组成。图 2-1 展示了常见的典型高低压配电施工图，以典型的单线图形式表达出来。如图 2-1 所示，高压进线可采用铝绞线（编号 1）LJ3×25 或铜芯电缆（编号 2）YJV3×35（3 根横截面面积 35mm^2）的一种导体；选择采用编号 6、5、4、3 所示的其中一种电器保护，高压进线电缆接到高压母线（编号 7），之后经过变压器 T 将 10kV 的高压变成低压，经过主断路器（编号 8）或低压负荷开关（编号 9）保护后，接到低压母线（编号 11），其电压为 0.4kV/0.23kV（线电压/相电压），电流互感器（编号 10）对低压主出线继电进行保护及测量。在低压配电柜内，从低压母线分配电缆（编号 13），先经断路器（编号 12）保护供电到各建筑总配电箱 AW，再经过 AW 分支电缆和断路器保护后供电到楼层配电箱 AL*n*，在 AL*n* 分支配电回路（编号 14）供电到负荷设备（如插座灯具等）。低压母线电压 0.4kV/0.23kV（线电压/相电压）减去线路损失电压，使其用电设备电压满足对应的 0.38kV/0.22kV（常见民用建筑低压负荷电压）。图 2-1 中，针对不同负荷的变压器容量（仅列出 315kVA、500kVA、1250kVA），对应选择搭配高压电源进线、高低压母线、保护电器等设备选型及参数。读者可具体查阅【19D 数据】：变压器高压开关电器选择表 4-4，变压器低压出线侧选择表 4-11，干式变压器与断路器配合表 5-4。

图 2-1、图 2-2 视频讲解

典型高低压配电展开示意图及图例如图 2-2 所示。

1. 高压电源进线

电源进线起到接收电能的作用，进线设备（如高压电缆或母线、断路器、隔离开关、融断器等）需满足电压等级要求，过载和短路保护。10kV 高压侧三相交流电三线进线（火线分别为 L1、L2、L3，无零线、地线，如图 2-2 所示）通常为高压母线或

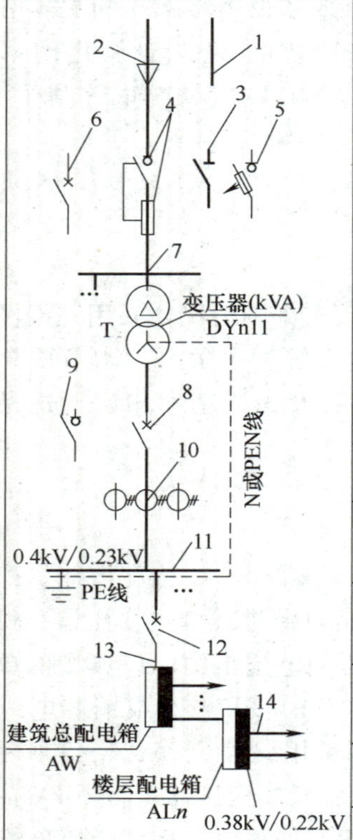

接线图	编号	图例	名称	电力变压器额定容量			电压/kV
				315kVA	500kVA	1250kVA	
			变压器额定电流/A	18.2	29	72.2	10
				455	722	1804	0.4
			变压器低压侧短路电流/kA DYn干式/油浸式	11.55/11.54	18.31/18.3	30.93/40.70	10/0.4
	1		架空引入线/mm²	接户线LJ型导线的截面大于3×25			10
	2		铜芯电缆引入线/mm²	≥YJV3×35			10
	3		隔离开关和负荷开关	高压隔离开关、户内高压负荷隔离开关400A,户内高压真空负荷开关或户内高压六氟化硫负荷开关400A		户内高压真空负荷开关或户内高压六氟化硫负荷开关630A	10
	4		HH型负荷开关和XRNT-12熔断器融管/熔丝电流/A	50/31.5	100/50	160/125	10
	5		HRW4型跌落式负荷开关熔断器融管电流/A	50/40		50/50	10
	6		高压断路器/mm	额定电流630~1250A；额定断开电流25~31.5kA；额定热稳定电流有效值为25~31.5kA			10
	7		高压母线(宽/mm)×(厚/mm)	TMY-50×5			10
	8		低压主进低压断路器额定电流/A	630	1000	2500	0.4
	9		低压负荷开关/A	630	630	3150	0.4
	10		电流互感器	600/5	1000/5	3000/5	0.4
	11		低压母线(宽/mm)×(厚/mm)	40×4	50×6.3	125×8	0.4
	12		断路器				
	13		低压母线分配电缆				
	14		分支配电回路				

图 2-1 10kV/0.4kV 变电站高低压系统

（资料来源：摘录修改自【电手册】P82 表 2.4-11）

者电缆，并且严格区分颜色为黄、绿、红。一般来说，电气设备或线缆都以英语字母或拼音缩写表达设备或线路类型，第一短横线之后为设备的主要性能参数或其他需要说明的选型参数等。在系统图或展开图中均应将选型结果按规定的标注格式表达出来。如高压电缆 YJV22-8.7/15kV-3×70SC100FC，表示系统高压侧供电电缆类型为 YJV22，即铠装（22 的含义）的交联聚乙烯绝缘聚氯乙烯护套的电力电缆，绝缘耐压等级为 8.7kV/15kV，有 3 芯横截面为 70mm² 的导体，采用了穿钢管（SC）DN100 沿地下暗敷设（FC）的方式。

高压侧的保护断路器 VL1-12-1250A/31.5kA：VL1 表示手车式真空断路器，短横线后依次为额定电压 12kV，额定电流为 1250A，短路分断能力为 31.5kA。

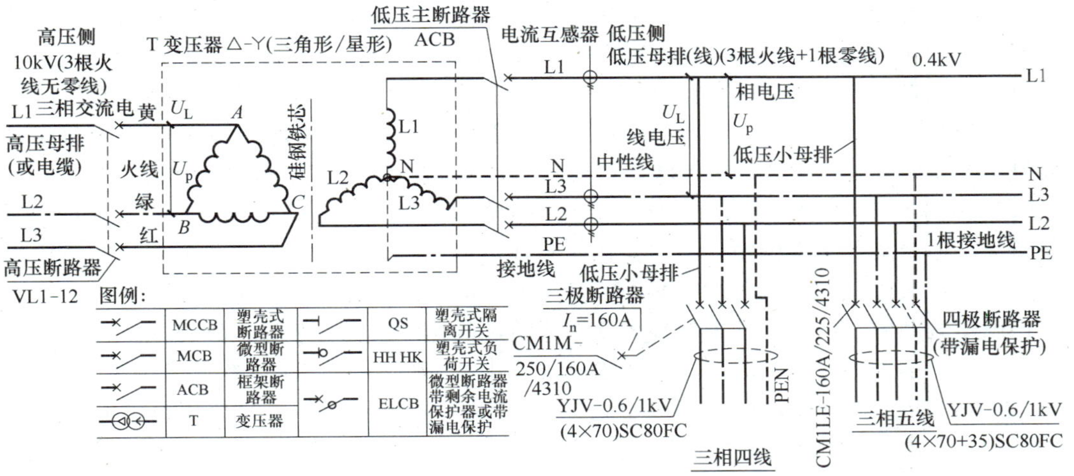

图 2-2　典型高低压配电展开示意图及图例

2. 变压器

变压器将 10kV 进线高压变压为 0.4kV/0.23kV（线电压/相电压）的低压配电所需额定低压。图 2-2 展示了绝大多数民用建筑所采用的变压器具体接线方法：原边（一次绕组）三角形联结、副边（二次绕组）星形联结。原边线电压等于相电压 $U_p = U_L = 10\text{kV}$；$I_L = \sqrt{3} I_p$；副边星形 $U_L = \sqrt{3} U_p$，$I_L = I_p$ 从中性点 N 引出中性线 N 线，变压器低压侧 N 点接地，N 线也称为零线，并引出接地（PE）线。图示为变压器△/Y联结的 TN-S 系统。

3. 低压母线

变压器出线一般为低压封闭母线供电到低压配电柜。在低压配电柜中经过框架式断路器（主断路器三相火线同时通或断）保护后，从低压母线分配馈电出线。在低压配电柜中，低压母线（线电压）0.4kV/0.23kV（相电压）通常采用铜排，也称为低压母排，包括 3 根火线（相线）及 1 根零线，一般布置在低压配电柜顶部，同时中性点 N 接地，保护接地线（PE 线）通常在柜体下面。低压母排的相线需要设置电流互感器进行继电保护或控制。

4. 低压馈电出线

出线起到分配电能的作用，它通过低压配电屏把电能分配到各个分支干线上，送到其配电箱柜（高压变电所的高压开关柜也有同样的功能）。从低压母排分配馈电出线，3 根火线（L1、L2、L3）和 N 线、PE 线都经过小母线分支分配。图 2-2 中，打点表示相交或相结合分配，交叉未打点表示不相关，馈线再经过低压塑壳式断路器保护后出线。馈线因负荷比母线小，在断路器之后往往以电缆方式送到下一级配电柜或设备。各绝缘芯线外再加保护套形成的出线即电缆，在展开图中以虚线椭圆圈表示。

保护断路器的选择根据馈线的接地方式不同而有所不同。N 线和 PE 线合二为一则称为 PEN 线（保护中性线），此接地方式为 TN-C（三相四线制）系统；N 线和 PE 线严格分开则为 TN-S 系统（三相五线制）。后者对供电可靠性、安全性要求更高，特别是存在爆炸危险的场所，必须选用 TN-S 系统供电。

注意：同一台变压器出线只有一种接地方式。图 2-1 和图 2-2 是为满足识图需要，才刻意将两根馈电出线电缆绘制为两种不同的接地方式。

TN-C 系统通常只需要开断相线，对应的断路器是 3P，即同时开断 3 根相线的三极断路器。TN-S 系统若馈线带剩余电流保护，则 N 线进断路器与相线同时开断，对应的断路器为 4 极，如图 2-2 中的 CM1LE -250/160A/4310。

（1）低压聚氯乙烯护套电缆识读 YJV-0.6/1kV（4×70+35）SC80FC 表示耐压等级 0.6/1kV 的交联聚氯乙烯绝缘电力电缆，4 芯横截面面积为 $70mm^2$（3 根火线 1 根零线，即 L1、L2、L3、N）、地线（PE）1 根 $35mm^2$、穿钢管 DN80 沿地下暗敷设。在 TN-C 系统中，电缆应为 YJV-0.6/1kV（4×70）SC80FC，N 线和 PE 线合为 PEN 线且与相线同线径。

（2）断路器等电气开关元器件识读 开关元器件的通用表达方式可以查阅【19D 数据】相关章节。但是实际工程图中往往需要标明具体厂家型号及设计标准，各元器件的字母代号又是厂家自定义的，因此电气学习必须持续了解、应用进而熟悉各类电气元器件。

在识图案例中，展示了开关元件的通用表达和具体厂家型号表达两种方式。

变压器后第一个低压主断路器，要求功能全，采用了框架式断路器，通用表达为 ACB-3200/1600A/3P：表示额定电流为 1000A、三相三极带短路保护不带过负荷保护的框架式断路器（过负荷报警不断电）。但实际工程图中在产品参数不变的情况下，字母代号可能标注为 CW3-3200/1600A/3P（具体产品表达方式），代表原装常熟开关厂 CW1 万能式断路器，如图 2-3 所示。

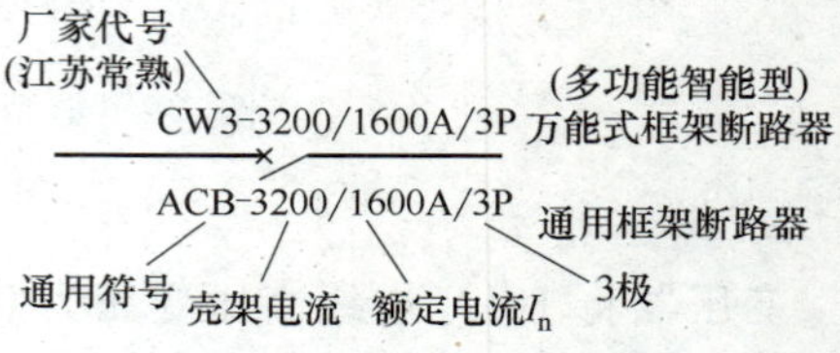

图 2-3 框架式断路器图示及释义

如图 2-4 所示，保护馈电出线中的 CM1M-225/160A/3300，表示江苏常熟开关厂塑壳式断路器，允许壳架电流 225A、额定电流 160A，三极复式脱扣（热脱扣器+磁脱扣器=复式脱扣）替代了通用的塑壳式断路器 MCCB-225/160A/3300。CM1LE-225/160A/4310，表示塑壳式断路器，允许壳架电流 225A、额定电流 160A，四极复式脱扣带漏电保护分励脱扣火灾强切断路器，对应 MCCB-225/160A/4310（通用）。漏电保护断路器系统图中应标注出剩余电流跳闸时间和大小值。实际设计或识图时，除了熟悉规范和标准图集以外，也应适当了解相应的产品系列，系统图中的产品代号主要是为了方便型号参数的展示，产品设备的实际订购代号由建设方所选厂家系列号确定。

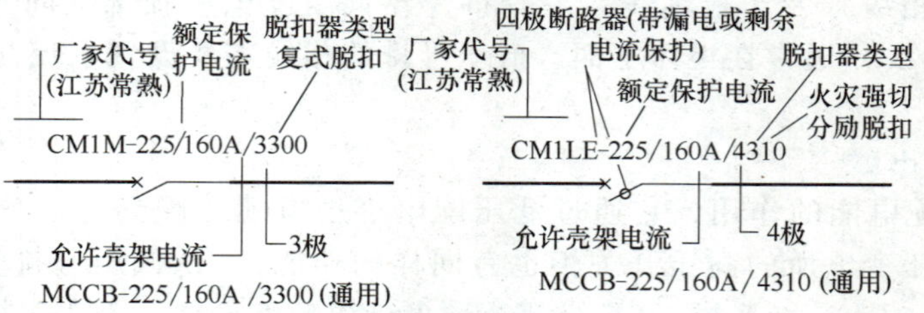

图 2-4 塑壳式断路器图示及释义

5. 展开图中字母的记忆方法

展开图中采用了一些电气系统的文字符号做辅助说明，可以采用中英文对照记忆的方式，快速理解系统图中出现的字母含义。例如 C（Combine，N 线和 PE 线合并），S（Separate，N 线和 PE 线分开），Live wire（火线 L1、L2、L3），N（Neutral，中性线、零线），PE（Protective earth，地线或保护接地），P（Phase，相：火线根数），P（Pole，极：脱扣器极数），TN（变压器低压 N 线接地）。

2.3.2 建筑室内供配电箱识读

当建筑用电负荷不大或一级负荷占比不高时，建筑物可以只设配电所或总配电箱。其功能主要是接收及分配电能，其主接线比较简单，只有电源进线、母线和出线三大部分。与变配电所主接线识读类似，一般仍以进线到分配出线的顺序阅读，即按进线→总箱→楼层箱→房间户内箱→出线回路→用电具体设备。本书以某多层高校集体宿舍楼的配电为例，介绍配电箱及末端用电设备系统图的内容、上下级保护分配关系及其识读方法。

1. 建筑总配电箱（AW 箱）的识读

图 2-5 所示为某多层高校宿舍楼的总配电箱系统简图。

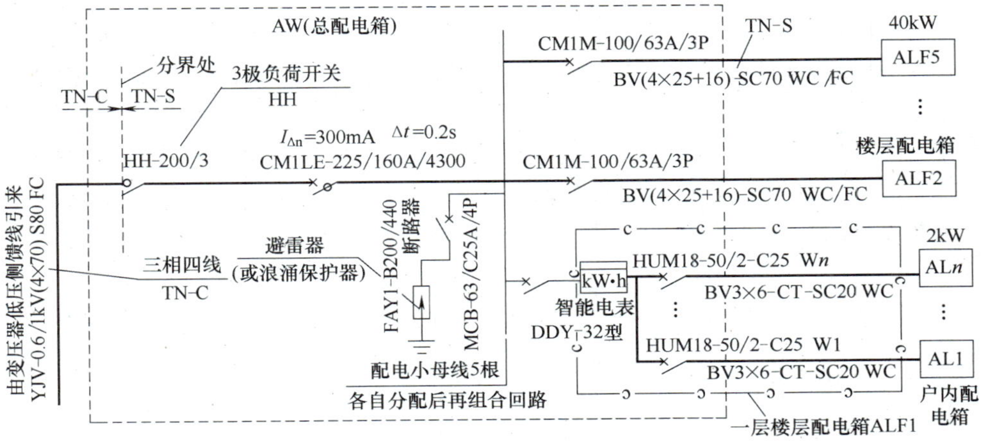

图 2-5　某多层高校宿舍楼的总配电箱（AW 箱）系统简图

（1）总配电箱的进线　从变配电房引来三相四线电缆 YJV-0.6/1kV-(4×70) S80 FC 到多层建筑总配电箱，接地方式为 TN-C；经过负荷开关 HH-200/3 前重复接地，如图 2-5 分界处所示，N 线和 PE 线分开变成 TN-S（变成三相五线），之后 N 线、PE 线不能再合并和接地。导线对应的颜色：三相火线分别为 L1、L2、L3，颜色对应为黄、绿、红；N 线或 PEN 线为蓝色，PE 线为竖向黄绿相间条纹护套线。

图 2-5～图 2-11
视频讲解

（2）进线主开　总配电箱进线经负荷开关 HH-200/3 后到总配电箱保护断路器 CM1LE-225/160A/4300。如前所述，对额定电流 160A 的断路器，4300 表示四极复式脱扣带漏电保护断路器，型号中 LE 及断路器上加小圈为漏电保护标志，表示带漏电保护的断路器，剩余电流超过 300mA，0.2s 内跳闸保护，防漏电带来火灾，换成通用写法应为 MCCBLE-225/160A/4P。负荷开关（HH）额定电流一般比断路器大两级，相当于刀开关，手动开断操作，不具备过负荷跳闸保护功能，选择承载电流 200A 的三相负荷开关。

（3）分配出线方式　主断路器后主电缆芯线接配电小母线（5 根）L1、L2、L3、N、PE 各自再分配，然后进行组合，总配电箱内通过断路器 CM1M-100/63A /3P 保护后到楼层配电箱 ALF1～ALF5，导体是 5 根 BV（4×25+16)-SC70 WC/FC 绝缘电线，也可用多芯电缆。分配小母线同时需要接低压避雷器（浪涌保护器）FAY1-B200/440，防雷冲击过电压破坏。一般将 ALF*n* 箱的设备容量也标识出来，方便总配电箱负荷统计计算，并绘制在总配电箱系统图的虚线框外，表明总箱和分箱之间保护和出线分配关系，切忌认为总配电箱内有各分配电箱 ALF*n* 箱（实际位于对应的 $n=1\sim5$ 层）。楼层配电箱 ALF*n* 分配经电表计量一对一到每户宿舍配电箱 AL*n*（即户内配电箱）。

对多层建筑，大楼总配电箱与 1 层楼层配电箱常设置在同一电井或相邻位置。当该建筑负荷不大、楼层配电箱比较简单时，为节约出线电缆及空间，可将总配电箱与 1 层 ALF1 箱合并。1层ALF1箱如图2-5虚线框所示，每个出线回路均经过用户电表（智能电表DDY-32型kW·h）和微型断路器HUM18-50/2-C25保护后到各户内配电箱AL*n*。AL*n*因负荷小、电流小，采用单相三线护套线进线BV3×6-CT-SC20 WC（L、N、PE），切忌认为是三相交流电。

2. 建筑常见电气开关元器件识读

总配电箱到楼层配电箱的保护断路器CM1M-63A/100/3P和1层直接配电到用户配电箱的保护开关HUM18-63/1P-C25都属于微型断路器。CM1M-100/63A/3P的3极开关，壳架电流为100A，脱扣器的动作整定电流为63A，通用写法为MCB-100/63A/3P。HUM18-63/1P-C25的通用写法为MCB-63/C25A/1P。作用为开关、过负荷、短路保护。1P表示只断火线，额定电流 $I_n=25A$，零线未进断路器。壳架电流为63A及以下的微型断路器，灵敏特性从高到低分A、B、C、D类，如空调、带电动机设备因瞬时起动电流大，防止误跳闸选D类。两种微型断路器图示及释义如图2-6所示。

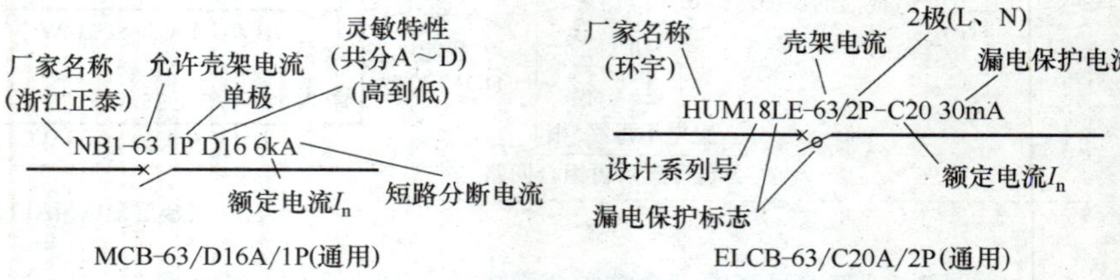

图2-6 两种微型断路器图示及释义

其他电气开关器件不具有超负荷跳闸断开保护功能，手动开断，使用较多。

1）隔离开关。作用：开关操作、通断隔离，不带负荷操作。

2）负荷开关。作用：开关，带小负荷操作。

隔离、负荷开关图示及释义如图2-7所示，均不带过负荷自动跳闸保护功能，同图2-5中的负荷开关HH-200/3。

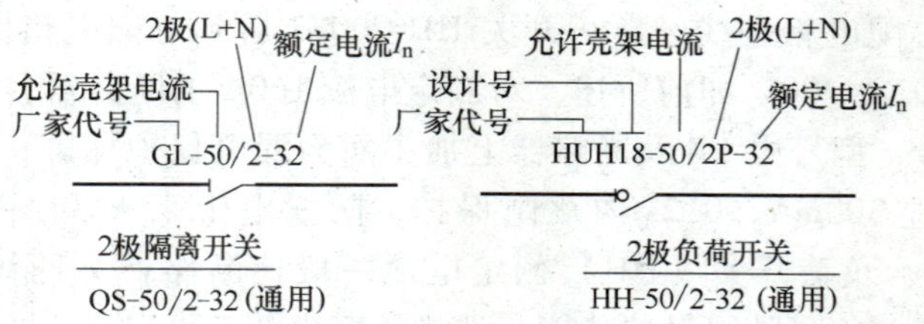

图2-7 隔离、负荷开关图示及释义

2.3.3 配电箱AL*n*分析及识读

图2-8和图2-9分别展示了前述末端配电箱AL*n*，即典型学生宿舍标准间的户内配电箱的系统图及照明平面图。为方便理解照明系统平面图设计，图2-10和图2-11以展开图方式说明了对应的照明及插座回路接线方法及工作原理。

1. 户内配电箱AL*n*的供电与分配

在图2-9中，由前述总配电箱或楼层智能表箱计量后，供电线经过走道吊顶内桥架CT-200×100，从桥架接钢管SC20穿出引到各房间配电箱AL*n*。户内配电箱AL*n*的供电线类型及穿管方式表达在系统图2-8中为BV3×6-CT-SC20 WC，即表示铜芯绝缘单相三线（每根线径为 6mm^2），从桥架到穿直径为 20mm 的钢管，WC 表示沿墙暗敷。

从图 2-8 可知，单相用电用户的供电线经 2 极负荷开关（HUH18-50/2-32）后分成三个回路：照明回路 WL1、普通插座回路 WL2、卫生间插座回路 WL3，均为单相三线，照明回路 WL1 释义如图 2-8 中引线文字描述。

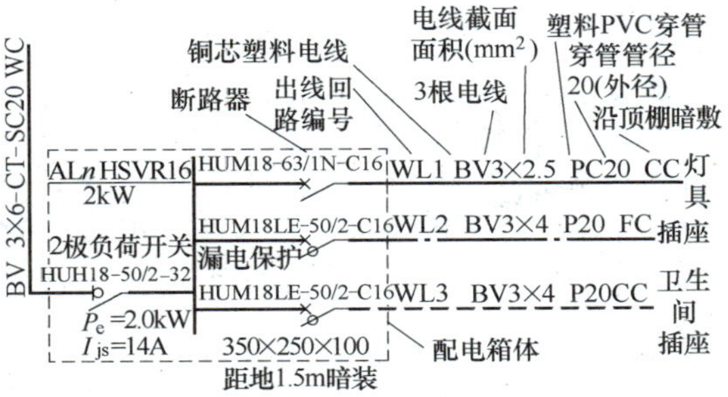

图 2-8　末端配电箱（ALn 箱）系统图

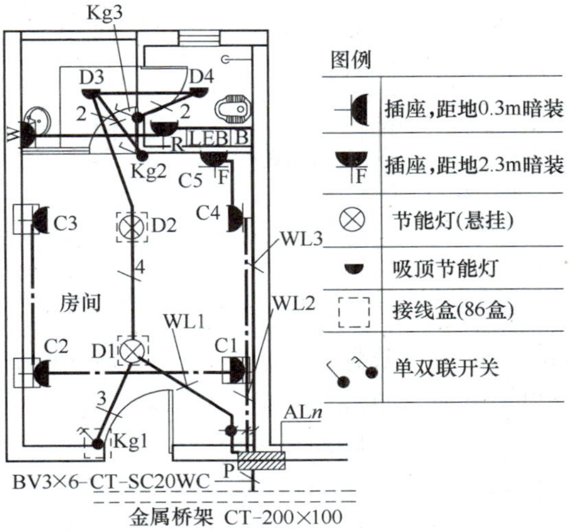

图 2-9　户内电气平面图及图例

2. 平面图的绘制与识读

（1）接线盒（86 盒）　施工安装时，所有灯具、开关、插座或管线拐弯处均有接线盒（86 盒），又称为灯座盒、插座盒、底线盒、开关盒，起拉线、配电、过线、分线作用，以确保线缆接头不在保护管内进行。长距离管线的适当位置可依据需要和施工规范设置接线盒，起转接拉线作用。接线盒开口通常面向操作方向，灯具接线盒装在顶棚或墙上，灯具通过胀管、吊件等方式安装，导线由接线盒引到灯具内，完成接线。开关及插座面板（成品）一般在接线盒内接好线，直接经过螺钉固定在接线盒上。接线盒有明装和暗装，土建施工时多采用暗装方式，浇筑混凝土前做好接线盒防水纸包封。实际电气平面图中一般不画出接线盒，但识图时必须熟悉牢记，否则穿线穿管和接线混淆无法理解。图 2-9 中平面图及后续照明和插座回路的展开图，在开关、灯座及插座等位置，都绘制了接线盒，方便读者对应理解各回路的实际导线数量及接线方式。

（2）照明回路 WL1 的识读　为了布置灯具、方便放线，电气平面图中需要标注出各段接线盒之间的放线根数，即平面图中灯具之间或灯具与开关之间以短斜线标注的根数，是照明平面图的主要内容。平面图中粗实线展示接线盒之间的穿管连通逐个转接，多根线可以共管敷设。

要准确绘制照明线路导线的根数，必须先了解照明回路的接线及控制逻辑。为了便于理解，以展开图图 2-10 来说明。相线（也称为火线）经过灯具接线盒下到开关盒，再返回控制火线接到各灯具光源的进线，经光源后接出线到 N 线，再回到电源的中性点，由此形成回路。PE 线接灯具或用电设备的可导电金属外壳，直接与灯具的接地端子连接，保持金属外壳为地电位以防触电，一般沿管及元器件通长敷设，N 线和 PE 线上不进开关。根据规范规定，Ⅰ类灯具必须加上 PE 线。

对应平面图中的放线数量标注，在展开图中以虚线椭圆圈表示一段穿管，这样平面图中

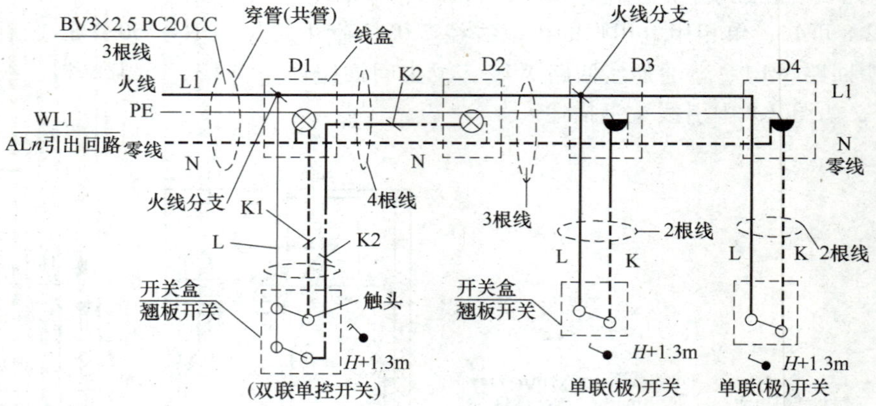

图 2-10 户内照明回路展开图

每段管的放线数量，分别是什么线，在展开图中清晰可数。由 ALn 引出的回路 WL1 穿管展开单相三线（火线、零线、PE 线）沿整个回路穿管通长敷设。零线进灯，火线进开关，这样灯具的亮灭可以被开关控制。为了便于理解，将从供电火线去开关的线称为火线（或下火线）；经开关分支和通断，从控制开关返回控制灯具的火线称为控制火线。从 ALn 穿管穿线到灯具 D1 的接线盒后火线分一支沿墙下到距地 1.3m 高的双联开关 Kg1，通过连线转换后经过两个触头返回两支控制火线 K1、K2 去控制灯具。返回的 K1 控制灯具 D1，K2 控制灯具 D2。下开关的分支线即下火线 L，与两控制火线共管敷设，Kg1～D1 穿线根数为 3（穿线根数 n=极数加 1 根下火线），将该数字 3 标注在平面图中灯具与双联开关之间。电流从电源侧火线 L 经灯头盒下开关再返回控制线接灯具，从 N 线返回到电源侧，就形成电气通路，只要接通开关就对灯具供电，灯具亮（此即回路的含义）。

平面图中开关 Kg1 只控制灯具 D1～D2，灯具 D3/D4 仍需火线到开关 Kg2/Kg3 去实现灯具的亮灭控制，因此从灯具 D1～D2 之间穿管根数包括 1 根过路的分支火线 L（供灯具 D3、D4）、控制线 K2、N 线及 PE 线共 4 根线。D2 灯具到洗漱间 D3 灯具穿管内为 3 根线（L 线、N 线、PE 线）。D3～Kg2 的 2 线为 D3 灯具盒分支下火线到 Kg2 再返回控制火线 K 共管（2 线），灯具 D4 控制穿管线类推。在 D1、D3 灯具盒内火线分别分成两支，一支就近下到开关，另一支分线则路过接线盒为后续灯具供电。可见，同一回路所有灯具都是接在同一回路火线和零线上，中间加了开关转接分支控制火线，返回控制灯具亮灭而已，灯具之间电气连接呈并联关系。在照明平面图中，与回路线根数 3 相同的放线数量一般默认不标注，其余与之不同的根数必须全部标注在平面图上。图 2-9 中标注的根数以椭圆圈对应表达在展开图中，两图对应理解。其余类型开关控制灯具接线及控制逻辑在后续 2.4 节中详细分析。掌握照明回路的控制逻辑，学会根据实际设计工程图，读懂设计者的意图或者发现笔误，才能做好算量、指导施工及管理等。

（3）插座回路 WL2 的识读　插座回路接线逻辑分析对照图 2-9 和图 2-11。由 ALn 引出回路 WL2 穿管（虚线椭圆圈）穿有三线 BV3×4 P20 WFC（P20 表示穿直径 20mm 的 PVC 管；WFC 表示暗敷在地板或地面下）沿整个回路穿管通长敷设，接到房间第一个插座底盒 C1 处分线接线。C1 处分支接线 L、N、PE 抽头到插线面板，形成 L、N 两孔插孔和 L、N、PE 三孔插孔，即常见的二孔+三孔的五孔插座面板。电流从火线插孔进入用电设备，经用电设备返回零线即形成通路，插座供电形成回路而工作。由敷设方式 WFC 可知，从 C1（距

地 H+0.3m）到 C2，需要先下到楼板内水平暗敷，然后在对面墙面处穿管上行到 C2（H+0.3m），同样单相三线经 C2 下到地板暗敷再竖向上行到插座 C3（H+0.3m）。C2 插座左右两侧竖向不能共管，应分别施工和计算工程量，先穿管后穿线，在插座盒之间拉线，以便后续检修。平面图中，插座回路穿管放线根数一般默认 3 根不用标注，非 3 根才标注。本宿舍案例，插座回路均为单相三线，所以都不用标注。图 2-12 展示了各类典型插座的标准接线方式。

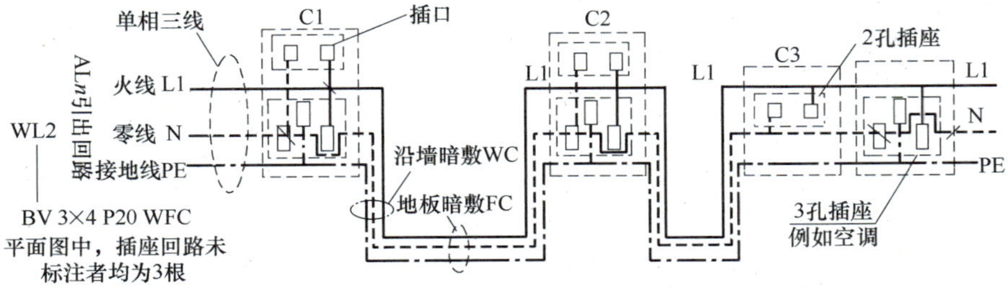

图 2-11　ALn 箱插座回路展开图

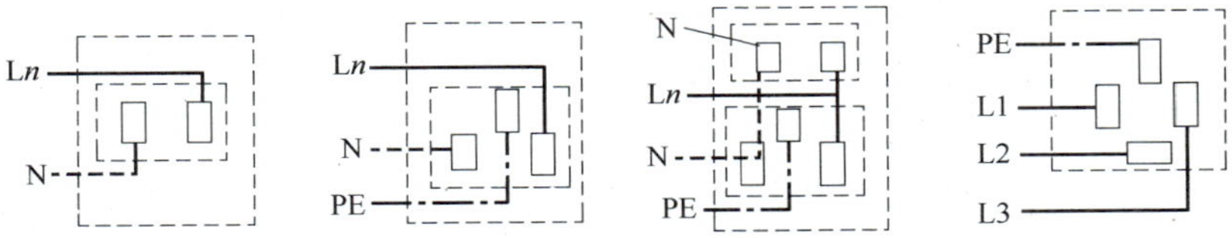

a)　b)　c)　d)

图 2-12　各类典型插座的标准接线方式

a）两孔单相插座　b）三孔单相插座　c）两孔+三孔单相插座　d）四孔三相插座

2.4 照明开关控制原理及识图

室内照明、风扇等回路的控制开关种类多样，包括翘板开关、拉线开关、调速开关、节能开关等，但接线方式基本类似。本书以应用最为广泛和典型的翘板开关为例，用灯具平面图对应多线展开的逻辑控制图来指导各类控制开关的接线及识读。灯具的控制因开关控制位置数量的不同，又分为单点控灯、两点控灯等。

2.4.1 照明单控开关识图

常用照明单控开关根据下火线进开关分支返回的控制火线根数，分为单联、双联、三联、四联、五联单控开关。单控只能一处直接控制灯（或灯组）的通断，各控制火线互不相关。例如，四联单控开关就是每个开关面板上面有 4 个触头，返回 4 根控制火线控制 4 个（组）灯。

以同一照明回路为单一房间灯具供电和为多房间灯具供电两种情况，对比说明三联（极）单控开关的控制逻辑及在平面图中的放线标注。

如图 2-13b 所示，左端来自配电箱的照明回路 WL（L、N、PE 三线），在灯具 D1 线盒火线下到开关 Kg1，三联开关返回 3 根控制火线 K1、K2、K3，分别控制灯具 D1、D2、D3，零线和 PE 线通长敷设，与灯具接线对应端子相接。本房间与下一房间虽然共用回路但开关控制互不相关，下一房间的供电不被开关 Kg1 控制，所以火线 L 在灯具 D1 灯盒分线后另一

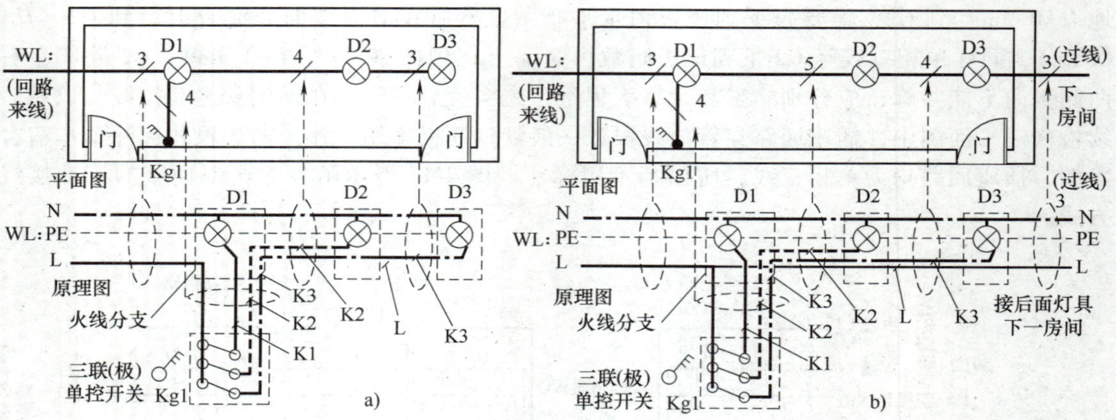

图 2-13　三联单控开关控制原理图

a）同一回路为单一房间灯具供电　b）同一回路为多房间灯具供电

分支需要路过 D2、D3，到下一房间供电及其开关控制。因此，D1～Kg1 穿管的 4 根线分别为 L、K1、K2、K3（1+3=4）；D1、D2 间穿管的 5 根线分别为 L、K2、K3、N、PE；D2、D3 间穿管的 4 根线分别为 L、K3、N、PE；D3 到下一房间的线盒仍然是 L、N、PE 三线一起引入。

图 2-13a 所示的三联（极）单控开关不需要分出过路火线，从开关返回控制火线的数量不变，但对应 D1～D3 灯具间各段均少 1 根线 L。

2.4.2　教室照明分区分组单控识图

多联单控在照明设计中最为常见，尤其是分区分组控制。图 2-14 展示了典型教室照明设计，为了表达更清楚，假设所采用的灯具为非 I 类灯具，未设置 PE 线。

某教室沿外窗设置 4 排 6 列双管节能日光灯，灯具垂直于黑板面，黑板灯为专门斜向照射黑板的局部照明，单联开关设置在黑板旁以便教师上课控制黑板灯。因教室较长，在前后两道门边分别设置多联单控开关分区分组控制（控制方式不唯一）。为便于识图理解，图 2-14 将教室前后两部分灯具分区控制，但采用了两种不同分组方式。教室后门设置一个三联开关分 4 行控制教室后半部分灯具，前门（靠近讲台区）三联开关分 3 列控制教室前半部分灯具。

图 2-14　视频讲解

照明回路 WLn：L 线、N 线由末端箱 ALn 引出经走道桥架从图 2-14 左侧进入教室最近的一个接线盒 H1，在接线盒 H1 分火线下到开关 Kg1，返回 3 根控制火线 K1、K2、K3，分别控制第一行 H1（K1）3 盏灯、第二行和第三行 K2（H2+H3 行）6 盏灯、第四行 H4（K3）3 盏灯。从逻辑图图 2-14 可见，线盒 H1、H2、H3 之间穿线 3 根（K2、K3、N），接线盒 H3、H4 之间穿线 2 根（K3、N），与回路进线根数 2 根相同，可不标注。K1 线控制第一行 H1、H（1.2）、H（1.3）处 3 盏灯具；H1～H（1.3）穿线为 3 根（分别为过路火线 L 与 K1、N）。H（1.3）～S3 穿线 2 根（L、N），H1～Kg1 穿管内穿线 4 根。过路火线一直引到离教室右（前）门开关 Kg2 最近的接线盒 S1，在 S1 中火线 L 分支，一支下到开关 Kg2 返回控制火线（K3′、K2′、K1′）分别控制第 3 列、第 2 列、第 1 列灯具（每列 4 盏灯）。由图 2-14 可见，S3～S2 穿管内穿线 3 根（L、K3′、N），S2～S1 穿管内穿线 4 根（L、K2′、K3′、N），S1～Kg1 穿线 4 根（L+3 控线）。S1 内另一火线分支到黑板灯 B1 下到开关 Kg3，

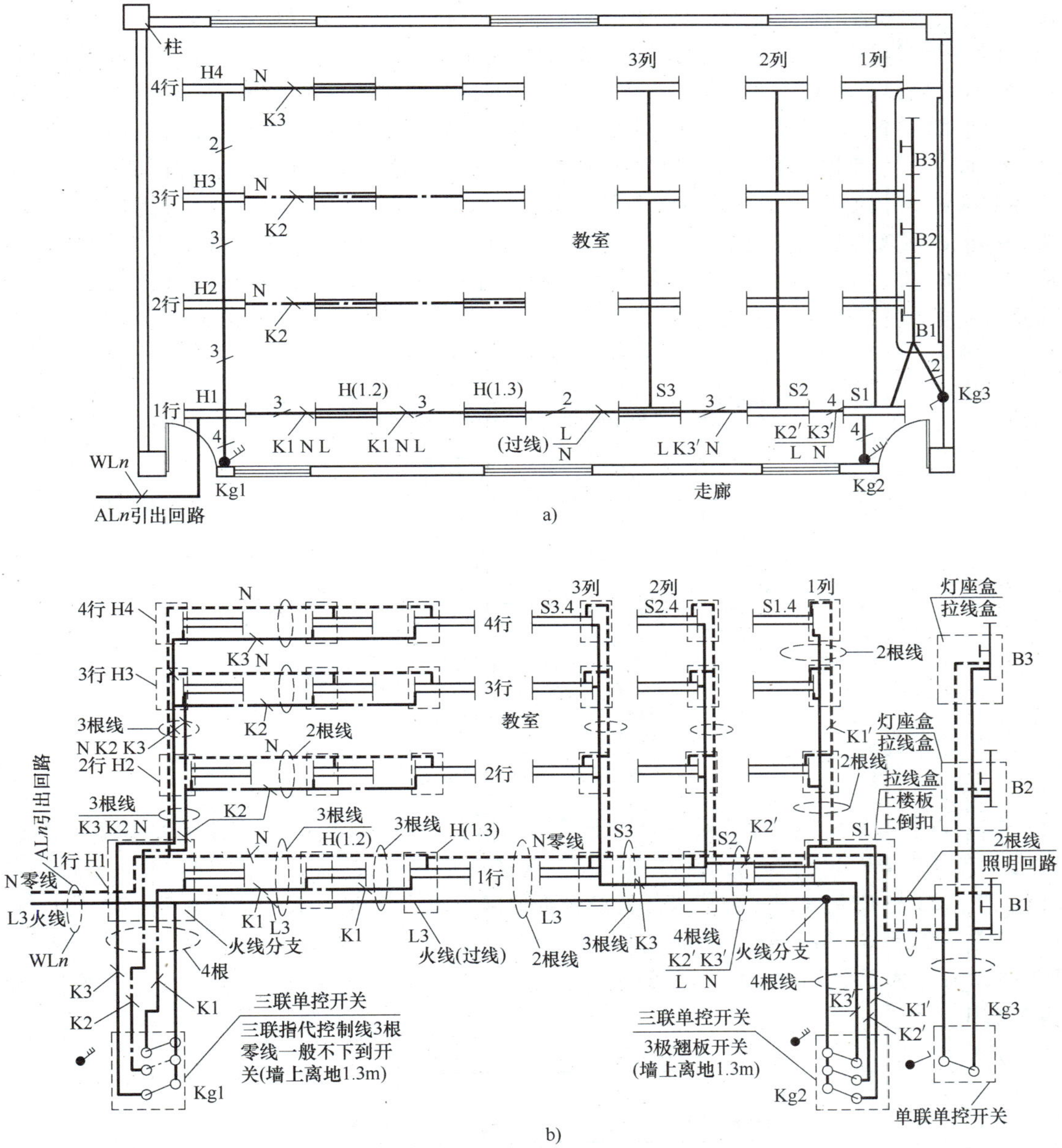

图 2-14　典型教室照明平面控制逻辑图

a）照明平面图　b）多线展开的控制逻辑图

再返回 1 根控制火线控制 3 盏黑板灯。B1～B3 穿线 2 根（控制火线 K、N），Kg3 设置在黑板旁边，便于教师上课开关斜照的黑板灯。

2.4.3　照明双控开关识图

两个双控开关相互配合，可以实现两处不同地点的双控开关对同一盏（组）灯的通断控制，即两点控灯，也称为两地控灯或双位控制。双位控制广泛用于长直过道两端，或者楼上楼下控制楼梯间灯，或者卧室进门和床头均可控制灯具。两处控制同一灯（灯组），使用时极其方便。常见的双控有单联双控和双联双控。以平面图+原理图的对应方式分析控制情况。每个单联双控（双位控制）开关由一个静触头对应两个选择动触头组成。

（1）单联双控　图 2-15 说明了单联双控的接线及控制原理。配电箱来的供电线仍然是 L、N、PE 三线。火线 L 在灯具 D1 分支，一支下到开关 Ks1，连接第一处双控开关的静触头，对应的两个动触头引出两根联络线 C1、C2，并与第二处的双控开关动触头相连；第二处 Ks2 即另一个双控开关，将两根联络线 C1、C2 通过动触头和静触头的选择切换后，才引出控制火线 K 控制同组的 D1、D2 两灯。两处（Ks1 与 Ks2）中任意一处切换开关的动触头，都可以实现开灯与关灯转换。从图 2-15 可知，D1～D2 穿线 6 根，分别为 L、C1、C2、K、N、PE；D1～Ks1、D2～Ks2 穿线均为 3 根，分别为 L、C1、C2 和 K、C1、C2。若没有过路线供电到下一房间，则对应的 D1～D2 灯具段少 1 根线 L，改为 5 根线即可。

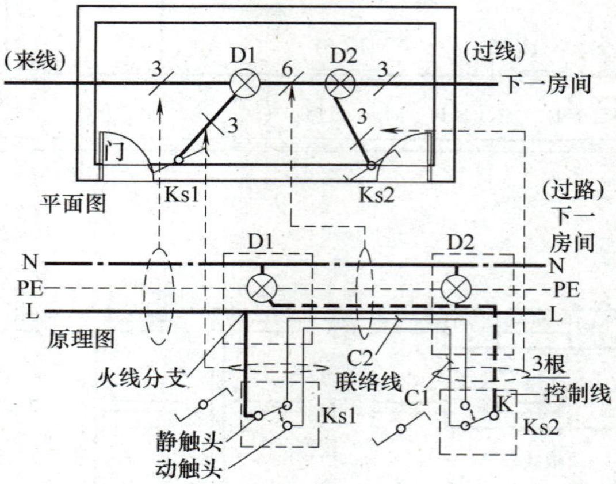

图 2-15　单联双控原理

图 2-15～图 2-17 视频讲解

（2）双联双控　图 2-16 所示为两地分别控制两只灯（双联双控）且有火线过线情况。火线 L 在灯具 D1 分支，一支下到开关 Ks1，连接两个静触头后，分别对应动触头引出的联络线 C1、C2 与 C1′、C2′，再从 Ks2 的静触头返回控制火线 K1、K2 到灯盒，分别控制 D1、D2。D1～D2 穿线 8 根，分别为 L、C1、C2、C1′、C2′、K1、N、PE；D1～Ks1 穿线为 5 根；D2～Ks2 穿线为 6 根。若没有过路线供电到下一房间，则对应 D1～D2 灯具段少 1 根线 L，变为 7 根线。

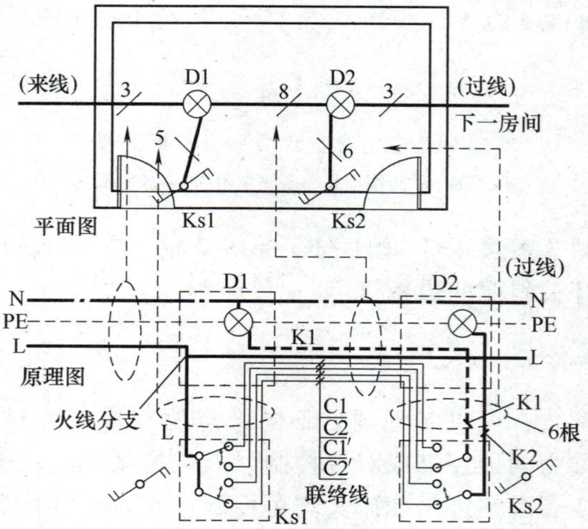

图 2-16　双联双控原理

（3）双联分组双控　如图 2-17 所示，火线在灯具 D1 分支，一支下到开关 Ks1，分成两组联络线 C1、C2 和 C1′、C2′，从 Ks2 的静触头返回控制火线 K1、K2，分别控制 D1、D3（a 组）和 D2、D4（b 组）。D1～D2 穿线 8 根，分别为 L、C1、C2、C1′、C2′、K1、N、PE，D2～D4 穿管内穿线 9 根（多 K2 线）；D1～Ks1 穿线为 5 根；D2～Ks2 穿线为 6 根。Ks1 与 Ks2 虽然都是双联双控开关，但与灯具接线盒之间的穿线根数并不相同，在长走道中设计两点控制分组灯时，要根据展开图分析确定导线根数。同样，若没有过路火线接线过路到下一房间或区域，则双联双控对应 D1～D4 灯具段均对应少 1 根线 L。

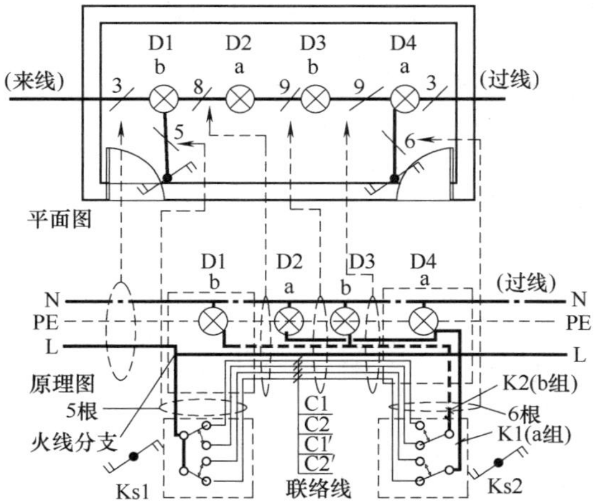

图 2-17　双联分组双控原理

习　题

1. 根据图 2-1，回答：

（1）进线电缆是什么？

（2）电流互感器型号是多少？

（3）低压主进低压断路器额定电流是多少？

（4）低压母线是什么？

（5）高压母线是什么？

（6）高压断路器额定电流是多少？

2. 根据图 2-2，识图回答：

（1）变压器接法。

（2）高压和低压电压是多少？

（3）低压线电压和相电压是多少？

（4）解释低压断路器 CM1LE-160A/225/4310 型号及规格。

（5）解释低压电缆 YJV-0.6/1kV-(4X70+35) S80 FC 型号及规格。

（6）同一台变压器出线方式是否有 TN-S 和 TN-C-S 合用系统？

3. 根据图 2-5，识图回答：

（1）三相四线在何处转成三相五线？

（2）进线低压主电缆型号及规格是什么？

（3）低压分配小母线是哪几根线？

（4）三相四线和三相五线的区别是什么？

（5）楼层配电箱 ALF5 进线导体及保护断路器型号是什么？

4. 根据图 2-8～图 2-12，识图回答：

（1）判断照明回路穿管接线盒之间是否是串联的？插座回路电气是否是并联的？

（2）解释开关 Kg1（双联）是如何控制灯具的？

（3）解释 WL2 回路保护及管线敷设。

（4）插座 C1～C2 如何算量？

（5）解释五孔插座如何供电。

5. 根据图 2-13，识图回答：图 2-13a、b 中两个三联（极）单控开关控制的区别与联系。

6. 根据图 2-14，识图回答：

（1）教室开关是如何分区控制灯具的？

（2）接线盒 H1 处火线分成哪几支？

（3）Kg1 是如何控制灯具的？

（4）Kg2 是如何控制灯具的？

（5）S1～S3 穿管内穿线根数是多少？

（6）Kg2 能否控制黑板灯？各穿管中是否有 PE 线？

7. 根据图 2-15，识图回答：

（1）解释单联双控控制灯具的原理。

（2）D1～Ks1 穿线根数是多少？

（3）D1～D2 穿线根数是多少？

8. 根据图 2-16，识图回答：

（1）双联双控开关是如何控制两盏灯具的？

（2）D1～D2 穿线根数是多少？

（3）D2～Ks2 穿线根数是多少？

（4）若在 D2 处向右没有过路供电到下一房间，则对应 D1～D2 灯具段穿线根数是多少？

9. 根据图 2-17，识图回答：

（1）双联分组双控开关是如何分组控制灯具的？

（2）D2～D3 穿线根数是多少？

（3）D1～D2 穿线根数是多少？

（4）若在 D4 处向右没有过路供电到下一房间，则对应 D2～D3 灯具段穿线根数是多少？

第 3 章 建筑供配电的负荷计算与实例

3

本章概要

本章主要介绍计算供配电系统负荷的目的、意义及其方法。根据建筑用电负荷的特征，利用合适的方法及参数计算负荷、电流、无功功率补偿，是建筑电气设计的主要内容和基础，是选择电气设备的依据之一。本章将基本理论与实践相结合，发扬工匠精神，由浅入深地学习掌握典型建筑负荷计算中的具体应用及其工程设计实例。

3.1 计算负荷的意义和目的

1. 计算负荷的概念及其意义

电力系统中的各种用电设备实际消耗的功率（电流）被视为电力负荷，实际负荷通常是随机变动的。供配电设计需要确定“计算负荷”，用以确定电气设备、导线和电缆，进行变压器损耗、线路能量损耗、电压损失和年用电量的计算等。“计算负荷”是按发热条件选择导体和电气设备的一个“假想负荷”。其物理意义是：这个不变的“计算负荷”持续运行时产生的热效应，与实际变动负荷长期运行产生的最大热效应相等。把这个不变的“假想负荷”称为实际变动负荷的“计算负荷”。

正确计算负荷意义重大。计算负荷过大，将使电器和导线电缆选得过大，造成投资和有色金属的浪费；计算负荷过小，又将增加电能损耗，易出现过热状态，导致绝缘过早老化甚至烧毁，同样造成损失。因此要力求接近实际，往往需要借助既有建筑的用电特点和规律来计算负荷。

2. 负荷曲线

负荷曲线是用电设备功率随着时间变化的图形，同类型的电能用户，其负荷曲线形状大致相同。负荷曲线分为有功负荷曲线、无功负荷曲线、日负荷曲线、年负荷曲线等。

日负荷曲线是反映电能用户 24h 内用电负荷变化情况的曲线，绘制方法包括折线形和阶梯形。以某个监测点为参考点，在 24h 中各个时刻记录功率表的读数，逐点绘制而成的折线形；通过接在供电线路上的电度表，每隔一定的时间间隔（一般为 0.5h）将其读数记录下来，求出 0.5h 的平均功率，再依次将这些点画在坐标上，把这些点连成阶梯状，如图 3-1 所示，称为阶梯形绘制法。由日负荷曲线可以绘制年负荷曲线。

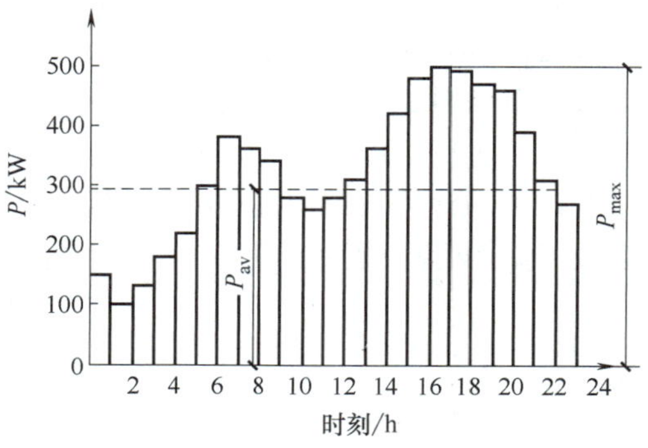

图 3-1 某工厂日负荷曲线

负荷曲线可直观地反映出电能用户的用电特点和规律，即最大负荷 P_{max}、平均负荷 P_{av}

和负荷波动程度。同类型的企业或民用建筑有相近的负荷曲线。总结负荷曲线反映的用电特点和规律，以类比方式进行供配电系统设计。

3. 负荷计算的基本概念

(1) 年最大负荷　年最大负荷是指负荷曲线中全年最大工作班内，半小时平均功率的最大值。用 P_{max}、Q_{max} 和 S_{max} 分别表示年有功功率、无功功率和视在功率最大负荷。最大工作班是指一年中最大负荷月份内最少出现 2~3 次的最大负荷工作班。

(2) 年最大负荷利用小时数 T_{max}　这是一个假想时间，反映用户以年最大负荷 P_{max} 持续运行 T_{max} 所消耗的能量恰好等于全年实际消耗的能量 W_p，即

$$T_{max}=\frac{W_p}{P_{max}} \tag{3-1}$$

$$T_{max}(无功)=\frac{W_q}{Q_{max}} \tag{3-2}$$

式中　T_{max}——年最大负荷利用小时数 (h)；

W_p——有功电量 (kW · h)；

W_q——无功电量 (kvar · h)；

P_{max}——年有功功率最大负荷 (kW)；

Q_{max}——年无功功率最大负荷 (kvar)。

(3) 平均负荷　平均负荷是指电力用户在一段时间内消耗功率的平均值，有功功率、无功功率、视在功率平均负荷分别记作 P_{av}、Q_{av}、S_{av}。

$$P_{av}=\frac{W_p}{t}=\frac{W_p}{8760} \tag{3-3}$$

式中　W_p——全年消耗的总电能 (kW · h)。

全年小时数取 8760h。

(4) 负荷系数　负荷系数也称为负荷率，又称为负荷填充曲线。在最大工作班内，平均负荷与最大负荷之比称为负荷系数，用 α、β 分别表示有功负荷系数和无功负荷系数。它是表征负荷变化规律的一个参数，其值越大，则负荷曲线越平坦，负荷波动越小，即

$$\begin{cases}\alpha=P_{av}/P_{max}\\ \beta=Q_{av}/Q_{max}\end{cases} \tag{3-4}$$

据经验数据和统计分析，一般的工厂负荷系数年平均值为 $\alpha=0.70\sim0.75$，$\beta=0.76\sim0.82$。

(5) 需要系数 K_x　需要系数法就是用需要系数折算设备容量，得出计算负荷的方法。这种方法得出的计算负荷就是 30min 最大平均负荷。以一组用电设备来分析需要系数的含义，该组设备几台电动机总额定容量为 P_e；由于该组电动机实际上不一定都同时运行，而且运行的电动机也不可能都满负荷，同时设备本身及线路也有功率损耗，再考虑操作工人的熟练程度、生产组织等多种因素，在一条干线、一段母线或一台变压器的计算范围内，其所有用电设备的计算负荷 P_c 并不等于其设备容量 P_e，两者之间存在比例关系，将其定义为需要系数 K_x。设备台数用户多时取较小值，少时取较大值。

$$P_c=K_xP_e \tag{3-5}$$

$$K_x=K_tK_L/\eta_N\eta_{wL} \tag{3-6}$$

式中　K_t——用电设备组的同时系数 (用电设备组中所有设备不一定同时运行)；

K_L——用电设备组的负荷系数 (用电设备不一定满负荷运行)；

η_N——用电设备组的平均效率（用电设备组输出容量与输入容量之比）；

η_{wL}——供电线路的平均效率（供电线路末端功率与首端功率之比）。

计算时要正确分析判断用电设备类别及工作状态等。K_x 的选取可以查找【19D 数据】表 3.35～表 3.38、【电手册】1.4 列表。住宅用电负荷的需要系数 K_x 见表 3-1。

表 3-1　住宅用电负荷的需要系数 K_x

按单相配电计算时所连接的基本户数	按三相配电计算时所连接的基本户数	需要系数 K_x
1～3	3～9	0.9～1.0
4～8	12～24	0.65～0.9
9～12	27～36	0.50～0.65
13～24	39～72	0.45～0.50
25～124	75～372	0.40～0.45
125～259	375～777	0.30～0.40
260～300	780～900	0.26～0.30

（6）功率因数 $\cos\varphi$　在正弦交流电路中，有功功率一般小于视在功率，即在视在功率上乘以一个系数才能等于平均有功功率，即功率三角形中的余弦值 $\cos\varphi$，称为功率因数，反映了有功功率占总功率 S_c 的比例。$\cos\varphi$＝有功功率/视在功率。

（7）利用系数 K_l

有功功率：
$$P_{av}=K_lP_e \tag{3-7}$$

无功功率：
$$Q_{av}=P_{av}\tan\varphi \tag{3-8}$$

式中　P_{av}——用电设备组在最大负荷工作班内消耗的平均有功负荷；

P_e——用电设备组的额定负荷；

K_l——用电设备组在最大负荷工作班内的利用系数；

$\tan\varphi$——用电设备组功率因数角的正切值。

4. 负荷计算的主要内容

负荷计算内容：（平均 30min）最大负荷、计算负荷、尖峰负荷、计算电流、功率、电能损耗等。其中，计算负荷 P_c（即 P_{js}）也称为计算容量、需要负荷，是一个假想的持续负荷，其热效应与同时间内实际变动负荷所产生的热效应相等，是选择变压器，确定备用电源容量、无功补偿容量和季节性负荷的依据。

计算电流（I_c）（即 I_{js}）是负荷在额定电压下的最大持续性电流。它是选择配电变压器、导体、保护元件，确定功率损耗的依据。

尖峰电流（I_{jf}）是指平滑日负荷曲线上持续 1～2s 的最大负荷。尖峰负荷主要是由电动机起动、冲击性负荷的投入等形成的。确定尖峰电流的目的是计算线路的电压波动，选择自动开关和熔断器，确定保护装置电流整定值，以及检验电动机是否能自起动。

3.2　建筑用电负荷分类、特征及负荷计算核定

3.2.1　用电设备的工作制及设备容量的确定

进行负荷计算时，设备容量 P_e 并不是直接用设备的铭牌功率确定，而是需要按其工作特点分为三种工作制来确定。

（1）长期连续工作制

$$P_e = P_r \tag{3-9}$$

式中 P_r——电动机的额定功率。

长期连续工作制又称为连续运行工作制或长期工作制，是指电气设备在运行工作中能够达到稳定的温升，能在规定的环境温度下连续运行，设备任何部分的温度和温升均不超过允许值。如通风机、压缩机、各种泵类、电热设备、电解电镀设备、照明灯具、电动扶梯等负荷。

（2）短时工作制　短时工作制是指电气设备的运行时间短而停歇时间长，且在工作时间内发热量不足以达到稳定的温升，而在停歇的时间内能够冷却到环境温度。如控制闸门、风门、阀门的电动机，机床上的进给电动机等。此类工作制的设备数量少且功率小，所以负荷统计时一般不计入。但末端回路按额定功率计算。

（3）反复短时工作制　反复短时工作制的用电设备以非连续的方式反复进行工作，时而运转，时而停歇，但最终温升可能达到稳定温升。典型的有起重机（即吊车）用电动机、扶梯、电焊机等设备，用暂载率 ε 表示其工作特性。其设备容量是指将额定功率换算为统一暂载率的有功功率。

暂载率 ε（也称为负荷持续率）：一个工作周期内的工作时间与工作周期的百分比，即

$$\varepsilon = \frac{t}{T} \times 100\% = \frac{t}{t+t_0} \times 100\% \tag{3-10}$$

式中 T——工作周期；

t——工作周期内的工作时间；

t_0——工作周期内的停歇时间。

这类设备如果暂载率 ε 不是100%，也就意味着不能满负荷工作，否则会烧毁。

1）当采用需要系数法和二项式法计算负荷时，起重机用电动机类的设备功率为统一换算到负荷持续率 $\varepsilon=25\%$ 时的有功功率。

$$P_e = \sqrt{\frac{\varepsilon_r}{\varepsilon_{25}}} P_r = 2P_r \sqrt{\varepsilon_r} \tag{3-11}$$

式中 P_r——负荷持续率为 ε_r 时的电动机的额定功率；

ε_r——电动机的额定负荷持续率。

2）当采用需要系数法和二项式法计算负荷时，反复短时工作制（也称为断续工作制）电焊机的设备功率是指将额定容量换算到负荷持续率 $\varepsilon=100\%$ 时的有功功率。

$$P_e = \sqrt{\frac{\varepsilon_r}{\varepsilon_{100}}} P_r = P_r \sqrt{\varepsilon_r} = S_r \sqrt{\varepsilon_r} \cos\varphi \tag{3-12}$$

式中 S_r——负荷持续率为 ε_r 时的电焊机的额定功率；

ε_r——电焊机的额定负荷持续率；

$\cos\varphi$——电焊机的功率因数。

3.2.2 负荷计算时设备容量的其他核定

设备功率除按工作制计算设备容量外，在进行负荷计算前，还应注意以下核定：

1）连续工作的电动机的设备容量即铭牌上的额定功率，是轴输出功率，未计入电动机本身的损耗。

2）照明负荷的用电设备容量应根据所用光源的额定功率加上附属设备的功率。如气体放电灯、金属卤化物灯的容量，为灯泡的额定功率加上镇流器的功率。

3）低压卤钨灯的容量为灯泡的额定功率加上变压器的功率。

4）设备组容量不应包括备用设备的容量，如备用消火栓泵、喷淋泵不算入总容量。

5）消防时的最大负荷与非火灾时（含平时用的少量消防负荷）的最大负荷应择其大者计算配电总容量。非火灾时使用的消防设备容量应列入总设备容量，如消防控制室用电、应急照明、消防电梯等。

6）大型建筑或建筑群消防用电设备的计算负荷，应按火灾发生时相邻防火分区可能同时使用的消防用电设备的计算负荷容量，再加所有消防电梯、应急照明、消防控制室负荷之和确定（见消防审图条款）。

7）季节性用电设备（如制冷设备和供暖设备）应择其大者计入总设备容量。

8）住宅的容量采用每户的用电指标乘以户数，用需要系数法计算。

3.2.3 常见建筑用电负荷及其特征

1. 给水排水动力负荷

建筑内的各种水泵需要按其用途分别考虑其负荷类别及供电要求。

（1）消防泵（包括室内外消火栓泵、喷淋泵）类　消防泵类为消防负荷，其供电线路在平时、火灾时均处于有电状态，火灾时不能中断供电。供电等级为该建筑物的最高负荷等级，但在大型公共建筑内它的负荷等级为一级或二级。这类设备一般均有备用机组，备用机组不算负荷，而消防泵的主泵及备用泵在非火灾情况下处于待机状态。通常在配电房内引出双电缆，到末端配电控制箱内再切换。消防泵泵房内的排污潜水泵的供电负荷等级应和其主设备相同，因其负荷较小，可从消防泵配电箱内引出动力回路为潜水泵供电；此外，也可从消防泵配电控制箱内引出单独的照明回路为停电时或火灾时备用照明供电，也可引出单独回路为应急照明集中蓄电池电源供电。

（2）生活水泵　生活水泵一般为建筑物提供生活用水。从供电的角度看，它属于建筑物的最高负荷等级，属于非消防负荷。按【民电标 19】13.4.8 条规定及【报警规 13】中 4.10.1 条规定，火灾发生在生活水泵房内时，应强行断电，因生活用水不仅对民生重要，也是火灾时逃生防护灭火急需的，所以绝大部分情况可不切断。

（3）地下室潜水泵　一般认为地下室潜水泵是普通保障小动力负荷。但是编者认为发生火灾，喷水灭火、消火栓水枪灭火时，地下室蓄水后初期需要及时抽送排出积水，若同普通负荷在火灾时切除电源，后果不堪设想，也需要按照消防负荷及时工作排水，提高潜水泵级别和可靠性。潜水泵可与防火卷帘门共用配电箱，或者从就近消防动力配电箱内引来回路供电，这种做法在多项工程实际审图及使用过程中证明是可行有效的。

2. 冷冻机组动力负荷

随着人们对生活舒适性要求的提高，空调设备的普及，建筑耗能量也迅速增加。在所有民用建筑中，大型公共建筑的能耗水平最高，其中空调能耗约占建筑能耗的 50%，而冷源系统如常见的冷冻机组能耗，一般又占空调系统总能耗的 40%～60%。空调系统，尤其是冷热源设备年运行时间较长，耗电量大，它的供电负荷等级一般为三级。空调冷热源有冬夏两用冷热源，也有夏季电动冷冻机组制冷，冬季锅炉供暖等运行方式，冬夏两季的冷热源及其辅助用电设备耗电可能差异较大，在变电所负荷统计时，应注意选取冬夏两季季节性负荷较大的计入总容量。供暖锅炉及其配套设备的供电负荷等级，根据锅炉吨位的不同也有所不同，一般分为二级负荷、三级负荷。此外，为重要房间供暖供冷的空调应为二级负荷，医院重要手术室供电则为一级负荷。

3. 电梯负荷

高层建筑的垂直电梯根据其用途的不同，可分为非消防电梯和消防电梯。非消防电梯包括客梯、货梯、扶梯。在大型商业及高层建筑的客梯、扶梯，其供电负荷等级根据建筑规模的大小一般为一级负荷、二级负荷。在建筑内专为运送消防队员用的专用电梯，即消防电梯，其供电负荷等级应为建筑物的最高负荷等级。当消防电梯兼作客梯时，应视为消防电梯。消防电梯用电为消防负荷，从配电房引出的双回路需要直接引到电梯机房消防电梯配电箱才切换，火灾时继续工作；垂直普通电梯为保障回路供电，若是一级负荷应双回路末端切换，二级负荷可以单回路供电，火灾时自动控制回首层切断用电。电梯负荷计算还要注意：交流电梯功率因数 $\cos\varphi$ 为 0.6~0.7，直流电梯则为 0.5~0.6。

4. 照明负荷

建筑内的照明负荷分为两大类。一类为应急照明，它包含备用照明和疏散照明（详见第 8 章），其负荷等级为建筑物的最高供电负荷等级，消防应急照明在火灾时不能断电，过负荷只报警不断电。另一类是普通工作照明和公共走道楼梯间照明，供电负荷等级根据建筑的使用性质不同，分为一级、二级、三级，火灾时均应强行切除其电源。大型建筑公共走道楼梯间照明为保障负荷，停电时由发电机供电，物业管理用房用电也为保障负荷。

5. 风机负荷

风机在建筑中分为两类。一类是平时用于室内空气调节的，如新风机，也包括送风机、排风机及空调末端设备内风机等，这类风机的用电负荷一般为三级负荷。另外设备用房通风机（如配电室、水泵房、发电机房等）为保障负荷。另一类是在火灾中保证人们安全疏散的，如防烟排风机（包括加压送风机、排烟风机等），是消防负荷，须与消防控制中心实行联动控制，其负荷等级为建筑物的最高供电负荷等级，与保障负荷不共用备用母线和敷设通道。另外平时与火灾共用的一些双工况风机，如平时低速排风火灾时高速排烟的车库排风或排烟风机、平时送风火灾时补风的送风机或补风机等，则应按照消防负荷供电。

6. 弱电设备负荷

建筑物的弱电设备种类越来越多，在对建筑物进行防灾减灾灭灾时，各种通信及数据信息的传递、交换、应答起到了非常关键的作用。综合三甲医院具有 20 多种弱电系统，相当于智能中枢神经系统。弱电系统电源按该建筑物的最高负荷等级供电，有的甚至是特别重要的负荷，如大型百货商店（场）、综合三甲医院、大型金融中心（银行）的经营管理用计算机系统、关键计算机系统和防盗报警监控系统。防灾中心、建筑设备监控管理系统、通信及办公自动化系统、卫星电视及共用天线电视、保安防盗报警监控电视系统、大型国际比赛场馆的计时记分计算机系统以及监控系统、大型百货商店（场）或大型金融中心（银行）的经营管理用系统、计算机网络系统等用电负荷属于非消防负荷，仅火灾发生在弱电机房时才会被强制断电，一级保障负荷往往采用双电源末端切换，另加 UPS、EPS 备用电池为重要设备供电，提高可靠性。

3.3 负荷计算

3.3.1 负荷计算方法

负荷计算的方法有需要系数法、利用系数法、二项式法和单位指标法等。

1）需要系数法是用设备功率乘以需要系数，直接求出计算负荷。这种方法比较简便，应用广泛，反映了设备实际运行的最大功率与设备容量之间的关系，尤其适用于用电设备数量多但单个设备容量小的供电系统以及配、变电所干线的负荷计算。

2）利用系数法是以概率论为理论基础，通过利用系数、有效台数、附加系数等来确定计算负荷。这种方法的计算结果比较接近实际，但无论计算范围大还是小，都必须求出该计算范围内的用电设备有效台数及附加系数，才能求出结果，计算过程烦琐，适用于计算机程序计算。利用系数、附加系数和有效台数可查阅有关专业资料获得。

3）二项式法将负荷分为基本部分和附加部分，后者考虑一定数量大容量设备的影响，适用于用电设备组内设备台数较少而容量差异较大的机修类用电设备计算，其他各类车间和车间变电所施工设计也常采用。二项式法的计算结果一般偏大。

4）单位指标法多用于民用建筑，因为是粗略的估算，所以多用于可行性研究和初步设计阶段电力负荷估算；单位产品耗电量法适用于某些工业建筑。

由于建筑电气负荷具有负荷容量小、数量多且分散的特点，所以需要系数法、单位指标法比较适合建筑电气的负荷计算。根据【民电标 19】的规定，负荷计算方法的选取原则：一般情况下，单位指标法用于方案设计阶段进行电力负荷估算；需要系数法用于初步设计及施工图设计阶段的负荷计算；而对于住宅，在设计的各个阶段均可采用需要系数法。公共建筑具体用电设备及功率不易具体细化确定计算时，可采用单位指标法与需要系数法相结合的计算方法。本书仅介绍需要系数法和单位指标法。

3.3.2　需要系数法确定计算负荷

需要系数法就是用需要系数和同时系数（未说明时 K_{Σ} 取 1）折算设备容量，得出计算负荷的方法。这种方法比较简便，应用广泛。

1. 单组三相设备（用电设备组）的计算功率

有功功率：

$$P_c = K_x P_e \tag{3-13}$$

无功功率：

$$Q_c = P_c \tan\varphi \tag{3-14}$$

式中　P_e——用电设备组的设备功率；

K_x——需要系数，查阅电气数据手册或设计手册；

$\tan\varphi$——用电设备组功率因数角的正切值，同需要系数一起，可查表确定。

2. 多组用电设备组（配电干线或建筑变电站）的计算功率

在计算供配电干线或变电所低压母线上的计算负荷时，要考虑各个用电设备组的最大负荷不可能同时出现。因此，在确定多组用电设备组的总计算负荷时，应把各个用电设备组的最大负荷累加起来再乘以系数，即引入有功与无功的同时系数（也称为参差系数或最大负荷重合系数）$K_{\Sigma p}$、$K_{\Sigma q}$。有功同时系数 $K_{\Sigma p}$ 干线一般取 0.8～1.0；无功同时系数 $K_{\Sigma q}$ 取 0.93～1.0，简化计算时可与有功同时系数相同。同时越靠近电源（变电所）端系数取值越大，对于较大的多级配电系统，可逐级取同时系数，若没有给定同时系数值，一般默认取 1。

需要系数法计算多组设备的公式为

有功功率：

$$P_c = K_{\Sigma p} \sum_{i=1}^{n} P_{ci} \tag{3-15}$$

无功功率：

$$Q_c = K_{\Sigma q} \sum_{i=1}^{n} Q_{ci} \tag{3-16}$$

式中　P_{ci}、Q_{ci}——第 i 组用电设备组的计算有功功率、计算无功功率。

3. 计算视在功率和计算电流

视在功率：
$$S_c=\sqrt{P_c^2+Q_c^2} \tag{3-17}$$

计算电流：
$$I_c=\frac{S_c}{\sqrt{3}U_r} \tag{3-18}$$

式中　U_r——系统标称电压（线电压）。

如果三相供电，所接负荷全部是220V额定电压的单相用电设备，且三相已经尽量均匀分配，也可以用相电压进行计算。负荷星形联结，$U_r=\sqrt{3}U_p=0.38\text{kV}$，$U_p=0.22\text{kV}$。式(3-18)也可以转换为

$$I_c=\frac{K_xP_e}{3U_p\cos\varphi} \tag{3-19}$$

【例3-1】 已知某车间380V线路上，接有以下设备：

1）金属冷加工机30台，总计84kW（查表取$K_{x1}=0.20$，$\cos\varphi_1=0.50$，$\tan\varphi_1=1.73$）。

2）通风机5台，总计5kW（查表取$K_{x2}=0.80$，$\cos\varphi_2=0.80$，$\tan\varphi_2=0.75$）。

3）电阻炉5台，总计10kW（查表取$K_{x3}=0.80$，$\cos\varphi_3=1.00$，$\tan\varphi_3=0.00$）。

4）行车5台，总计5.60kW（查表取$K_{x4}=0.80$，$\cos\varphi_4=0.80$，$\tan\varphi_4=0.75$，$\varepsilon_4=15\%$）。

5）电焊机5台，总计17.50kVA（查表取$K_{x5}=0.35$，$\cos\varphi_5=0.60$，$\tan\varphi_5=1.33$，$\varepsilon_5=65\%$）。

试确定每组负荷的计算负荷（P_c、Q_c、S_c、I_c）及该线路的计算负荷。

解： 首先按照工艺性质相同，需要系数相近的用电设备分组进行负荷计算。

（1）同类用电设备组的计算负荷

1）冷加工机床组为连续工作制设备，故$P_e=P_r$。

$P_{c1}=K_xP_{e_1}=(0.20\times84)\text{kW}=16.80\text{kW}$

$Q_{c1}=P_{c1}\tan\varphi_1=(16.80\times1.73)\text{kvar}=29.06\text{kvar}$

$S_{c1}=\sqrt{P_{c1}^2+Q_{c1}^2}=\sqrt{16.80^2+29.06^2}\text{kVA}=33.57\text{kVA}$

$I_{c1}=\frac{S_{c1}}{\sqrt{3}U_r}=\frac{33.57}{\sqrt{3}\times0.38}\text{A}=51.00\text{A}$

2）通风机组为连续工作制设备，故$P_e=P_r$，同理

$P_{c2}=K_{x2}P_{e2}=(0.80\times5)\text{kW}=4.00\text{kW}$

$Q_{c2}=P_{c2}\tan\varphi_2=(4.00\times0.75)\text{kvar}=3.00\text{kvar}$

$S_{c2}=5.00\text{kVA}$

$I_{c2}=7.60\text{A}$

3）电阻炉组为连续工作制设备，故$P_e=P_r$，同理

$P_{c3}=K_{x3}P_{e3}=(0.8\times10)\text{kW}=8.00\text{kW}$

$Q_{c3}=P_{c3}\tan\varphi_3=(8.00\times0.00)\text{kvar}=0.00$

$S_{c3}=8.00\text{kVA}$

$I_{c3}=12.15\text{A}$

4）行车组的设备功率为统一换算到负荷持续率$\varepsilon=25\%$时的有功功率：

$P_{e4}=2P_{r4}\sqrt{\varepsilon_4}=(2\times5.60\times\sqrt{15\%})\text{kW}=4.34\text{kW}$

$P_{c4}=K_{x4}P_{e4}=(0.80\times4.34)\text{kW}=3.47\text{kW}$

$Q_{c4}=P_{c4}\tan\varphi_4=(3.47\times0.75)\text{kvar}=2.60\text{kvar}$

$S_{c4}=4.34\text{kVA}$

$I_{c5}=6.59\text{A}$

5）电焊机组的设备功率为统一换算到负荷持续率 $\varepsilon=100\%$ 时的有功功率：

$P_{e5}=S_{r5}\sqrt{\varepsilon_5}\cos\varphi_5=(17.5\times\sqrt{65\%}\times0.60)\text{kW}=8.47\text{kW}$

$P_{c5}=K_{x5}P_{e5}=(0.35\times8.47)\text{kW}=2.96\text{kW}$

$Q_{c5}=P_{c5}\tan\varphi_5=(2.96\times1.33)\text{kvar}=3.94\text{kvar}$

$S_{c5}=4.93\text{kVA}$

$I_{c5}=7.49\text{A}$

（2）配电线路上的计算负荷　取 $K_{\Sigma p}=0.9$，$K_{\Sigma q}=0.95$，则

$$P_c=K_{\Sigma p}\sum_{i=1}^{n}P_{ci}=0.90\times(16.80+4.00+8.00+3.47+2.96)\text{kW}=31.71\text{kW}$$

$$Q_c=K_{\Sigma q}\sum_{i=1}^{n}Q_{ci}=0.95\times(29.06+3.00+0.00+2.60+3.94)\text{kvar}=36.67\text{kvar}$$

$$S_c=\sqrt{P_c^2+Q_c^2}=\sqrt{31.71^2+36.67^2}\text{kVA}=48.48\text{kVA}$$

$$I_c=\frac{S_c}{\sqrt{3}U_r}=\frac{48.48}{\sqrt{3}\times0.38}\text{A}=73.66\text{A}$$

$$\cos\varphi=\frac{P_c}{S_c}=\frac{31.71}{48.48}=0.654$$

4. 单相负荷计算

在民用建筑中，有大量的照明单相用电设备，在低压供配电系统设计时，应尽量使单相设备均衡地分配在三相线路上，减少三相不平衡状态。根据【民电标 19】3.5.6 条要求：

1）单相用电设备应均衡分配到三相上，使各相的计算负荷尽量相近。

2）当单相负荷与三相负荷同时存在时，符合下式条件，单相负荷可不做换算，直接与三相负荷相加：

$$\sum P_{e.s}\leqslant15\%\sum P_{e.t}\tag{3-20}$$

式中　$\sum P_{e.s}$——计算范围内单相负荷的设备功率之和；

$\sum P_{e.t}$——计算范围内三相负荷的设备功率之和。

3）当 $\sum P_{e.s}\geqslant15\%\sum P_{e.t}$ 时，单相负荷应换算成等效三相负荷后，再与三相负荷相加。

当单相用电设备只接于线电压或分别接于不同的线电压和相电压时，具体的换算在此不赘述，可以查阅【电手册】1.6 节或【12SDX 算例】1.3 节，换算后各相负荷分别相加。如不能平均分配时，可能有各种组合方案，每种方案均有其单相最大负荷值，选出最小的单相最大负荷即最优方案，总的等效三相有功负荷为最小的单相最大负荷的 3 倍。

4）当单相设备只接于相电压时，尽量平均分配，等效三相负荷取最小的最大单相负荷的 3 倍，即 $P_e=3P_{pmax}$。用等效三相负荷计算出电流值、选择其保护电器（断路器）及导体（线）。

5）缩减单相负荷范围的约定：数量多而单台功率小的用电器具（如灯具和家用电器），在大多数民用建筑中，容易均匀地分接到三相上，在大范围内应视同平衡的三相负荷；按此约定，低压母线的负荷通常符合式（3-20）的条件，不必进行任何换算，单相负荷直接与三相负荷相加得到总负荷。故在工程设计中，一般只在后端 1~2 级配电箱需要校核三相均衡性。

5. 尖峰电流

尖峰电流一般出现在电动机起动过程中。

1）单台电动机的尖峰电流：主要是由感性负荷在起动瞬间产生的电流，即

$$I_{jf}=KI_{rM} \tag{3-21}$$

式中 I_{jf}——尖峰电流；

K——起动电流倍数，在电动机产品中可以查取；

I_{rM}——电动机的额定电流。

2）多台电动机供电回路的尖峰电流：一般只考虑起动电流最大的一台电动机的起动电流，因此多台电动机回路的尖峰电流为

$$I_{jf}=(KI_{rM})_{max}+\sum I_c \tag{3-22}$$

式中 $(KI_{rM})_{max}$——最大容量电动机的起动电流；

$\sum I_c$——除最大容量电动机之外的其余电动机计算电流之和。

3）自起动电动机组的尖峰电流是所有参与自起动电动机的起动电流之和。

$$I_{jf}=\sum_{i=1}^{n} I_{jfi} \tag{3-23}$$

式中 I_{jfi}——第 i 台电动机的起动电流；

n——同时自起动电动机的台数。

【例 3-2】 有一 0.38kV 配电支线给电动机供电，已知 $K_1=5$，$I_{rM1}=4A$；$K_2=4$，$I_{rM2}=4A$；$K_3=3$，$I_{rM3}=10A$；$K_4=2.8$，$I_{rM4}=5A$。求该配电线路的尖峰电流。

解：由题意可知第三台的起动电流最大，所以尖峰电流为

$$I_{jf}=K_3I_{rM3}+(I_{rM1}+I_{rM2}+I_{rM4})=3\times10A+(4+4+5)A=43A$$

3.3.3 单位指标法确定计算负荷

在项目评估、立项、规划、工程方案设计阶段等可以采用单位指标法来大致确定总负荷。

1. 负荷密度法

负荷密度法常用于民用负荷的初步估算。当已知用电场所面积 S 和单位面积的电负荷密度 p'时，负荷可按下式计算：

$$P_c=\frac{p'S}{1000} \tag{3-24}$$

式中 P_c——有功功率（kW）；

S——建筑面积（m^2）；

p'——单位面积功率（W/m^2），也可写作 ρ（负荷密度）；可查数据手册【19D 数据】（见表 3-2），或者相应专业规范要求如【教育电规 13】。

注意：需要明确是否包括空调负荷，采用集中空调或者分体分散空调时配电计算方法、配电措施均不相同。

表 3-2 各类建筑单位面积功率 p'

建筑类别	单位面积功率/（W/m^2）	建筑类别	单位面积功率/（W/m^2）
公寓	30~50	医院	40~70
旅馆	40~70	高等学校	20~40
办公楼	30~70	中小学	12~20

（续）

建筑类别	单位面积功率/(W/m²)	建筑类别	单位面积功率/(W/m²)
商业(一般)	40~80	展览馆	50~80
商业(大中型)	60~120	演播室	250~500
住宅	20~40	汽车库	8~15
体育	40~70	机械汽车库	17~23
剧场	50~80		

2. 单位产品耗电量法

生产企业可以按年生产量、生产单位产品的电能消耗量及企业的最大负荷利用小时数，估算年最大负荷。

3. 其他估算法

负荷估算法还有其他多种方法。例如住宅建筑，用每住户预定用电量和住户数量可统计出住宅建筑的总负荷；用人均用电量和城市人口可统计出城市总用电量、总负荷；用每个职工每年平均耗电量和企业职工总数可计算出企业每年总耗电量、总负荷等。住宅建筑的每户用电量在初步设计和施工图设计都可以采用估算法。根据住宅面积，可以查阅【住宅电规11】表 3.3.1、【19D 数据】表 3.29 及各地电力部门住宅用电标准，确定每户的设备容量。

3.4 建筑供配电系统无功功率补偿

建筑用电设备中，有大量设备的工作需要向系统吸收感性的无功功率来建立交变的磁场，感性线路及感性负荷使系统输送的电能容量中无功功率的成分增加。在系统变配电设备及输电线路规格一定的情况下，又直接影响有功功率的输送。电能用户功率因数低，会造成变配电设备的容量增加、系统的功率损耗和电压损失增加、发电机效率降低。因此，在供配电系统中，必须限制电能用户无功功率的大小，即提高功率因数，以便提高系统中设备的有效利用率。

1. 功率因数要求值

应满足当地供电部门的要求，当无明确要求时，应满足如下要求：

1）高压用户的功率因数应在 0.90 以上。

2）低压用户的功率因数规范要求≥0.9，实际工程自动补偿设计到 0.92~0.95。

2. 提高功率因数的措施

要提高供配电系统的功率因数，一般可采取两个方面的措施：一是提高用电设备的自然功率因数；二是不足部分采取人工补偿的方式使功率因数得以提高。

（1）提高自然功率因数的方法　电动机类电气设备的额定功率因数是较高的，一般都在 0.85 以上，可是当它们在非额定状态下（如轻载）工作时，功率因数和效率都将大幅度降低，主要采用如下措施改善自然功率因数：

1）合理选择电动机的型号和规格，选择功率因数高的电动机，并避免长期轻载运行。在负荷允许时，尽量采用同步电动机，通过励磁调节来改善功率因数。

2）正确选择变压器的型号和规格，适当设置低压联络线，避免因长期轻载运行而造成功率因数降低。

3）减少供电线路感抗。

（2）采用人工补偿提高功率因数的方法　装设并联电容补偿装置是目前 110kV 及以下用户供配电系统中普遍采用的一种无功补偿方法。纯电感负荷电流滞后电压 90°，纯电容负荷电流超前电压 90°。无功补偿的基本原理就是把具有容性功率负荷的装置与感性功率负荷并联接在同一电路，感性负荷所吸收的无功功率可由容性电容输出的无功功率补偿。在实际供配电系统中，大部分是感性和电阻性负荷，补偿前后功率因数变化如图 3-2 所示。电容使电路功率因数角变小，功率因数提高，因此该并联电容器称为移相电容器。

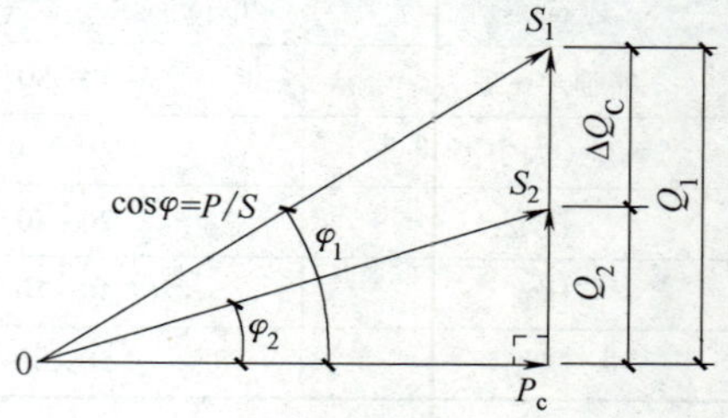

图 3-2　无功功率补偿图

图 3-2 中，P_c 是线路或设备的有功功率；S_1 是补偿前的视在功率；S_2 是补偿后的视在功率；Q_1 是补偿前的无功功率；Q_2 是补偿后的无功功率；$\cos\varphi_1 = P_c/S_{c1}$，$\cos\varphi_2 = P_c/S_{c2}$，其中 φ_1 是补偿前的功率因数角，φ_2 是补偿后的功率因数角；功率补偿为 $\Delta Q_c = Q_1 - Q_2 = P_c(\tan\varphi_1 - \tan\varphi_2)$。

3. 无功补偿的地点

1）一般采用在变电所低压侧集中补偿的方式，且宜采用自动调节式补偿装置，防止无功负荷倒送。当三绕组变压器的二次侧不具备条件时，也可装设在一次侧 10kV 母线上，即高压集中补偿。

2）当设备（起重机、电梯等机械负荷可能驱动电动机用电设备除外）的无功计算负荷大于 100kvar 时，可在设备附近就地补偿。补偿装置和用电设备合用一套开关，与用电设备同时投入运行和断开。其优点是补偿效果好，能最大限度地减少系统的无功输送量，使整个线路变压器的有功损耗减少；其缺点是总的投资大，电容器的利用率低，不便于统一管理。

4. 并联电容补偿容量的计算

$$\Delta Q_c = P_c(\tan\varphi_1 - \tan\varphi_2) = P_c \Delta q_c \tag{3-25}$$

式中　ΔQ_c——补偿容量（kvar）；

P_c——计算负荷（kW）；

φ_1、φ_2——补偿前后的功率因数角。

常把 $\tan\varphi_1 - \tan\varphi_2 = \Delta q_c$，称为补偿率。在计算时，可以查【19D 数据】表 3.43。

确定总的补偿容量后，即可以根据所选单个电容器的容量 q_r 来确定电容器的个数，即

$$n = \frac{\Delta Q_c}{q_r} \tag{3-26}$$

式（3-26）计算出来的数量值 n 非整数，对电容器数量取整，合理选择搭配单个电容器 q_r 型号和 n。q_r 的容量选择可以参考【电手册】表 11.11-9 或参考厂家提供的产品系列，如 5、7.5、12.5、20、25、30、40、50、60、80、100、125、160、200、250（单位为 kvar）等。

3.5　典型建筑工程的设计实例及识图

3.5.1　低压供电线路的保护及设计过程

1. 低压供电线路的保护

应符合【民电标 19】7.6 条的下列规定：

1）低压供电线路应根据不同故障类别和具体工程要求装设过负荷保护、短路保护、过电压及欠电压保护、电弧故障保护，当配电线路发生故障时，保护装置应切断供电电源或发出报警信号，或将状态及故障信息上传。

2）低压配电线路采用的上、下级保护电器，其动作宜具有选择性，各级保护电器之间应能协调配合；对于非重要负荷的保护电器，可采用无选择性切断。

2. 建筑电气设计过程

结合国家现行电气设计规范和标准，对用电负荷分析选择合适的计算方法、计算负荷、计算电流，进行低压电器选择、继电保护、导线及电缆截面选择等。

（1）照明配电系统设计

1）按照度要求选配灯具数量和光源。

2）按照三相照明线路各相的负荷平衡分配照明负荷。

3）分支线路电线按照环境温度满足安装容量持续工作的载流量要求，选择阻燃型低烟低毒绝缘电线。

4）照明开关控制设计见本书 2.4 节。

（2）插座配电系统设计

1）插座回路按插座预期接入负荷计算，一般取有余量（无法完全确定）。

2）设备安装容量按照各种组合方案中最小的最大单相负荷的 3 倍计算。

3）按照需要系数法计算计算有功功率和计算电流。

4）插座根据使用功能分多个回路单独设置（普通插座和空调插座分开）。

除空调插座挂机以外所有插座回路均带漏电保护，动力负荷较大（>3kW）时尽量采用三相交流电对称供电。

（3）线缆及保护电器选择　要求装设过负荷保护、短路保护用的断路器或者熔断器大于线路计算电流；导体的允许持续载流，应大于断路器动作电流，从而起到保护作用而正常工作，即

$$I_c < I_n < I_z \tag{3-27}$$

式中　I_z——导体允许持续载流量（A）；

I_n——保护导体熔断器额定电流或断路器额定电流或整定电流（A）；

I_c——线路的计算电流（A），即 I_{js}。

导线截面面积的选择主要采用发热条件和电压损失计算法，详见第 6 章。

故在设计过程中，按照各计算电流 I_c 选择保护断路器，再根据导体允许持续载流量 I_z 选择照明配电箱的各级进出线电缆或电线。

3.5.2　多层单元式住宅电气设计及识图实例

某典型单元式七层底商住宅，4 个单元，用 220V/380V 供电，底层为商铺，每间负荷为 6kW，共 8 个商铺。各单元住宅均为每层两户，共 12 户。单元总公摊配电包括路灯、网络及电视对讲机前端箱用电，共计 0.2kW。2~6 层每户设计照明 1.5kW，插座 5.5kW，共计 7kW；7 层为跃层，负荷户型较大，为 9kW。住宅每户均为单相供电；试将住宅用电尽量平均分配到三相四线上，需要系数、功率因数等根据设计手册查取。要求：

1）合理分配三相负荷。

2）求住宅部分单元等效总负荷、计算负荷、计算电流，试选择单元总断路器和总电缆（采用 TN-C-S 接地方式）。

3）求住宅配电箱到每户的计算电流，选择断路器和配电导体。

4）若本小区有 5 栋完全相同的底商住宅楼由同一台箱式变电站供电，计算总负荷及总功率补偿。

5）简述设计过程，绘制工程图（包括单元住宅总配电系统图、树干图、户内系统图及平面图等）。

解：1）考虑商住楼的住宅及商铺电价差别大，【民电标 19】3.3.14 条文有明确要求，供电部门一般通过不同主电缆及计量表箱计量和供电，本楼所设置商业总箱由专用电缆配电供电，不在住宅供配电总箱内，如图 3-3 所示。

住宅每个单元由 L1、L2、L3 三相供电，每户均由对应的单相经电表后独立供电到每户户箱，如图 3-4 所示。各单元 7kW/户的有 10 户，9kW/户的有 2 户；公摊 $P_g = 0.2\text{kW}$。

分配方案比选：

方案Ⅰ：L1 分配二、三楼，共 $4\times7\text{kW}=28\text{kW}$；L2 分配四、五楼，共 $4\times7\text{kW}+P_g=28.2\text{kW}$；L3 分配六、七楼，共 $2\times7\text{kW}+2\times9\text{kW}=32\text{kW}$；单相最大为 L3 相，$P_{max}=32\text{kW}$。

方案Ⅱ：三相在单元内整体考虑，交替混合分配，总共 12 户加公共用电，电表箱共 13 个出线回路，按三相差异最小分配，L1 分配 $3\times7\text{kW}+1\times9\text{kW}=30\text{kW}$；L2 分配 $3\times7\text{kW}+1\times9\text{kW}=30\text{kW}$；L3 分配 $4\times7\text{kW}+P_g=28.2\text{kW}$。

方案Ⅰ为多数初学者容易选择的做法，但是单相最大为 $P_{\text{I}\,max}=32\text{kW}$，比方案Ⅱ中的 $P_{\text{II}\,max}=30\text{kW}$ 大。单相负荷应尽量平均分配，减少负荷不平衡。在供电负荷相同的情况下，方案Ⅱ后续计算负荷、计算电流、断路器及导体均比方案Ⅰ减小和节省，因此方案Ⅱ才合理正确。

2）单元等效总负荷 $P_e=3P_{max}=3\times30\text{kW}=90\text{kW}$

根据【19D 数据】$\cos\varphi(0.8\sim1)$ 综合考虑，参考工程经验取 $\cos\varphi=0.9$，$\tan\varphi=0.48$。

有功功率 $$P_{js}=K_xP_e=(0.9\times90)\text{kW}=81\text{kW}$$

无功功率 $$Q_c=P_{js}\tan\varphi=(81\times0.48)\text{kvar}=38.88\text{kvar}$$

视在功率 $$S_c=\sqrt{P_c^2+Q_c^2}=\sqrt{81^2+38.88^2}\text{ kVA}=P_{js}/\cos\varphi=90\text{kVA}$$

计算电流 $$I_{js}=\frac{S_c}{\sqrt{3}U_r}=\frac{90}{\sqrt{3}\times0.38}\text{A}=\frac{90}{0.66}\text{A}=136.4\text{A}$$

或 $$I_{js}=\frac{K_xP_e}{3U_p\cos\varphi}=\frac{0.9\times3\times30}{3\times0.22\times0.9}\text{A}=\frac{30}{0.22}\text{A}=136.4\text{A}$$

本总配电箱内选择断路器整定值 $I_n=160\text{A}$，选择塑壳式断路器 MCCB225L/160A/4300，对应电缆采用 TN-C-S 接地方式，选为 YJV-0.6/1kV（4×70）SC100FC。注：电缆载流量查【19D 数据】表 6.10，环境温度 20℃敷设在埋地管槽内土壤热阻率为 2m·K/W，大于 160A 对应的铜芯电缆 YJV-0.6/1kV（4×70），其载流量 $I_z=175\text{A}$，满足大于 160A 断路器整定值要求。

3）住宅配电箱 AW 中，对 9kW 单相用户 AL1 的供电出线回路有：单相 $P_e=P_p=9\text{kW}$；$K_x=1$；$I_{js}=\frac{P_p}{U_p}\cos\varphi=\frac{9}{0.22\times0.9}\text{A}=45.5\text{A}$；选择断路器 $I_n=50\text{A}$；根据【19D 数据】或第 6 章表 6-3 查载流量，选择导线 BV16，对应载流量为 63A。

这样，对 AL1 箱的出线回路 W10 和 W11 均选择为 BV3×16。

$45.5\text{A}<50\text{A}<63\text{A}$，满足 $I_c<I_n<I_z$。

对 7kW 单相 AL2：单相 $P_e=P_p=7\text{kW}$；$K_x=1$；$I_{js}=\frac{P_p}{U_p}\cos\varphi=\frac{7}{0.22\times0.9}\text{A}=35.35\text{A}$；选择

断路器 $I_n=40\text{A}$；根据【19D 数据】选导线 BV10，载流量为 47A；回路 Wn：BV3×10。

35.35A<40A<47A，满足 $I_c<I_n<I_z$。

4）5 栋总共 20 个单元，240 户。$P_e=20\times90\text{kW}$；查表 3-1，需要系数为 0.4~0.45，取 $K_x=0.43$。

$P_{js}=K_xP_e=(0.43\times20\times90)\text{kW}=774\text{kW}$

考虑变压器母线集中补偿，补偿后 $\cos\varphi=0.95$。

电容补偿从 $\cos\varphi=0.9$ 补偿到 $\cos\varphi=0.95$，计算 $\tan\varphi_1-\tan\varphi_2$ 或者查【19D 数据】表 3.43 得补偿率 $\Delta q_c=0.155$，可以算出所需补偿容量：

$$\Delta Q_c=P_{js}(\tan\varphi_1-\tan\varphi_2)=P_{js}\Delta q_c=[774\times(0.484-0.329)]\text{kvar}=120\text{kvar}$$

取 4 个电容器：$\Delta Q=4\times40\text{kvar}=160\text{kvar}$，采用自动补偿和控制。

$Q_c'=P_{js}\tan\varphi_1=(774\times0.484)\text{kvar}=374.6\text{kvar}$

$Q_c=Q_{c1}-\Delta Q_c=(374.6-160)\text{kvar}=214.6\text{kvar}$

$S_c=\sqrt{P_{js}^2+Q_c^2}=\sqrt{774^2+214.6^2}\text{kVA}=803.2\text{kVA}$

变压器负荷率 $\beta=0.85$；$S=S_c/\beta=803.2/0.85=944.9\text{kVA}$

选择变压器 $S=1000\text{kVA}$，验算负荷率 $\beta=0.803$，满足要求。

5）根据前述计算结果，设计过程要点及说明如下：查阅【住宅电规 11】按 8.4.2 条确定户内配电箱的回路数量及用途；查阅 8.5 条，可以明确每套住宅插座数量、类型、安装高度、接地等其他具体要求；根据 9.4.4 条、10.2.1 条、10.2.2 条设置等电位联结；根据 10.3.2-4 条 I 类照明灯具的金属外壳等具体条文的规定，照明回路也带 PE 线。绘制用户配电箱系统图及户内照明、插座平面图，户内配电箱出线回路 N1~N7 与平面图中编号一一对应，如图 3-6、图 3-7 所示。最终完成设计工程图，如图 3-3~图 3-8 所示。

图 3-3~图 3-8 视频讲解

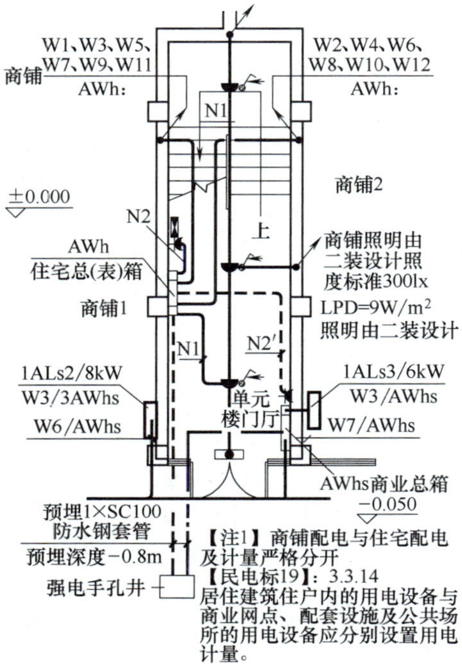

图 3-3　一层配电平面图

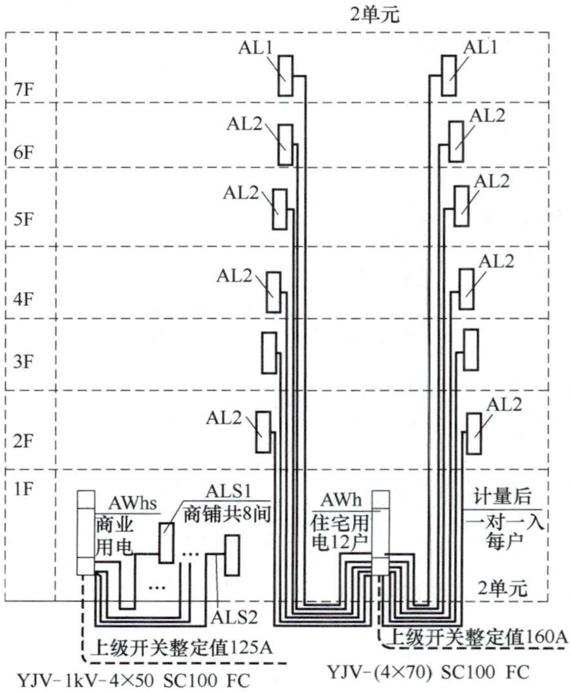

图 3-4　单元式住宅供电树干图

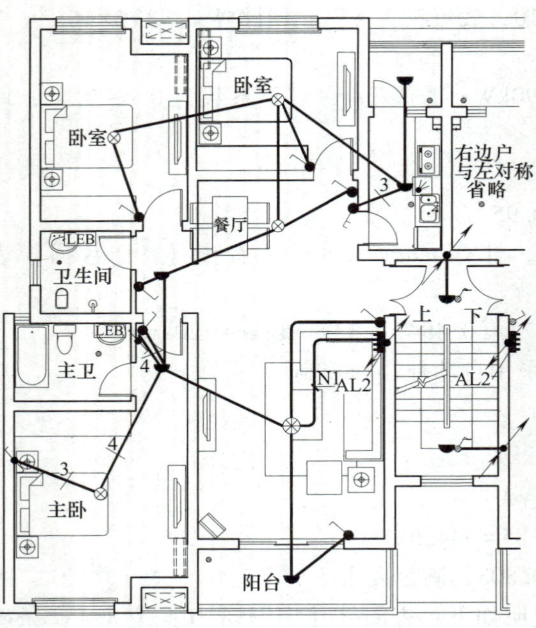

图 3-5 2~6 层照明平面图

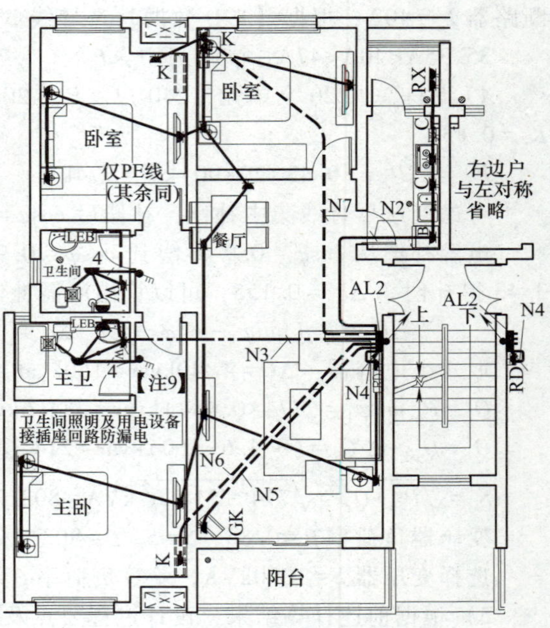

图 3-6 2~6 层插座平面图

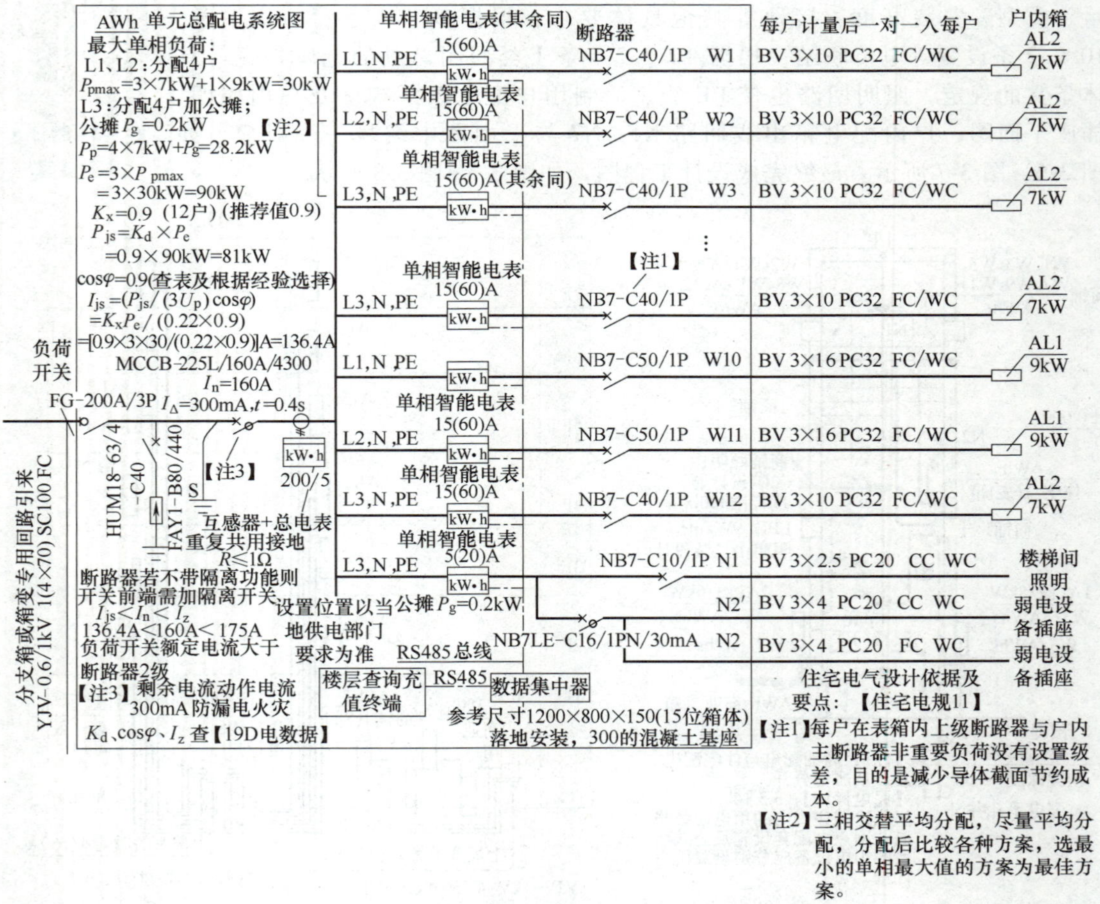

图 3-7 单元住宅总配电系统图

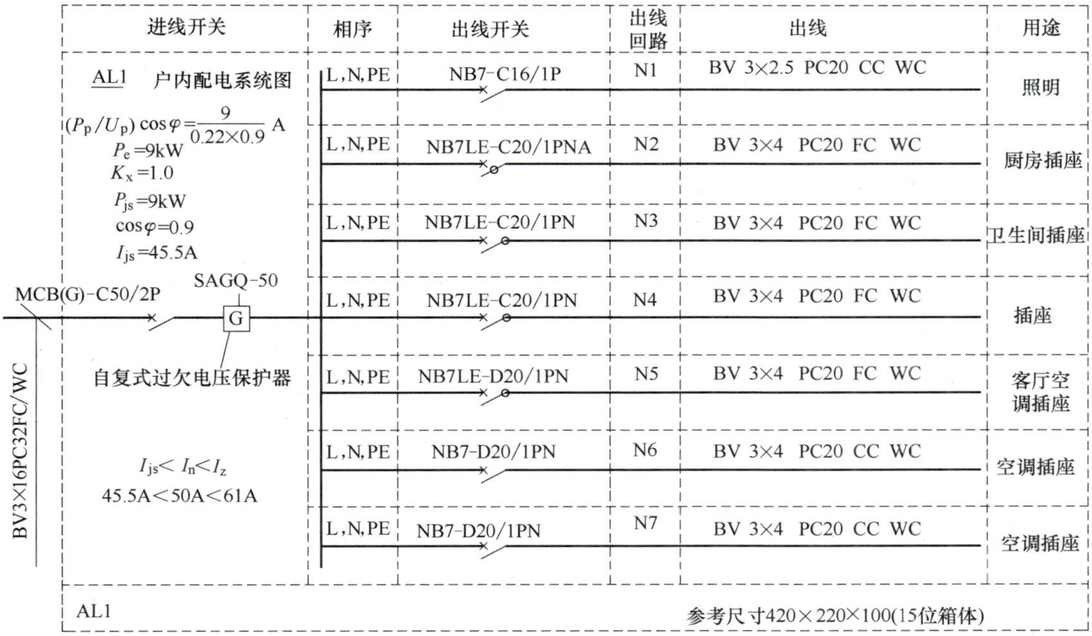

图 3-8　住宅户内配电系统图

3.5.3　多层教学及办公楼电气设计及识图实例

典型学校及办公建筑案例：四川省阿坝州某中心小学教学办公楼，3 层，每层大约 300m^2，每层 1~3 个普通教室，2 层、3 层教室及部分办公室，总共 900m^2，试进行负荷计算及系统平面图设计。

解： 分析用电情况（见图 3-9），本建筑用电为灯具照明，普通教室风扇、弱电及多媒体用电较少，个别教室或办公室安装空调或者冬天用加热设备，具体用电设备功率暂无法明确。本项目面积小，故用电指标宜选择数据大者，具体用电指标选择详见【教育电规 13】4.1.1。本设计采用负荷密度法和需要系数法相结合计算负荷。

综合考虑取功率密度 $p'=40\text{W/m}^2$，一至三层配电箱（AL2、AL3）均设计为三相配电箱，一层配电箱与该总配电箱 AW 合并，不必单独设置配电箱。

对 AL2、AL3 箱：

$P_e=P_c=\dfrac{p'S}{1000}=(40\times300/1000)$ kW = 12kW，末端配电箱取 $K_x=1$；$P_{js}=K_xP_e=1\times12\text{kW}=12\text{kW}$；根据【19D 数据】$\cos\varphi$ 在 0.8~1 之间，参考工程经验取 $\cos\varphi=0.9$，则 $\tan\varphi=0.48$。

$$I_{js}=\frac{K_xP_e}{3U_p\cos\varphi}=[1\times12/(3\times0.22\times0.9)]\text{A}=[12/(3\times0.22\times0.9)]\text{A}=20.2\text{A}$$

选择保护三相断路器 C65N-C32/3P：$I_n=32\text{A}$；根据【19D 数据】，选择导线 BV10，则楼层配电箱进线或总配电箱 AW 对二层、三层 AL2、AL3 的出线回路 Wn 均为 BV5×10。

满足 $I_c<I_n<I_z$，即 20.2A<32A<45A（按环境温度 30℃查表）。

一楼总配电箱 AW：负荷包括 AL2、AL3，及设置在总配电箱 AW 内的一层配电。

总配电箱负荷计算 $P_e=3\times12\text{kW}=36\text{kW}$，相当于共 3 层楼总负荷，取 $K_x=0.8$，则

$$P_{js}=K_xP_e=0.8\times36\text{kW}=28.8\text{kW}$$

$$I_{js}=\frac{S_c}{\sqrt{3}U_r}=\frac{K_xP_e}{3U_p\cos\varphi}=[0.8\times36/(3\times0.22\times0.9)]\text{A}=48.48\text{A}$$

选择保护三相断路器 $I_n=63\text{A}$；根据【19D 数据】电缆直埋 YJV-0.6/1kV-4×25SC70FC，对应的载流量 $I_z=89\text{A}$；满足 $I_{js}<I_n<I_z$，即 48.48A<63A<89A。

图 3-9~图 3-11 视频讲解

根据电缆和开关选型结果，绘制施工图，如图 3-9~图 3-11 所示。

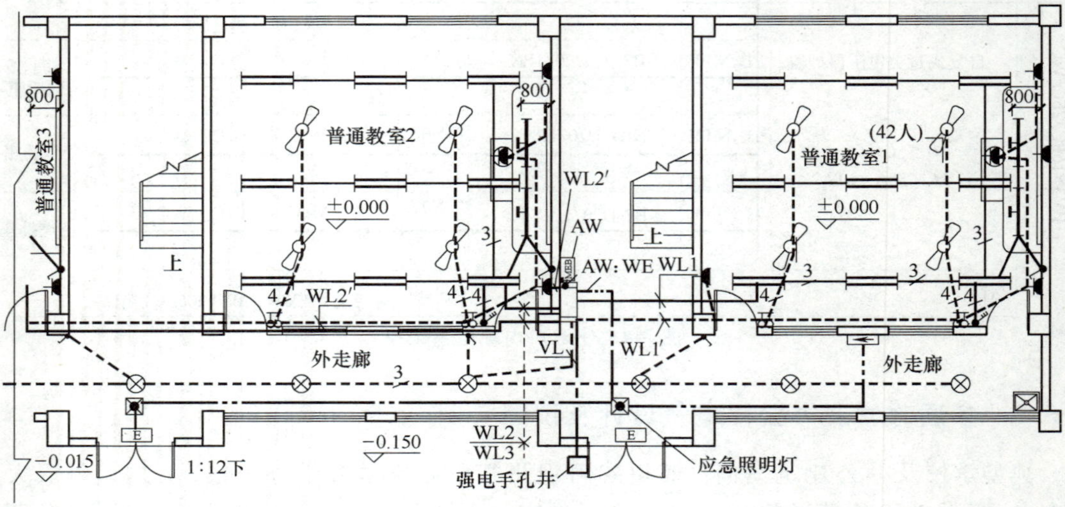

图 3-9 一层电气平面图

3.5.4 高层商业建筑负荷设计实例

某一类高层商业建筑，每层建筑面积 6000m²，共 6 层。其中一般照明（光源为荧光灯）容量为 650kW；应急照明（兼作一般照明光源）容量为 56kW；垂直消防电梯（交流，兼作普通客梯）8 台，每台容量为 16kW；扶梯（交流）30 台，每台容量为 7kW；冷冻机 3 台，每台容量为 245kW；防排烟风机 10 台，每台容量为 15kW；设备房通风机 12 台，每台容量为 10kW；消火栓泵 2 台（一用一备），每台容量为 40kW；喷淋泵 2 台（一用一备），每台容量为 50kW；地下潜水泵 20 台，每台 2.2kW；消防控制室用电 25kW；生活水泵 3 台（两用一备），每台容量为 20kW；弱电及监控机房用电 30kW。试求该建筑总的计算负荷。将整个建筑低压 0.38kV/0.22kV 系统的功率因数提高到 0.92 以上，如果采用 DKMJ-MT 型电容器，试求补偿功率。计算并选择变压器。

解： 根据用电负荷的使用性质和功能进行分组。

1. 消防负荷

1）消防电梯：查表得 $K_{x1}=0.6$，$\cos\varphi_1=0.60$（交流），$\tan\varphi_1=1.33$。

$$P_{e1}=nP_{r1}=8\times16\text{kW}=128\text{kW}$$

$$P_{c1}=K_{x1}P_e=0.6\times128\text{kW}=76.8\text{kW}$$

$$Q_{c1}=P_{c1}\tan\varphi_1=(76.8\times1.33)\text{kvar}=102.1\text{kvar}$$

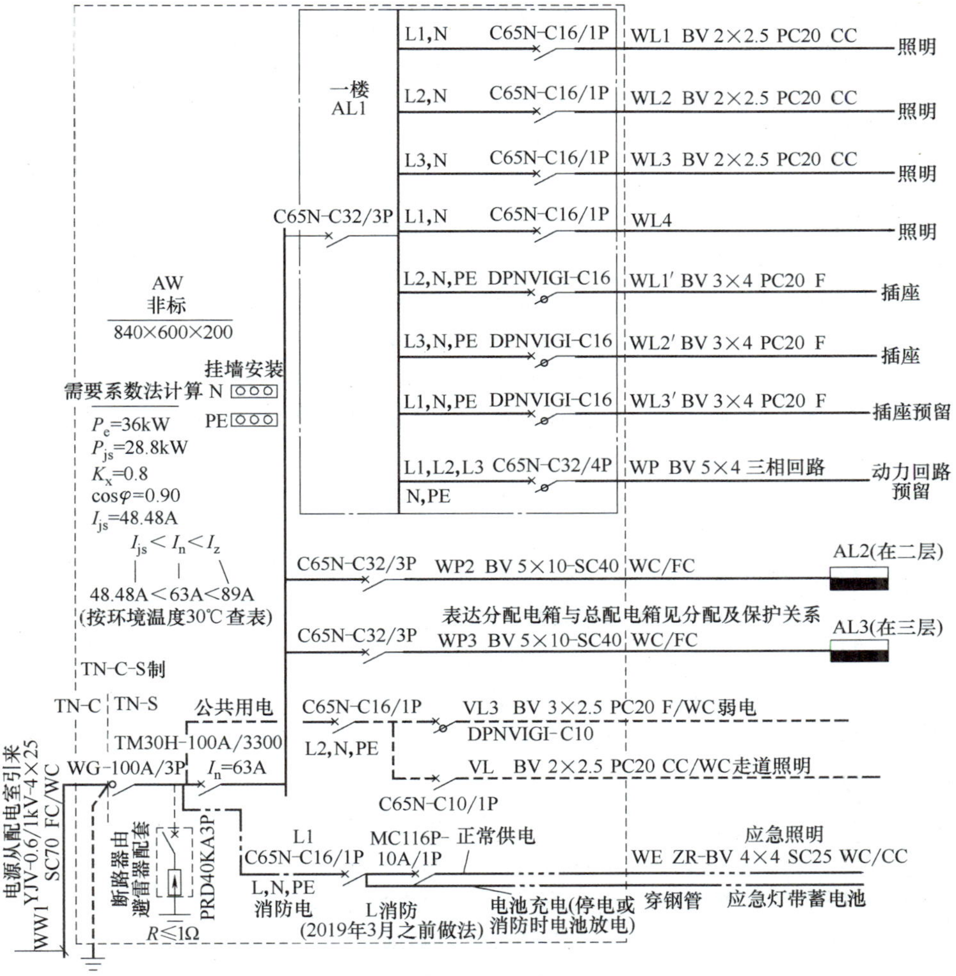

图 3-10　总配电箱 AW 系统图

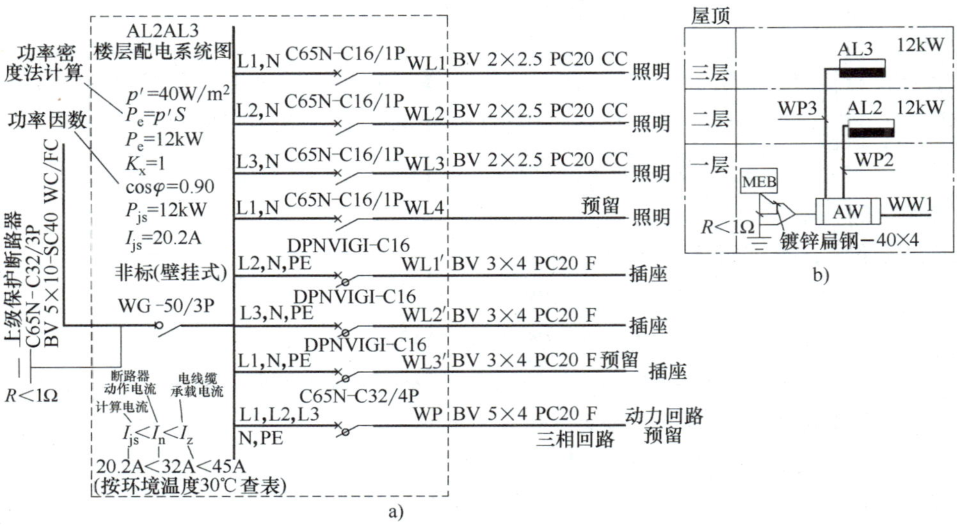

图 3-11　楼层配电系统图及配电树干图

a）楼层配电系统图　b）配电树干图

2）防排烟风机：取 $K_{x2}=0.4$（并非所有排烟机均同时启动）；$\cos\varphi_2=0.8$，$\tan\varphi_2=0.75$。

$$P_{e2}=nP_{r2}=10\times15\text{kW}=150\text{kW}$$
$$P_{c2}=K_{x2}P_{e2}=0.4\times150\text{kW}=60\text{kW}$$
$$Q_{c2}=P_{c2}\tan\varphi_2=(60\times0.75)\text{kvar}=45\text{kvar}$$

3）消火栓泵：查表得 $K_{x3}=1$，$\cos\varphi_3=0.8$，$\tan\varphi_3=0.75$。因为消火栓泵为一用一备，计算负荷时不计入备用容量，故仅考虑一台设备容量。

$$P_{e3}=nP_{r3}=1\times40\text{kW}=40\text{kW}$$
$$P_{c3}=K_{x3}P_{e3}=1\times40\text{kW}=40\text{kW}$$
$$Q_{c3}=P_{c3}\tan\varphi_3=(40\times0.75)\text{kvar}=30\text{kvar}$$

4）喷淋泵：查表得 $K_{x4}=1$，$\cos\varphi_4=0.8$，$\tan\varphi_4=0.75$。因为喷淋泵一用一备，故

$$P_{e4}=nP_{r4}=1\times50\text{kW}=50\text{kW}$$
$$P_{c4}=K_{x4}P_{e4}=1\times50\text{kW}=50\text{kW}$$
$$Q_{c4}=P_{c4}\tan\varphi_4=(50\times0.75)\text{kvar}=37.5\text{kvar}$$

5）应急照明：查表得 $K_{x5}=1$，$\cos\varphi_5=1.00$，$\tan\varphi_5=0.00$。

$$P_{e5}=P_{r5}=56\text{kW}$$
$$P_{c5}=P_{e5}K_{x5}=(56\times1)\text{kW}=56\text{kW}$$
$$Q_{c5}=P_{c5}\tan\varphi_5=(56\times0.00)\text{kvar}=0$$

6）消防控制室：查表得 $K_{x6}=1$，$\cos\varphi_6=1.00$，$\tan\varphi_6=0.00$。

$$P_{e6}=P_r=20\text{kW}$$
$$P_{c6}=K_{x6}P_{e6}=(20\times1)\text{kW}=20\text{kW}$$
$$Q_{c6}=P_{c6}\tan\varphi_6=(20\times0.00)\text{kvar}=0$$

7）地下室潜水泵：查表得 $K_{x7}=0.55$，$\cos\varphi_7=0.80$，$\tan\varphi_7=0.75$。

$$P_{e7}=P_{r7}=2.2\times20\text{kW}=44\text{kW}$$
$$P_{c7}=K_{x7}P_{e7}=0.55\times44\text{kW}=24.2\text{kW}$$
$$Q_{c7}=P_{c7}\tan\varphi_7=(24.2\times0.75)\text{kvar}=18.15\text{kvar}$$

消防总负荷：

$$P_c=P_{c1}+P_{c2}+P_{c3}+P_{c4}+P_{c5}+P_{c6}+P_{c7}=(76.8+60+40+50+56+20+24.2)\text{kW}=327\text{kW}$$
$$Q_c=Q_{c1}+Q_{c2}+Q_{c3}+Q_{c4}+Q_{c5}+Q_{c6}+Q_{c7}=(102.1+45+30+37.5+0+0+18.15)\text{kvar}=232.75\text{kvar}$$
$$S_c=\sqrt{P_c^2+Q_c^2}=\sqrt{327^2+232.75^2}\text{kVA}=401.4\text{kVA}$$

2. 非消防负荷

1）一般照明：查表得 $K_{x1}=0.7$，$\cos\varphi_1=0.9$，$\tan\varphi_1=0.484$。

$$P_{e1}=P_{r1}=650\text{kW}$$
$$P_{c1}=P_{e1}K_{x1}=(650\times0.7)\text{kW}=455\text{kW}$$
$$Q_{c1}=P_{c1}\tan\varphi_1=(455\times0.484)\text{kvar}=220.22\text{kvar}$$

2）扶梯：查表得 $K_{x2}=0.4$，$\cos\varphi_2=0.6$，$\tan\varphi_2=1.33$。

$$P_{e2}=nP_{r2}=30\times7\text{kW}=210\text{kW}$$
$$P_{c2}=K_{x2}P_{e2}=0.4\times210\text{kW}=84\text{kW}$$
$$Q_{c2}=P_{c2}\tan\varphi_2=(84\times1.33)\text{kvar}=111.72\text{kvar}$$

3）冷冻机：查表得 $K_{x3}=0.7$，$\cos\varphi_3=0.8$，$\tan\varphi_3=0.75$。

$$P_{e3}=nP_{r3}=3\times245\text{kW}=735\text{kW}$$
$$P_{c3}=K_{x3}P_{e3}=0.7\times735\text{kW}=514.5\text{kW}$$
$$Q_{c3}=P_{c3}\tan\varphi_3=(514.5\times0.75)\text{kvar}=385.88\text{kvar}$$

4）通风机：查表得 $K_{x4}=0.6$，$\cos\varphi_4=0.8$，$\tan\varphi_4=0.75$。

$$P_{e4}=nP_{r4}=12\times10\text{kW}=120\text{kW}$$
$$P_{c4}=K_{x4}P_{e4}=0.6\times120\text{kW}=72\text{kW}$$
$$Q_{c4}=P_{c4}\tan\varphi_4=(72\times0.75)\text{kvar}=54\text{kvar}$$

5）生活水泵：查表得 $K_{x5}=1$，$\cos\varphi_5=0.8$，$\tan\varphi_5=0.75$。因为生活水泵为两用一备，计算负荷时不计入备用容量，故仅考虑两台设备容量。

$$P_{e5}=nP_{r5}=2\times20\text{kW}=40\text{kW}$$
$$P_{c5}=K_{x5}P_{e5}=1\times40\text{kW}=40\text{kW}$$
$$Q_{c5}=P_{c5}\tan\varphi_5=(40\times0.75)\text{kvar}=30\text{kvar}$$

6）弱电及监控机房：$P_{e6}=30\text{kW}$，$K_{x6}=1$，$\cos\varphi_6=0.9$，$\tan\varphi_6=0.484$。

$$P_{c6}=K_{x6}P_{e6}=1\times30\text{kW}=30\text{kW}$$
$$Q_{c6}=P_{c6}\tan\varphi_6=(30\times0.484)\text{kvar}=14.52\text{kvar}$$

非消防总负荷：

$$P_c=P_{c1}+P_{c2}+P_{c3}+P_{c4}+P_{c5}+P_{c6}=(455+84+514.5+72+40+30)\text{kW}=1195.5\text{kW}$$
$$Q_c=Q_{c1}+Q_{c2}+Q_{c3}+Q_{c4}+Q_{c5}=(220.22+111.72+385.88+54+30+14.52)\text{kvar}=816.34\text{kvar}$$

平时工作总负荷应由所有非消防负荷和平时工作的消防负荷组成，具体地说，即非消防负荷、垂直消防电梯负荷、应急照明负荷、消防控制室之和。

$$P_{c平时}=(1195.5+76.8+56+20)\text{kW}=1348.3\text{kW}$$
$$Q_{c平时}=(816.34+102.1+0+0)\text{kvar}=918.4\text{kvar}$$
$$S_c=\sqrt{P_c^2+Q_c^2}=\sqrt{1348.3^2+918.4^2}\text{kVA}=1631.4\text{kVA}$$

因多数消防负荷平时不工作（兼作普通客梯的消防电梯、应急照明、消防控制室除外），而火灾后启动工作，同时切断多数非消防电源（生活水泵、弱电监控除外），此时应选取消防负荷和平时工作负荷中的大者计为该建筑物的总负荷，即

$$P_{c总}=\max(P_{c平时},P_{c消防})=1348.3\text{kW}$$
$$S_c=\max(S_{c平时},S_{c消防})=1631.4\text{kVA}$$

补偿前的功率因数为

$$\cos\varphi_1=\frac{P_{c总}}{S_c}=\frac{1348.3}{1631.4}=0.826\quad\tan\varphi_1=0.682$$

补偿后的功率因数根据规范要求补偿到 $\cos\varphi_2=0.90$，$\tan\varphi_2=0.484$。通常工程中采用自动功率可调节补偿，最大可到 $\cos\varphi_2=0.92\sim0.95$，$\tan\varphi_2=0.328\sim0.426$；设定补偿到 $\cos\varphi_2=0.94$，$\tan\varphi_2=0.362$。所以用户总的预计无功补偿容量为（也可查表得补偿率 $\Delta q_c=0.315$）

$$\begin{aligned}\Delta Q_c&=P_c\Delta q_c=1348.3\text{kW}\times(\tan\varphi_1-\tan\varphi_2)\\&=[1348.3\times(0.682-0.362)]\text{kvar}=431\text{kvar}\end{aligned}$$

$$n=\frac{\Delta Q_c}{q_c}=\frac{431}{50}\approx9\text{个}$$（可选单个补偿电容 DKMJ-MT0.45-50，即 50kvar）

用户最终的无功补偿容量应为

$$Q_{补}=9\times50\text{kvar}=450\text{kvar}$$

用户最终无功容量为

$$Q_{c补偿后}=Q_{c补偿前}-Q_{补}=(918.4-450)\text{kvar}=468.4\text{kvar}$$

$$S_c=\sqrt{P_c^2+Q_c^2}=\sqrt{1348.3^2+468.4^2}\text{kVA}=1427.3\text{kVA}$$

$\cos\varphi_{实际}=\dfrac{P_c}{S_c}=\dfrac{1348.3}{1427.3}=0.945>0.90$，满足规范要求

$$I_{js}=\frac{S_c}{\sqrt{3}U_r}=\frac{1427.3}{\sqrt{3}\times0.38}\text{A}=2168.6\text{A}$$

选择变压器低压侧主断路器 $I_n=2500\text{A}$；取负荷率 $\beta=0.85$，$S=S_c/\beta=1427.3\text{kVA}/0.85=1679.2\text{kVA}$；选取变压器 $S=2000\text{kVA}$；验算负荷率 $\beta=S_c/S=1427.3/2000=0.714$，满足要求。

3.6 供配电系统中的能量损耗

当电流流过供配电线路和变压器时，引起的功率和电能损耗也要由电力系统供给。因此在确定计算负荷时，应计入这部分损耗。供电系统在传输电能过程中，线路和变压器损耗的电量占总供电量的百分数，称为线损率。为计算线损率，应掌握供电总量，同时要分别计算线 路、变压器中损失的电量。线路和变压器均具有电阻和电抗，因而功率损耗分为有功损耗和无功损耗两部分。

3.6.1 供电线路的功率损耗

三相供电线路的有功功率损耗 ΔP_L（kW）：

$$\Delta P_L=3I_c^2r_0L\times10^{-3} \tag{3-28}$$

无功功率损耗 ΔQ_L（kvar）：

$$\Delta Q_L=3I_c^2x_0L\times10^{-3} \tag{3-29}$$

式中 L——线路每相计算长度（km）；

r_0、x_0——线路单位长度的交流电阻和电抗（Ω/km）。

长度无法改变，要减少损耗只有改善材质（减小 r_0、x_0），增大输送电压降低电流 I_c。10kV 和 35kV、110kV 电缆及架空线的每千米有功功率损耗曲线见【电手册】1.10 电网损耗计算，第 26~29 页。

3.6.2 变压器的功率损耗

变压器的功率损耗包括有功功率损耗 ΔP_T 和无功功率损耗 ΔQ_T。

1. 有功功率损耗

有功功率损耗由空负荷损耗（铁损）和短路损耗（铜损）两部分组成。空负荷损耗与变压器所带负荷无关，由变压器空负荷试验测定；短路损耗与变压器输出的负荷电流有关，由变压器短路试验测定。

$$\Delta P_T=\Delta P_0+\Delta P_k\left(\frac{S_c}{S_r}\right)^2 \tag{3-30}$$

式中 ΔP_T——变压器的有功功率损耗（kW）；

ΔP_0——变压器的空负荷有功功率损耗（kW），可在产品手册查出；

ΔP_k——变压器的满负荷有功功率损耗（kW），可在产品手册查出；

S_c——计算负荷的视在功率（kVA）；

S_r——变压器的额定功率（kVA）。

2. 无功功率损耗

无功功率损耗由变压器的空负荷无功损耗和额定负荷下无功损耗两部分组成。

$$\Delta Q_T = \Delta Q_0 + \Delta Q_k \left(\frac{S_c}{S_r}\right)^2 \tag{3-31}$$

式中　ΔQ_T——变压器的无功功率损耗（kvar）；

ΔQ_0——变压器的空负荷无功功率损耗（kvar），$\Delta Q_0 = \frac{I_0\%}{100}S_r$；

ΔQ_k——变压器的满负荷无功功率损耗（kvar），$\Delta Q_k = \frac{\Delta U_k\%}{100}S_r$；

$I_0\%$——变压器空负荷电流占额定电流的百分数，可在产品手册查出；

$\Delta U_k\%$——变压器阻抗电压占额定电压的百分数，可在产品手册查出。

我国变压器能效等级分为 1 级（最高效）、2 级、3 级，可查阅【19D 数据】表 4.16 和表 4.17。节能评价值不应低于表中的 2 级能效值，能效限定值不应低于表中的 3 级能效值。在进行变压器节能选型时，优先选择高效节能型 1 级或 2 级能效产品，禁止选用国家已明令淘汰的 S7 及以下高耗能变压器，例如，油浸式变压器可选 S13、S14 系列，干式变压器可选 SCB14、SCB18 等系列，其损耗比传统型号（如 S9、SCB9）降低 30%以上。

【例 3-3】　某干式电力变压器 SCB14-630/10 型额定容量为 630kVA，一次电压为 10kV，二次电压为 0.4kV，低压侧有功计算负荷为 431kW，补偿后的计算无功负荷为 148.2kvar。求变压器的有功损耗和无功损耗。

解：查资料得 SCB14-630/10 型变压器能耗参数：

$$\Delta P_0 = 1.5\text{kW},\ \Delta P_k = 5.76\text{kW},\ I_0\% = 1.2,\ \Delta U_k\% = 4$$

由有功和无功负荷，可以计算 $S_c = 455.8\text{kVA}$，故变压器有功损耗为

$$\Delta P_T = \Delta P_0 + \Delta P_k \left(\frac{S_c}{S_r}\right)^2 = 1.5\text{kW} + 5.76 \times \left(\frac{455.8}{630}\right)^2 \text{kW} = 4.52\text{kW}$$

变压器的无功损耗为

$$\Delta Q_T = \Delta Q_0 + \Delta Q_k \left(\frac{S_c}{S_r}\right)^2 = \frac{1.2}{100} \times 630\text{kvar} + \frac{4}{100} \times 630 \times \left(\frac{455.8}{630}\right)^2 \text{kvar} = 20.8\text{kvar}$$

低损耗变压器功率损耗也可以近似计算为

$$\Delta P_T = 0.01S_c = 4.56\text{kW}$$

$$\Delta Q_T = 0.05S_c = 0.05 \times 455.8\text{kvar} = 22.79\text{kvar}$$

习　　题

1. 工作制的种类有哪几种？各有哪些特征？
2. 怎样确定设备容量？
3. 负荷计算方法的计算内容有哪些？
4. 负荷计算方法中，需要系数法、二项式法和单位面积功率法的应用范围各是什么？需要系数及功率

因数如何查用？

5. 功率因数降低对供配电系统有哪些影响？

6. 功率因数的补偿按电容器装设的位置不同有哪几种补偿形式？各有什么特点？

7. 某机械制造厂机修车间 0.38kV 低压母线上引出的配电干线向下述设备供电：

（1）冷加工机床：7.5kW，4 台；4kW，6 台。

（2）通风机：4.5kW，3 台。

（3）水泵：28kW，2 台。

试确定各组的计算负荷和总的计算负荷（用需要系数法），结果用电力负荷计算表列出。

8. 某厂拟建一降压变电所，装设一台 10kV/0.4kV 的低损耗变压器。已求出变电所低压侧有功计算负荷为 540kW，无功计算负荷为 430kvar。按照规范规定，设计其低压侧功率因数不得低于 0.92。

（1）计算此变电所需在低压侧补偿多少无功功率？

（2）按单个三相电容 40kvar 考虑，需要选择几个电容器？

（3）计算补偿后的低压侧视在功率是多少？并选择变压器型号校核负荷率 β。

9. 一个机修车间，380V 线路上有 35 台小批量生产的电动机，容量为 65kW，电焊机 3 台，共 10.5kW，$\varepsilon=65\%$，求车间的计算负荷、计算电流。

10. 某七层住宅楼 1 个单元，每单元均为一梯两户，底层包括 2 户有地下车库，每户 8W；楼顶为跃层 2 户，每户负荷按照 9kW 计算，其余每户容量按 6kW 计算，公摊负荷为 0.25kW；L1、L2、L3 尽量平均分配到各相上，减少三相不平衡。求此住宅的户内及单元计算负荷，并设计总系统图、户内系统图及树干图。

11. 根据图 3-7、图 3-8，识图回答：

（1）各分配方案中最小的最大单相负荷是多少？

（2）供配电接地系统采用的是什么系统？

（3）单元楼总配电箱总断路器的型号及规格是什么？剩余电流及动作时间分别是多少？

（4）户内配电箱 AL1 几路出线回路？其中带漏电保护几路？

（5）负荷计算断路器及导体选择过程、原则是什么？

12. 根据图 3-11～图 3-13，识图回答：

（1）总断路器断开后还有哪些设备仍然带电工作？

（2）底层最右边的普通教室中，三极翘板开关与灯具间穿管内线为几根？靠外走廊墙边第一排灯具 3 根线表示哪些线？

（3）教学楼 3 层 AL3 进线线型及前端保护断路器是什么？

（4）整个一、二、三层楼走道应急照明回路和穿管穿线分别是什么？

（5）教学楼负荷计算过程采用什么方法？如何进行？

第 4 章

4

变配电所供配电及设计实例

本章概要

在建筑供配电中，变配电所及其供配电系统是核心关键组成部分，其作用是对供电电源受电、电压等级变换并根据用电需要进行分配。本章主要介绍建筑高低压供配电系统负荷计算、变压器分配选择、变配电所布置设计、自备柴油发电机容量计算及选择。以实际典型高层建筑电气设计为例，重点叙述负荷等级确定、供电要求；由双重电源或双回路末端切换为消防负荷及保障负荷（非消防重要负荷）供电设计、工程识图等关键技术。

4.1 建筑变配电所的类型

变配电所是电力网中的线路连接点，是接收电能、变换电压、分配电能的场所。对电能进行电压等级变换，并对电能进行重新分配的场所称为变电所。不对电能进行电压等级变换，仅对电能进行接收、分配的场所称为配电所。一般来说，变配电所简称变电所。

建筑变电所包含 35kV 变电所和 6~20kV 变电所，6~10kV 变电所是最主要、最广泛的建筑变电所，进线高电压经总降压变电所降压为 10kV 的内部高压配电电压，然后经高压配电线路引至各个建筑变电所，建筑变电所再将电压变为 220V/380V 的低压，供电于低压设备和用户。

按照变电所设置地点，变电所可分为独立式变电所、附设式变电所、地下式变电所、杆上式或高台式变电所、组合式变电所。

1. 独立式变电所

独立式变电所为一独立建筑物，它的建筑费用较高，适用于用电负荷小而分散，或有防火、防爆、防尘和安全管理方面要求的场所。电力系统中的大型变电所和工厂的总变电所，通常也采用独立式。

2. 附设式变电所

附设式变电所的一面或数面墙与建筑物的墙共用，且变压器室的门和通风窗向建筑物外开。附设式变电所分为内附式变电所、外附式变电所、露天式变电所、户内式变电所。

内附式变电所位于建筑物内，与建筑物共用外墙，属于建筑物的一部分。外附式变电所附设于建筑物外，与建筑物共用内墙。露天式变电所的变压器装设在室外露天，在距离变压器周围大于 0.8m 的地方设置高 1.7m 固定围栏（或墙），保证设备和人身安全。户内式变电所位于建筑物内部，与建筑物无公用外墙，需要采用一定的防火措施。

3. 地下式变电所

无法在地面上建设常规变电所时，整体或局部建设在地下的变电所，分为全地下变电所和半地下变电所。地下式变电所的建设费用较高，但相对安全，且节省用地。这种类型的变电所多用于高层建筑、城市中心、军事工程、地下工程等。

4. 杆上式或高台式变电所

杆上式或高台式变电所是变压器安装在一根或者多根电杆上或专门的变压器台墩上的户外变电所。杆上式或高台式变电所最为简单经济，结构最简单，适用于用户容量在315kVA及以下的变压器，多用于郊区生活区供电及道路路灯供电，但应尽量避开车辆和行人较多的场所。

5. 组合式变电所

组合式变电所又称为箱式变电站或预装式变电站，是经过调试后的成套设备，由高压开关设备、变压器和低压配电装置连接而成，一般分成三个功能隔室，即高压室、变压器室和低压室。组合式变电所具有体积小、占地面积小、安装调试周期短以及随负荷中心移动等优点。

4.2 建筑变配电所设计及布置

根据【民电标 19】，对于交流电压35kV及以下的变电所设计应根据工程特点、负荷性质、用电容量、供电条件、节约电能、安装、运行维护要求等因素，合理确定设计方案，并适当考虑发展的可能性。变电所设计和电气设备的安装应符合【20kV 变所 13】【低配规11】等规范的规定。

4.2.1 变电所位置选择的基本要求

1）深入或靠近负荷中心。

2）进出线方便。设备吊装、运输方便。

3）不应设在对防电磁辐射干扰有较高要求的场所。

4）不宜设在多尘、水雾或有腐蚀性气体的场所，当无法远离时，不应设在污染源的下风侧。

5）不应设在厕所、浴室、厨房或其他经常有水并可能漏水场所的正下方，且不宜与上述场所贴邻；如果贴邻，相邻隔墙应做无渗漏、无结露等防水处理。

6）变电所为独立建筑物时，不应设置在地势低洼和可能积水的场所。

7）变电所可设置在建筑物的地下层，但不宜设置在最底层，变电所设置在建筑物地下层时，应根据环境要求降低湿度及增设机械通风等。当地下只有一层时，尚应采取预防洪水、消防水或积水从其他渠道浸泡变电所的措施。

8）民用建筑宜按不同业态和功能分区设置变电所，当供电负荷较大，供电半径较长（一般设计取250m）时，宜分散设置；超高层建筑的变电所宜分设在地下室、裙房、避难层、设备层及屋顶层等处。

4.2.2 配电变压器的选择及计算

1. 配电变压器选择的一般要求

1）配电变压器选择应根据建筑物的性质、负荷情况及环境条件等因素确定，并应选用低损耗、低噪声的节能型变压器。

2）配电变压器的长期工作负荷率不宜大于85%；当有一级和二级负荷时，宜装设两台及以上变压器，当一台变压器停运时，其余变压器容量应满足一级和二级负荷用电要求。

3）当符合下列条件之一时，可设专用变压器：

① 电力和照明共用变压器将严重影响照明质量及光源寿命时，照明可设专用变压器。

② 季节性负荷容量较大或冲击性负荷严重影响电能质量时。

③ 单相负荷容量较大，由于不平衡负荷引起中性导体电流超过 Yyn0 结线组别变压器低压绕组额定电流的 25%时，可设置单相变压器；只有单相负荷且容量不是很大时，也可设置单相变压器。

④ 出于功能需要的某些特殊设备。

⑤ 当 220V/380V 电源系统为不接地或经高阻抗接地的 IT 接地形式，且无中性线（N）时，照明系统应设专用变压器。

4）供电系统中，配电变压器宜选用 Dyn11 联结组别的变压器（民用建筑绝大部分为这种类型）。

5）设置在民用建筑内的变压器，应选择干式变压器、气体绝缘变压器或非可燃性液体绝缘变压器。

6）设置在民用建筑物室外的变电所，当单台变压器油量为 100kg 及以上时，应有储油或挡油、排油等防火措施。

7）变压器低压侧电压为 0.4kV 时，单台变压器容量不宜大于 2000kVA；当仅有一台时，不宜大于 1250kVA；预装式变电站变压器容量采用干式变压器时不宜大于 800kVA，采用油浸式变压器时不宜大于 630kVA。

2. 变压器计算选择

建筑物的计算负荷 P_c 确定后，建筑物供电变压器的总装机容量（单位为 kVA）为

$$S=\frac{P_c}{\beta\cos\varphi} \tag{4-1}$$

式中 P_c——建筑物的计算有功功率；

$\cos\varphi$——补偿后的平均功率因数；

β——变压器的负荷率（β 不宜大于 85%）。

$\cos\varphi$ 取决于当地供电部门对建筑供电的要求，详见第 3 章无功补偿；变压器的容量可以根据变压器的负荷率 β，然后按所选用变压器的标称值（系列见【19D 数据】表 4.3）来调整即可。常见变压器系列号（单位为 kVA，R10 系列，等比 $q=1.26$）：80，100，125，160，200，250，315，400，500，630，800，1000，1250，1600，2000，2500。变压器的容量还应根据电动机起动或其他负荷冲击条件进行验算。

高层建筑用电负荷大，大部分变压器长年接入电网运行，变压器长期运行，累计损耗相当大。因此，研究变压器损耗与负荷率的关系，合理选择变压器额定容量、运行方式和变压器型号是供电设计中的一个重要内容及课题。

对短期负荷供电的变压器，要充分利用其过负荷能力，国产变压器的短时过负荷运行超负荷比率及允许运行时间见【19D 数据】：一般室外变压器不得超过 30%，对室内有通风要求的变压器不得超过 20%。

3. 变压器的分类及应用场所

变压器按电源相数分为单相变压器、三相变压器；按结构分为双绕组变压器、三绕组变压器等；按冷却方式分为自然冷式、风冷式、水冷式、强迫油循环风/水冷方式、水内冷式等；按调压方式分为无励磁调压变压器、有载调压变压器；按绝缘介质分为油浸式变压器、

干式变压器，干式变压器又分为包封线圈式干式变压器［主要有 SCB10、SC（B）12、SCR-13 等系列产品］和非包封线圈干式变压器（主要有 SG10 等系列产品）。不同类型应用的要求分别如下：

1）油浸式变压器应用在一般正常环境场所。

2）干式变压器应用在主体建筑物内变电所、地下工程及需要使用防灾型设备的场所。

3）密闭式变压器应用在严重影响变压器安全运行的场所。

4）防雷变压器应用在多雷区及土壤电阻率较高的场所。

5）有载调压变压器应用于电力供电电压波动严重而用电设备对电能质量要求较高的场所。

6）我国 10kV/0.4kV 变压器多采用 S11～S15 型节能变压器，更节能的 SBH15 型非晶合金变压器，其空负荷损耗只有原来 S11 的 20%～30%。

7）变压器联结组 Dyn11（高压侧三角形，低压侧星形且有中性线，高压与低压有一个 30°的相位差）用在三相不平衡负荷超过变压器每相额定功率 15%以上的情况，民用建筑常采用此类联结。

8）Yyn0（高压侧星形，低压侧星形且有中性线，高压与低压没有相位差）用在三相基本平衡，且不平衡负荷不超过变压器每相额定功率 15%的情况。

常见 Dyn11 联结变压器的图形绘制及型号含义如图 4-1 所示。

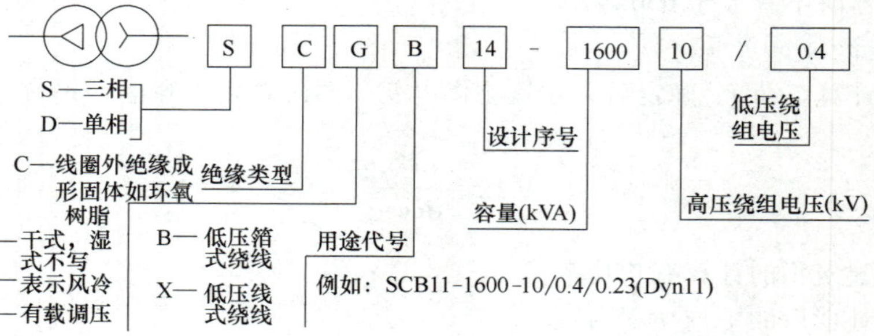

图 4-1 常见 Dyn11 联结变压器的图形绘制及型号含义

4.2.3 变电所的形式和布置

变电所的形式应根据建筑物（群）分布、周围环境条件和用电负荷的密度综合确定，并应符合下列规定：

1）高层或大型公共建筑应设室内变电所。

2）小型分散的公共建筑群及住宅小区宜设户外预装式变电所，有条件时也可设置室内或外附式变电所。

3）民用建筑内变电所不应设置裸露带电导体或装置，不应设置带可燃性油的电气设备和变压器，其布置应符合下列规定：35kV、20kV 或 10kV 配电装置、低压配电装置和干式变压器等可设置在同一房间内；20kV、10kV 具有 IP2X 防护等级外壳的配电装置和干式变压器，可相互靠近布置。

4）内设可燃性油浸变压器的室外独立变电所与其他建筑物之间的防火间距，应符合【防火规 18】的要求。

5）由同一变电所供给一级负荷用电设备的两个回路电源的配电装置宜分列设置，当不能分列设置时，其母线分段处应设置防火隔板或有门洞的隔墙。

6）供给非消防一级负荷用电设备的两个 1kV 回路的电缆不宜敷设在同一电缆沟内。当无法分开时，宜采用绝缘和护套均为难燃 B1 级的电缆，分别设置在电缆沟的两侧支架上。

7）配电装置室内宜留有适当数量的备用位置。0.4kV 的配电装置，尚应留有适当数量的备用回路。

8）户外预装式变电站的进、出线宜采用电缆。

9）有人值班的变电所应设值班室。值班室应能直通或经过走道与配电装置室相通，且值班室应有直接通向室外或通向疏散走道的门。值班室也可与低压配电装置室合并，此时值班人员工作的一端，配电装置与墙的净距不应小于 3m。

10）变压器外廓（防护外壳）与变压器室墙壁和门或者多台干式变压器布置在同一房间内时，变压器防护外壳间都有最小净距要求，如图 4-2 所示。具体净距可以查阅【民电标 19】表 4.5.9、表 4.5.10 的规定。

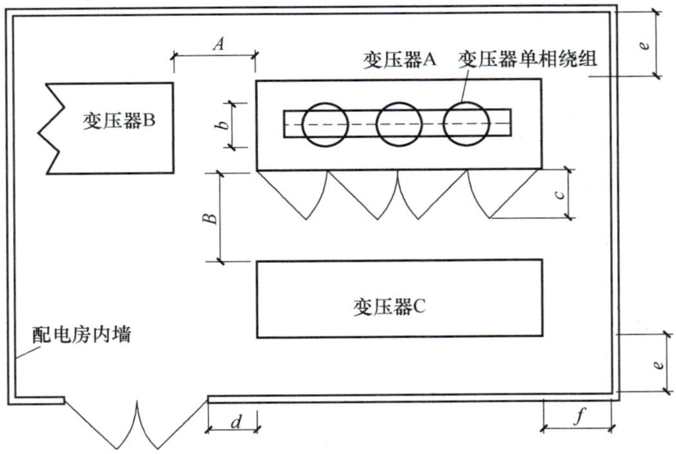

图 4-2　变压器之间与墙壁门间距

4.2.4　35kV、20kV、10kV 高压配电装置

1. 35kV、20kV、10kV 配电装置的一般规定

1）配电装置的布置和导体、电器的选择，应不危及人身安全和周围设备安全，并应满足在正常运行、检修、短路和过电压情况下的要求。

2）配电装置的布置应便于设备的操作、搬运、检修和试验，并应考虑电缆或架空线进出线方便。

3）配电装置的绝缘等级应与电网的标称电压相配合。

4）配电装置之间相邻带电部分的额定电压不同时，应按较高的额定电压确定其安全净距。

2. 配电装置室内各种通道的净高规定

20（10）kV 配电装置室内各种通道的最小净宽见表 4-1，具体规定详见【民电标 19】4.6.2 条。

屋内配电装置距顶板的距离不宜小于 1.0m，当有梁时，距梁底不宜小于 0.8m。

表 4-1　20（10）kV 配电装置室内各种通道的最小净宽　（单位：m）

开关柜布置方式	柜后维护通道	柜前操作通道	
		固定式	手车式
单排布置	0.8	1.5	单车长度+1.2
双排面对面布置	0.8	2.0	双车长度+0.9
双排背对背布置	1.0	1.5	单车长度+1.2

4.2.5　低压配电装置

1）选择低压配电装置时，除应满足所在低压系统的标称电压、频率及所在回路的计算电流外，尚应满足短路条件下的动、热稳定要求。对于要求断开短路电流的保护电器，其极限通断能力应大于系统最大运行方式的短路电流。

2）配电装置的布置，应综合设备的操作、搬运、检修和试验要求等因素确定。

3）当成排布置的配电柜长度大于 6m 时，柜后面的通道应设置两个出口。当两个出口之间的距离大于 15m 时，尚应增加出口。

4）成排布置的配电柜，其柜前和柜后的通道净宽不应小于表 4-2 的规定（【民电标 19】表 4.7.4）。

表 4-2　配电柜前后通道最小净宽　（单位：m）

配电屏种类		单排布置			双排面对面布置			双排背对背布置			多排同向布置			屏侧通道
		柜前	柜后		柜前	柜后		柜前	柜后		柜前	前后排柜距墙		
			维护	操作		维护	操作		维护	操作		前排柜前	后排柜后	
固定式	不受限制	1.5	1.0	1.2	2.0	1.0	1.2	1.5	1.5	2.0	2.0	1.5	1.0	1.0
	受限制	1.3	0.8	1.2	1.8	0.8	1.2	1.3	1.3	2.0	1.8	1.3	0.8	0.8
抽屉式	不受限制	1.8	1.0	1.2	2.3	1.0	1.2	1.8	1.0	2.0	2.3	1.8	1.0	1.0
	受限制	1.6	0.8	1.2	2.1	0.8	1.2	1.6	0.8	2.0	2.1	1.6	0.8	0.8

4.2.6　并联电力电容器装置

电压为 10kV 及以下、单组容量为 1200kvar 及以下，并联补偿用的电力电容器装置设计应满足以下要求：

1）设置在民用建筑中的低压无功补偿并联电容器应采用干式电容器。

2）并联电容器组应装设单独的控制和保护装置。为提高单台用电设备功率因数用的并联电容器组，可与该设备共用控制和保护装置。

3）低压成套电容器柜可与低压配电柜并列布置；当低压成套电容器柜单列布置时，柜前操作及维护通道不应小于 1.5m；当双列布置时，柜面之间距离不应小于 2m。

4）配电室、电容器室长度大于 7m 时，应至少设置两个出入口。

4.2.7　变电所的所用电源及操作电源

变电所的所用电源应符合下列规定：

1）变电所需要两路交流 220V/380V 所用电源，可分别引自配电变压器低压侧两段母线。无配电变压器时，可引自较近的配电变压器。距配电变压器较远时，宜设所用变压器。

2）重要或规模较大的变电所宜设两台所用变压器，安装在高压开关柜内，容量为 30~50kVA，分别提供两回路所用电源，并宜装设备用电源自动投入装置。

3）大中型变电所宜设检修电源。

变电所的操作电源应符合下列规定：

1）30kV、20kV 或 10kV 变电所的直流操作电源宜采用免维护阀控式密封铅酸蓄电池组。根据变电所的规模，可选用壁挂式或落地式直流屏，也可选用安装于高压开关柜仪表室变电所用小型直流电源，其交流电源直接取自电压互感器二次侧。

2）当断路器（采用弹簧储能）操动机构的储能与合、分闸需要的电源小于 10A 时，直流操作电源宜采用 110V。

3）当采用直流电源装置作操作电源时，直流母线电压允许波动范围应为额定电压的 85%~110%，纹波系数不应大于 1%。

4）交流操作电源为交流 220V，应具有双电源切换装置。控制电源采用不接地系统，并设有绝缘检查装置。

5）当小型变电所采用弹簧储能交流操动机构时，可采用在线式不间断电源装置（UPS）作为合、分闸操作电源。为增加 UPS 的可靠性，可使用两套 UPS 并联，并应采用并联闭锁措施。

4.2.8　与土建、暖通、给排水专业的配合及要求

1）采用可燃油的油浸变压器室以及电压为 35kV、20kV 或 10kV 的配电装置室和电容器室的耐火等级不得低于二级。

2）配电装置室及变压器室门的宽度宜按最大不可拆卸部件宽度加 0.3m，高度宜按不可拆卸部件最大高度加 0.5m。

3）当变电所设置在建筑物内时，应向结构专业提出荷载要求并应设有运输通道。当其通道为吊装孔或吊装平台时，其吊装孔和平台的尺寸应满足吊装最大设备的需要，吊钩与吊装孔的垂直距离应满足吊装最高设备的需要。设置在超高层建筑避难层、设备层的变电所，变压器容量不宜大于 1250kVA。

4）当变电所与上、下或贴邻的居住、教室、办公房间仅有一层楼板或墙体相隔时，变电所内应采取屏蔽、降噪等措施。电压为 30kV、20kV 或 10kV 配电室、电容器室宜装设不能开启的自然采光窗，窗台距室外地坪不宜低于 1.8m。临街的一面不宜开设窗户。

5）变压器室、配电装置室、电容器室的门应向外开，并应装锁。相邻配电装置室之间设有防火隔墙时，隔墙上的门应为甲级防火门，并向低电压配电室开启，当隔墙仅为管理需求设置时，隔墙上的门应为双向开启的不燃材料制作的弹簧门。

6）变压器室、配电装置室、电容器室等应设置防止雨、雪和小动物进入屋内的设施。

7）长度大于 7m 的配电装置室，应设 2 个出口，并宜布置在配电室的两端；长度大于 60m 的配电装置室宜设 3 个出口，相邻安全出口的门间距离不应大于 40m。

8）变电所的电缆沟、电缆夹层和电缆室应采取防水、排水措施。当变电所设置在地下层时，其进出地下层的电缆口必须采取有效的防水措施。

9）变电所内配电箱不应采用嵌入式安装在建筑物的外墙上。

10）设在地上的变电所内的变压器室宜采用自然通风，设在地下的变电所的变压器室应设机械送排风系统，夏季的排风温度不宜高于 45℃，进风和排风的温差不宜大于 15℃。

11）并联电容器室应有良好的自然通风，通风量应根据并联电容器温度类别按夏季排

风温度不超过并联电容器所允许的最高环境空气温度计算。当自然通风不能满足排热要求时，可增设机械排风。

12）当变压器室、并联电容器室采用机械通风时，通风管道应采用不燃材料制作，并宜在进风口处加空气过滤器。

13）位于地下层的变电所，其控制室（值班室）应保证运行的卫生条件，当不能满足要求时，应装设通风系统或空调装置。在高潮湿环境地区尚应根据需要考虑设置除湿装置。

14）变压器室、并联电力电容器室、配电装置室以及控制室（值班室）内不应有与其无关的管道通过。

4.3 负荷分级及供电要求

4.3.1 用电负荷分级

应根据对供电可靠性的要求及中断供电所造成的损失或影响程度确定，并符合下列要求：

1. 特级

1）中断供电将危害人身安全造成人身重大伤亡。

2）中断供电将在经济上造成特别重大损失。

3）在建筑中有特别重要作用及重要场所中不允许中断供电的负荷。

如高度150m及以上的一类高层公共建筑，其安全防范系统、航空障碍照明等。

2. 一级负荷

1）中断供电将造成人身伤害。

2）中断供电将造成重大损失或重大影响。

3）中断供电将影响重要用电单位的正常工作，或造成人员密集的公共场所秩序严重混乱。如一类高层建筑的安全防范系统、航空障碍照明、值班照明、警卫照明、客梯、排水泵、生活给水泵等。

3. 二级负荷

1）中断供电将造成较大损失或较大影响。

2）中断供电将影响较重要用电单位的正常工作或造成人员密集的公共场所秩序混乱。

如二类高层中的安全防范系统、客梯、排水泵、生活水泵，一类和二类高层建筑主要通道走道及楼梯间照明等。

4. 三级负荷

不属于一级和二级的用电负荷应定为三级负荷。

4.3.2 负荷分级判定及配电要求

1. 负荷分级判定方法及依据

民用建筑中各类建筑物或场所的主要用电负荷级别，可按【民电标19】附录A、【电手册】表2.1-3、【电与智能通用22】【防火规18】选定。消防电源分级及配电详见【防火规18】10.1：一类高层民用建筑中消防负荷等级为一级；二类高层民用建筑，座位数超过1500个的电影院、剧场，座位数超过3000个的体育馆，任意一层建筑面积大于3000m^{2}的商店和展览建筑，省（市）级及以上的广播电视、电信和财贸金融建筑，室外消防用水量大于 25L/s 的其他公共建筑等的消防负荷为二级负荷。除一、二级负荷外，其余消防负荷均为三级负荷。

2. 特级及一级负荷分析及配电要求

1）150m 及以上的超高层公共建筑的消防负荷应为一级负荷中的特别重要负荷。

2）当主体建筑中有一级负荷中的特别重要负荷时，确保其正常运行的空调设备宜为一级负荷；当主体建筑中有大量一级负荷时，确保其正常运行的空调设备宜为二级负荷。

3）重要电信机房的交流电源，其负荷级别应不低于该建筑中最高等级的用电负荷。

4）住宅小区的给水泵房、供暖锅炉房及换热站的用电负荷不应低于二级。

5）大中型商场、超市营业厅、大开间办公室、交通候机或候车大厅及地下停车库等大面积场所的二级照明用电，应采用双重电源的两个低压回路交叉供电。

6）特级用电负荷应由 3 个电源供电，并应符合下列规定：

① 3 个电源应由满足一级负荷要求的两个电源和一个应急电源组成。

② 应急电源的容量应满足同时工作最大特级用电负荷的供电要求。

③ 应急电源的切换及供电时间应分别满足特级用电负荷允许最短中断供电时间、最长持续运行时间的要求。

④ 对一级负荷中的特别重要负荷的末端配电箱切换开关上端口，宜设置电源监测和故障报警。

7）一级负荷应由双重电源供电，当一个电源发生故障时，另一个电源不应同时受到损坏，两个低压回路在末端配电箱处切换供电，对于一级负荷中的特别重要负荷，其供电应符合下列要求：

① 除双重电源供电外，尚应增设应急电源供电。

② 应急电源供电回路应自成系统，且不得将其他负荷接入应急供电回路。

③ 应急电源的切换时间应满足设备允许中断供电的要求。

④ 应急电源的供电时间应满足用电设备最长持续运行时间的要求。

3. 二级负荷分析及配电要求

1）二级负荷的外部电源进线宜由 35kV、20kV 或 10kV 双回线路供电；当负荷较小或地区供电条件困难时，二级负荷可由一回 35kV、20kV 或 10kV 专用的架空线路供电。

2）当建筑物由一路 35kV、20kV 或 10kV 电源供电时，二级负荷可由两台变压器各引一路低压回路在负荷端配电箱处切换供电，另有特殊规定者除外。

3）当建筑物由双重电源供电，且两台变压器低压侧设有母联开关时，二级负荷可由任意一段低压母线单回路供电。

4）对冷水机组（包括其附属设备）等季节性负荷为二级负荷时，可由一台专用变压器供电。

5）由双重电源的两个低压回路交叉供电的照明系统，其负荷等级可定为二级负荷。

4. 配电补充说明

1）互为备用工作制的生活水泵、排污泵为一级或二级负荷时，可由配对使用的两台变压器低压侧各引一路电源分别为工作泵和备用泵供电。

2）对于不允许电源瞬时中断的负荷，应设置 UPS 不间断电源装置供电。

3）三级负荷可采用单电源单回路供电。

4.3.3　电源及供配电系统

1）同时供电的双重电源供配电系统中，其中一个回路中断供电时，其余线路应能满足全部一级负荷及二级负荷的供电要求。

2）当符合下列条件之一时，用电单位应设置自备电源：

① 一级负荷中含有特别重要负荷。

② 设置自备电源比从电力系统取得第二电源更经济合理，或第二电源不能满足一级负荷要求。

③ 当双重电源中的一路为冷备用，且不能满足消防电源允许中断供电时间的要求。

④ 建筑高度超过 50m 的公共建筑的外部只有一路电源不能满足用电要求。

3）应急电源与正常电源之间，应采取防止并列运行的措施。

4）需要双重电源供电的用电单位，宜采用同级电压供电。其高压侧宜由单母线分段组成供配电系统，两段母线间宜设联络开关。

5）35kV、20kV 或 10kV 供电系统中，同一电压等级的配电级数不宜多于两级，低压系统不宜多于三级。

6）公共建筑内的 35kV、20kV 或 10kV 供电系统宜采用放射式。

7）下列电源可作为应急电源或备用电源：

① 供电网络中独立于正常电源的专用馈电线路。

② 独立于正常电源的发电机组。

③ 蓄电池组。

8）应急电源应根据允许中断供电的时间选择，符合下列规定：

① 允许中断供电时间为 30s 的供电，可选用快速自动起动的低压应急发电机组。

② 自动投入装置的动作时间能满足允许中断供电时间时，可选用独立于正常电源之外的专用馈电线路。

③ 连续供电或允许中断供电时间为毫秒级装置的供电，可选用蓄电池静止型不间断电源装置（UPS）。

④ 允许中断供电时间为毫秒级的应急照明供电，可采用应急照明集中电源装置（EPS）。不间断电源装置（UPS）主要用于中断供电时间不允许超过毫秒级的用电负荷，如电子计算机实时通信及控制装置的通信中心、金融中心、安防中心、消防中心、监控中心等。

⑤ 故障时应急电源的供电时间，应按用电设备要求的连续供电时间确定。

4.3.4 典型建筑供配电系统类型

1）超高层建筑供配电系统宜按照超高层建筑内的不同功能分区及避难层划分设置相对独立的供配电系统。

2）大型城市综合体建筑的供配电系统宜按照不同业态设置相对独立的供配电系统。

3）居住建筑住户内的用电设备与商业网点、配套设施及公共场所的用电设备应分别设置用电计量。建筑内的各个不同功能分区、不同业态、不同类别的用电宜根据使用及管理需要分别设置电能计量。

4）住宅小区的 20kV 或 10kV 供电系统宜采用环网方式。

5）高层住宅宜在首层或地下一层设置 20kV（10kV）/0.4kV 户内变电所或室外预装式变电站。

6）多层住宅小区、别墅群宜分区设置 20kV（10kV）/0.4kV 独立式变电所或室外预装式变电站。

4.4　柴油发电机的作用及容量、台数的确定

4.4.1　柴油发电机的作用及设置条件

在国内外高层建筑中，考虑应急负荷、备用负荷的容量及经济投资，多数采用柴油发电机作为自备电源。柴油发电机组由柴油机、发电机、起动装置、配电装置、燃油系统以及冷却系统等组成。当柴油发电机组作为重要负荷的备用电源时，尤其是作为消防用电负荷的备用电源时，往往要求有自起动性能：当市电（主电源）停电后，发出起动信号给机组的自起动装置时，机组在 30s 内即可向负荷供电，市电恢复后，延时自动停机。

符合下列情况之一时，宜设自备应急柴油发电机组：

1）为保证一级负荷中特别重要的负荷用电。

2）建筑内有一级负荷，但从市电取得双重电源有困难或不经济合理时。

3）建筑内有二级负荷，但从市电取得二回线路及 6~10kV 以上专用线路有困难或不经济合理时。

4）对于大、中型商业性大厦，当市电中断供电将会造成经济效益有较大损失时。

4.4.2　柴油发电机容量

柴油发电机组的台数与容量应根据应急负荷大小和投入顺序以及单台电动机最大的起动容量等因素综合考虑确定；机组总台数不宜超过 2 台，机组的容量按下列方式确定：

1）在方案或初步设计阶段，按供电变压器容量的 10%~20%估算柴油发电机容量。

2）在施工图阶段消防负荷以及可根据一级负荷及某些重要的二级负荷容量，按下述方法计算并选择其最大者。计算详见【民电标 19】条文说明，其中发电机功率因数 $\cos\varphi$ 一般取 0.8，效率 $\eta=0.8\sim0.88$。

1）按需要供电的稳定负荷来计算发电机容量。在建筑中自备柴油发电机的供电范围，考虑以下几个方面：

① 消防电梯、消火栓泵、喷淋泵、防排烟风机和应急照明、消防控制室消防负荷等。在市电事故停电的情况下，柴油发电机组开始在冷状态下工作，要求所能供出的功率应能满足应急负荷中自起动设备所需功率之和。当柴油发电机组运行达到额定输出时，应能满足所有应急负荷的功率之和。根据审图标准及工程经验：火灾发生时，消防应急供电系统的供电容量应保障其供电服务区域内应急照明、消防电梯、消防控制室、消防水泵和两个消防设备容量最大的相邻防火分区内的消防设备总负荷，设其为 c。

② 建筑内的一级负荷（非消防），即部分保障负荷，如大型商场、大型餐厅、国际会议室、贵重展品陈列室、银行重要经营场所等重要的民用建筑的客梯、货梯、生活水泵、弱电机房监控室等有关设备的用电。

③ 通常建筑火灾情况极少，停电时用到发电机更多，停电时常运行设备如应急照明、消防电梯、消防控制室等消防负荷，以及一级、二级保障负荷，其总和设为 a；上述消防时负荷 c 与不能切断的少部分保障负荷之和设为 b；两者取大者作为发电机容量。即

$$S_{f1}=\frac{\max(a,b)}{\cos\varphi} \tag{4-2}$$

2）按最大的单台电动机或成组电动机起动的需要，计算发电机容量 S_{f2}，见表 4-3。

表 4-3 发电机组的容量（功率）为被起动电动机功率的最小倍数 k

电动机起动方式		全压起动	Y-△起动	自耦降压起动	
				$0.65U_n$	$0.8U_n$
母线允许电压降	20%	5.5	1.9	2.4	3.6
	15%	7	2.3	3.0	4.5
	10%	7.8	2.6	3.3	5.0

3）按起动电动机时，发电机母线允许电压降计算发电机容量 S_{f3}，见表 4-3。

当有电梯负荷时，在全电压起动最大容量笼型电动机情况下，发电机母线电压不应低于额定电压的 80%（即母线允许压降 20%）；当无电梯负荷时，其母线电压不应低于额定电压的 75%。当条件允许时，电动机可采用降压起动方式。见【民电标 19】6.1.3 条文说明。

按 1）~3）的要求分别考虑后，取最大者作为发电机容量，即 $S_f=\max(S_{f1}, S_{f2}, S_{f3})$。

4.4.3 柴油发电机的选择及运行注意事项

在高层民用建筑中，有些建筑所有应急负荷的功率之和不是很大，但其中一台电动机的功率较大，为应对电动机的起动，不得不加大柴油发电机的容量，从而造成柴油发电机在轻负荷状态下运行，使投资增加。所以在满足要求的前提下，为了尽量缩小柴油发电机组的容量，从而减少初投资及运行费用，应注意下面的问题：

1）与给水排水专业协商，在满足消防用水的前提下尽量减少消防水泵的发电机容量。

2）对功率较大的电动机采用减压起动，如采用“星形-三角形（Y-△）”起动器、自耦降压起动器等。

3）尽可能调整起动顺序。首先起动大容量的异步电动机，然后按顺序起动较小容量的异步电动机，最后接入无冲击性的其他负荷。发电机功率因数一般可取 0.8。

4）起动时间要错开，避免电动机同时起动。例如，火灾发生后，喷淋头开始喷水，水流继电器动作，喷淋泵自动起动，此后可按消火栓报警按钮，确认火灾后让消防泵也投入运行。为避免多台大容量电动机同时起动，可以在控制回路中接入时间继电器，使之具有不同的延时，以错开起动时间。

5）发电机组除带消防负荷外，平时又要接入其他重要负荷时，要考虑两者不得同时运行。也就是发生火灾时，自备发电机投入前，要能在火灾信号的作用下，闭锁非消防负荷的接入，或自动切除非消防设备的用电。这样在选择自备应急柴油发电机的容量时，可对消防时各设备的用电及非消防停电时各设备的用电分别考虑，然后进行比较，择其容量大者作为所选应急柴油发电机的容量，见式（4-2）。

6）发电机常用功率和备用功率。常用功率是指对恒定负荷连续电力供电，对每年运行时间没有限制。备用功率是指对非恒定负荷短时供电，此时发电机已被调至最高允许用功率，任何时候不允许过负荷运行，并且在 12h 内只允许连续运行累计不超过火灾持续时间。额定功率就是指铭牌上面常用功率的 80%~90%，发电机使用效率 $\eta=0.8\sim0.9$。例如，某发电机常用功率为 100kW，备用功率为 120kW，额定功率为 85kW。

4.5　建筑变配电所的主接线分类及组成

4.5.1　高压主接线及电器选择要求、原则

1）变电所电压为35kV、20kV或10kV及0.4kV侧的母线时，宜采用单母线或单母线分段接线形式。

2）35kV及出线回路较多的20kV或10kV变电所的电源进线开关宜采用断路器。35kV、20kV或10kV变电所，35kV侧及有继电保护和自动装置要求的20kV或10kV母线分段处，宜装设与电源进线开关相同型号的断路器。20kV或10kV侧无继电保护和自动装置要求的母线分段处，可装设负荷开关或负荷开关熔断器组合电器。

3）20kV或l0kV变电所，当供电容量较小、出线回路数少、无继电保护和自动装置要求时，变电所20kV或10kV电源进线开关可采用负荷开关-熔断器组合电器。

4）采用电压为35kV、20kV或10kV固定式配电装置时，应在电源侧装设隔离开关；在架空出线回路或有反馈电可能的电缆出线回路中，尚应在出线侧装设隔离开关。

5）电压为35kV、20kV或10kV的配电回路开关的出线侧，应装设与该回路开关有机械联锁的接地开关电器和带电指示灯或电压监视器。

6）两个变电所之间的电气联络线路，应在两侧均装设断路器，当低压系统采用固定式配电装置时，断路器的电源侧应装设隔离开关。

7）当同一用电单位由总变电所以放射式向分变电所供电时，分变电所的电源进线开关选择应符合下列规定：

① 电源进线开关宜采用负荷开关，当有继电保护要求时，应采用断路器。

② 总变电所和分变电所相邻或位于同一建筑平面内，且两所之间无其他阻隔而能直接相通，出线断路器能有效保护变压器和线路时，分变电所的进线可不设开关。

③ 分变电所变压器容量大于或等于1250kVA时，其高压侧进线开关宜采用断路器；小于或等于1000kVA时，其高压侧进线开关可采用负荷开关电器或负荷开关-熔断器组合电器，此时应将变压器温度信号上传。

8）35kV、20kV或10kV并联电力电容器组的主开关，应选用适合35kV、20kV或10kV并联电力电容器组操作的断路器。有自动投切功能时应采用35kV、20kV或10kV高压真空接触器进行投切控制。

9）35kV、20kV或10kV母线上的避雷器和电压互感器可合用一组隔离电器。

10）用电单位的35kV、20kV或10kV电源进线处，应根据当地供电部门的规定，装设或预留专供计量用的电压、电流互感器。

11）当35kV、20kV或10kV的开关设备选用真空断路器时，应装设过电压吸收装置。

12）对于电压为0.4kV系统，开关设备的选择应符合下列规定：

① 变压器低压侧电源开关宜采用断路器。

② 低压母线分段开关采用自动投切方式时，应采用断路器，且应符合下列要求：

a. 应装设“自投自复”“自投手复”“自投停用”三种状态的位置选择开关。

b. 低压母联断路器自投时应有一定的延时，当电源主断路器因手动、过负荷或短路故障分闸时，低压母联断路器不得自动合闸。

c. 有防止不同电源并联运行要求时，两个电源主断路器与母联断路器只允许两个同时

合闸，3 个断路器之间应有电气联锁。

③ 低压系统采用固定式配电装置时，其中的断路器等开关设备的电源侧，应装设隔离开关。当母线为双电源时，其电源或变压器的低压出线断路器和母联断路器的两侧均应装设隔离开关。

13）当自备电源接入变电所相同电压等级的配电系统时，应符合下列规定：

① 接入开关与供电电源网络之间应有电气联锁，防止并网运行。

② 应避免与供电电源网络的计量混淆。

③ 接线应有一定的灵活性，并应满足在特殊情况下，相对重要负荷的用电。

④ 与变电所变压器中性点接地形式不同时，电源接入开关的选择应满足接地形式的切换要求。

4.5.2 6~20kV 变电所高压主接线系统分析

6~20kV 变电所主接线系统宜采用单母线或分段单母线，常用主接线方式可以参见【电手册】表 2.4-7。

1. 单电源单母线接线

如图 4-3 所示，单电源单母线接线只有一组母线，所有电源及出线均通过断路器和隔离开关连接在该母线上，其供电电源在发电厂是发电机或变压器，在变电所是变压器或高压进线回路。各出线回路输送功率不一定相等，应尽可能使负荷均衡地分配于母线上，以减少功率在母线上的传输。单母线接线具有操作方便、造价便宜、接线简单，只要配电装置留有裕量，母线可以向两端延伸，可扩性好的优点。单母线接线的缺点是可靠性、灵活性差。

2. 双电源单母线接线

如果有两路电源引自电力系统，需装设专用计量柜的变电所，可以采用单母线方案，也可以采用分段单母线方案。

采用单母线方案时，如图 4-4 所示，两路电源按一用一备配置，两个断路器 QF1、QF2 联锁控制，在正常工作时只能有一个处于合闸状态，一路工作，一路备用（手动或自动投入）。当其中一路电源出现故障时，切换到另一路电源，保证供电的连续性。一般用于二级负荷配电。

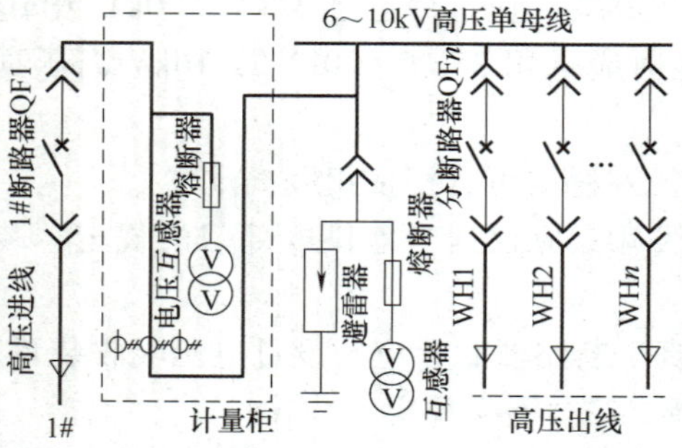

图 4-3 6~20kV 高压单电源单母线接线方案

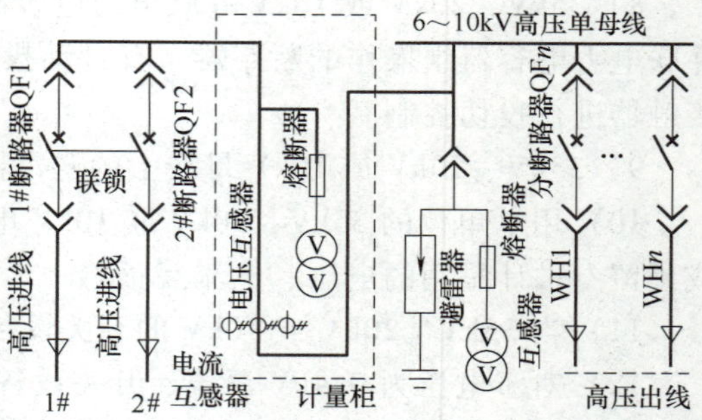

图 4-4 6~20kV 高压双电源单母线接线方案

不管是单电源单母线还是双电源单母线，都存在母线故障、母线和母线隔离开关检修时，全部回路均需停运，造成全厂或全站长期停电；任意一断路器检修时，其所在回路也将停运，造成调度不方便等问题。双电源单母线只能并列运行，不能分列运行，线路侧发生短路时，有较大的短路电流。因此，单母线接线一般用于 6~220kV 系统中，出线回路较少，对供电可靠性要求不高的小容量发电厂和变电所，尤其对采用开关柜的配电装置更为合适。

3. 双电源分段单母线

采用分段单母线，则如图 4-5 所示，引自电力系统的 1#、2#两路 10kV 独立电源，均为工作电源，各接一段母线，中间用平时断开的分段联络开关连接起来。分段联络开关可以选用隔离开关或断路器，自动投入，也可手动，适用于对一级、二级负荷的供电变电所，且出线回路较多的变电所。

两段母线的主断路器 QF1、QF2，能在正常运行时用来接通或切断负荷电流；发生故障或严重过负荷时，借助继电保护装置用它自动、迅速地切断故障电流，以防发生事故。同时，断路器的载流量必须大于负荷计算电流。

经过断路器 QF1、QF2 后，再经过互感器（专用计量柜）以及浪涌保护器（避雷器）后，高压侧母线分为几路高压出线，分别接通对应变压器 T1，T2，…，T*n*。分段母线是根据单母线接线的缺点提出来的，正常时，两路电源各带一段母线分段运行，当任意一电源故障或停电时，闭合联络断路器 QF3（高压断路器 3 通 2），另一电源可以承担包括故障段母线负荷在内的全部负荷。对需要多重电源供电的消防或重要保障负荷，两段母线可以互为工作母线和备用母线，不影响用户的供电。与单母线接线相比，分段母线增加了联络开关及互为备用的切换控制，造价较昂贵、接线复杂，但可靠性高，运行灵活。从图 4-5 可以看出，由两段不同母线分别供电的变压器 T*n* 与 T*n*′，两段高压母线互为备用，低压侧又再次采用分段母线通过联结开关 dACB3 联锁互为备用的方式，供一级、二级消防及保障负荷用电，再次提高了其供电可靠性，这是变配电系统常见的、典型的、有效的做法。

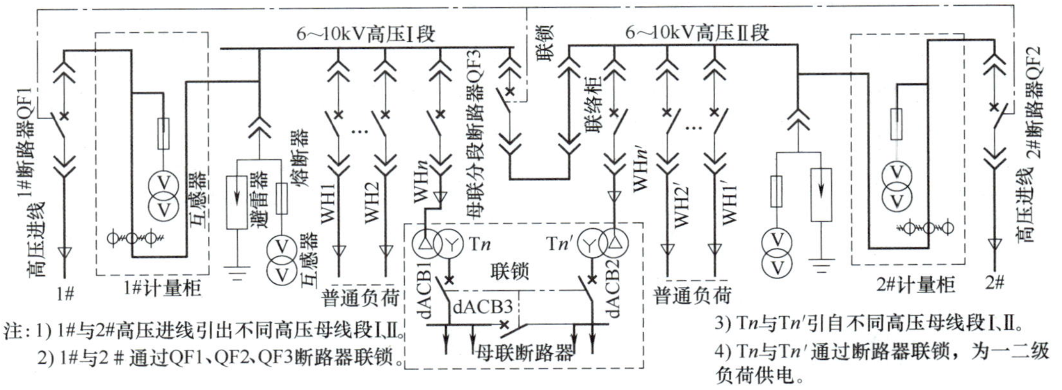

图 4-5　6~20kV 高压双电源分段单母线接线方案

4.5.3　变电所低压主接线系统分析

低压配电系统接线图同样主要是单母线接线或分段单母线接线，供电方式可以是变压器、柴油发电机或低压电源线。根据负荷等级、消防负荷和保障负荷的不同需求，来确定低压配电系统是否分段或如何分段。母线接线方案可以参照【电手册】表 2.4-8、表 2.5-2 等。

图 4-5~图 4-8 视频讲解

1. 单变压器单母线接线

单变压器单母线接线方案如图 4-6 所示，其特性及优缺点与高压类似，只有一组母线，所有电源及出线均通过断路器和隔离开关连接在该母线上。各出线回路输送功率不一定相等，应尽可能使负荷均衡地分配于母线上，以减少功率在母线上的传输。

2. 双高压（双变压器）分段母线接线

分段母线主接线一般用在进出线路多、可靠性要求高、重要负荷多、负荷容量大的建筑变电所配电系统。有大量的一级、二级负荷且分消防负荷和保障负荷，规范又明确规定消防负荷及保障负荷不能共用母线，因此变压器出口主母线可以通过低压母线分段来满足不同需求。以图 4-7 所示的接线方案分析：T1 变压器供电的一般负荷段，右侧加防火隔板后成为消防主母线。

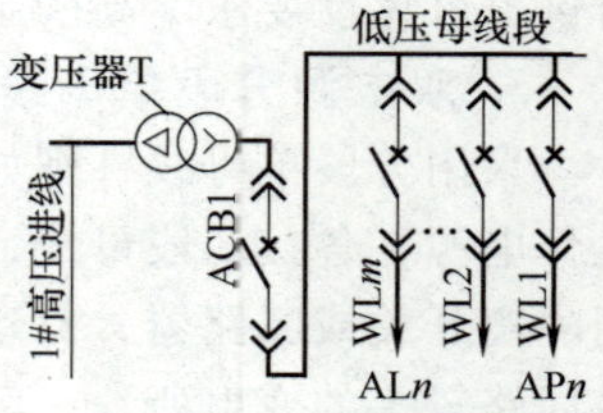

图 4-6　单变压器单母线接线方案

图 4-7 左侧发电机引出的消防供电主线回路 WFX 又与变压器 T2 供电的市电通过自动转换开关 ATSE2 形成消防应急备用母线段。各消防负荷由消防主母线段和应急母线段，分别馈电消防负荷工作主回路与备用回路，引到末端消防设备配线箱 APE*n*（消防动力）或 ALE*n*（消防照明），再通过其箱内自动转换开关 ATSEn 供电即可实现双回路末端切换。

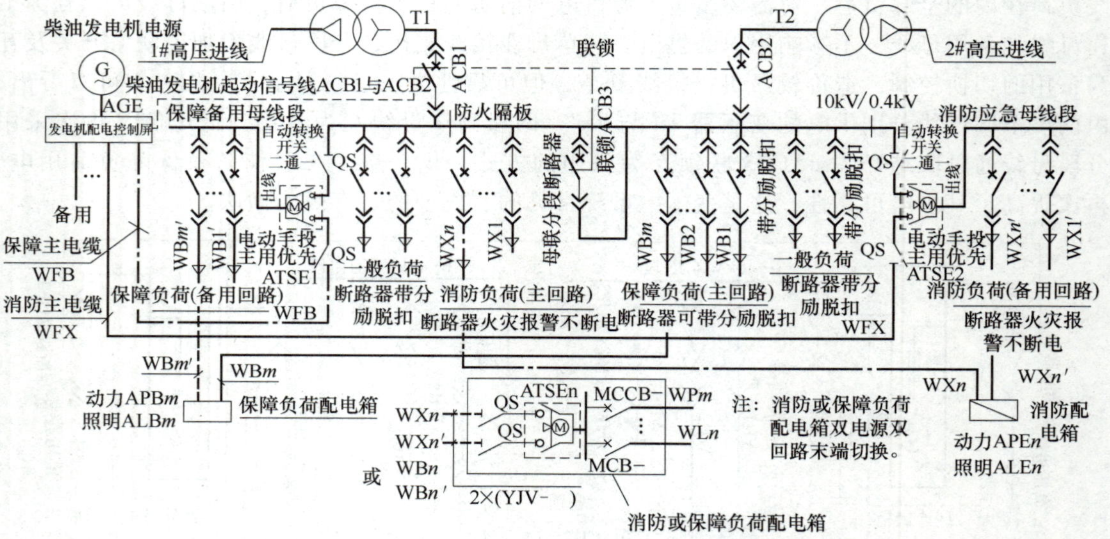

图 4-7　双变压器带发电机低压分段接线方案

自动转换开关的动作原理均为二通一、主用优先。市电正常时由变压器供电，母联断路器平时断开，两段低压母线分列运行。主母线和备用母线均由市电供电，末端切换的双回路均是市电供电（通过转换开关使备用回路带电称为热备用）；当市电停电或变压器及系统均故障时，市电无法供电（T1、T2 失电），此时由变压器低压主断路器 ACB1、ACB2 失电联锁触发信号，起动发电机为备用母线供电，末端切换箱转换开关主回路失电，自动转换到备用回路，备用回路接通继续供电，保证了其可靠性。

各消防设备主回路由变压器 T1 母线馈线，备用回路由 T2 母线的自动转换开关 ATSE2 后的消防应急母线馈线。与消防负荷类似的保障负荷主回路为变压器 T2 母线馈线，备用回路为 T1 的自动转换开关 ATSE1 后的备用母线馈线。通常一级及特级保障负荷也同样为双回路末端切换，只是母线、断路器及电缆为非消防型。这种交叉配置，通过母联断路器及自动转换开关可极大地提高消防及保障负荷的供电可靠性。当其中一台变压器故障或检修时，联锁闭合母联断路器，由另一台变压器带动所有保障负荷和消防负荷，联锁供电，同时按预定程序切断部分一般负荷使其变压器不超容量。当市电 T1、T2 均断电时，还可以通过发电机为备用母线段供电，保障了重要的消防负荷和保障负荷可靠供电。需要注意的是，发电机与两台变压器出口低压主断路器应闭锁，防止发电机并网运行。

当变压器 T1、T2 高压进线来自不同的电源时，加上发电机作为备用应急电源，实为三电源供电，满足特级及一级消防、保障负荷要求。当 T1、T2 高压进线来自相同的高压电源不同支线时，实际也在检修及故障时提高了供电可靠性。若保障负荷及消防负荷较大，建筑物或建筑群则另设置变压器组联锁供电。

3. 单高压（单变压器）分段母线接线

当无法获得第二电源，且有一级、二级负荷（包括消防及保障负荷）的供电系统，主母线不通过联络开关先行分段，变压器出口主母线中间为一般负荷段，在两端分别形成消防及保障负荷主母线；发电机引出的消防回路主线 WFX、保障回路主线 WFB 分别与变压器市电通过自动转换开关 ATSE2、ATSE1，将母线分段形成消防应急备用母线段和保障备用母线段，如图 4-8 所示。同样可以实现双电缆末端切换为消防及保障负荷供电，一般也认为达到一级负荷要求。

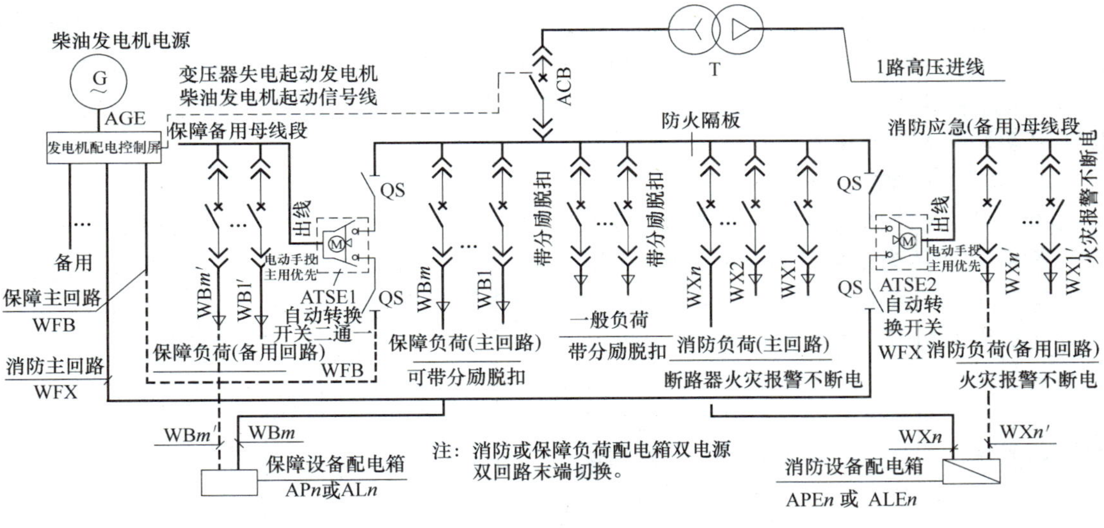

图 4-8 单变压器及发电机低压接线方案

应注意发电机与变压器出口低压断路器闭锁，防止发电机并网运行供电。根据规范要求，发电机保障负荷和消防负荷主导体（电缆或母线）严格分开，并且保障负荷可在火灾时具有强制切断功能，防止消防负荷与所有重要负荷同时运行，其目的在于可减少发电机负荷、减少初投资。

4.5.4 供配电网络结构

供配电网络结构是对配电系统的总体结构的描述，即采用什么样的路径将电能由电源分配到各用电设备。不同的供配电网络结构对供电的影响不同，不仅要考虑供电可靠性的要求，还要考虑综合经济性。根据对供电可靠性的要求、变压器的容量及分布、地理环境等情况，高压配电系统宜采用放射式，也可采用树干式、环式及其组合方式。低压配电对于重要保障负荷、消防设备等用电负荷，应采用国家有关规范规定的供配电网络结构。低压供配电网络结构同样分为放射式、树干式和环式三种基本结构形式，在实际应用中又演变出链式、变压器主干式等结构。供配电网络结构可参阅【电手册】表 2.3-2、表 2.5-1。

1. 放射式结构

放射式结构是指电源端采用专线为用电点（或用电负荷）供电。根据负荷类型的不同供电需求，可以是单回路放射式，也可以是双回路放射式。每一个电源点可以接两个以上用电点（或用电负荷）。如图 4-9 所示，10kV 高压变电所后用专用线路放射式送到民用建筑变配电房变压器，变压器后低压电缆放射式供电到建筑总配电箱，通过各级分配，放射式供电到各末端用户配电箱。放射式结构的最大优点是各出线回路相互不影响，具有较高可靠性，故障发生后影响范围小，检修比较方便，但是系统灵活性较差，资源消耗较多，投资较大。高压供电一般多采用放射式供电，供电可靠性高，故障发生后影响范围较小，切换操作方便，保护简单，便于自动化，但配电线路和高压开关柜数量多且造价较高。低压供电在下列情况下采用放射式：①容量大、负荷集中或重要的用电设备；②需要集中联锁启动、停止的用电设备；③有腐蚀性介质和爆炸危险等环境，不宜将用电及保护启动设备放在现场者。

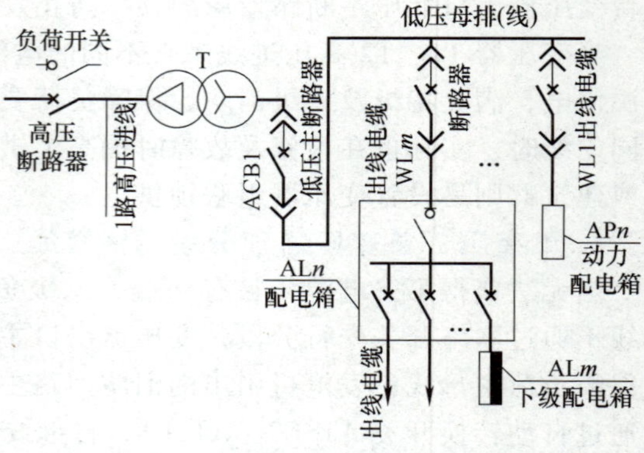

图 4-9 单回路放射式结构

2. 树干式结构

树干式结构是指由电源端向负荷端引出干线，同时向若干个用电点（或用电负荷）供电。图 4-10 所示为单回路低压树干式结构，从建筑总配电箱引出主电缆，以树干方式向各分支干线末端用户配电箱供电，分为树干式和链条树干式。

树干式结构的最大优点是设备和配电线路材料消耗少，易于实现继电保护（高压配电系统），经济性好，但各出线回路相互有影响，在干线断路器故障或检修时，影响范围较大，因此供电可靠性不如放射式结构。树干式结构一般用于设备容量小，负荷分布比较均匀，而且对供电可靠性无特殊要求的三级负荷。高压单回路树干每条线路装接的变压器不超过 5 台，一般不超过 2000kVA。双回路树干可用于二级负荷，当供电电源可靠时，也可供电给一级负荷。在正常环境的建筑物内，当大部分用电设备容量不是很大，且无特殊要求时，低压系统宜采用树干式配电。需要注意的是，因干线载流量应始终大于前端保护断路器动作电流（固定值），故不能变小导体线径，主电缆在接头处衔接过线。

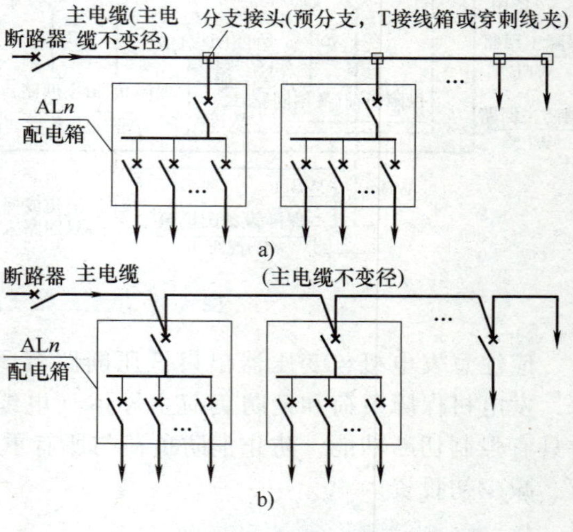

图 4-10 单回路低压树干式结构

a）树干式 b）链条树干式

3. 变压器干线式结构

变压器干线式结构本质也是树干式结构，原理上与树干式结构没有差异，如图 4-11 所示。电流在 400A 以下，可采用电缆干线以放射式或树干式配电，当为树干式配电时，宜采用预制分支电缆或 T 接线箱等；400A 及以上可以采用封闭式母线槽供电。母线槽可以直接从变压器低压母线延伸至各低压配电箱，也可以从低压柜出线为母线延伸并接到各用电配电处作为配电干线。从变压器经主断路器后直接以母线槽为干线，通过母线插接分支箱引出分支的树干式，又称为变压器干线式。除了具有普通树干式系统的优点外，接线更简单，能大量减少低压配电设备及保护电器。

为了提高母干线的供电可靠性，应适当减少接出的分支回路数，一般不超过 10 个频繁启动、容量较大的冲击负荷。此方式多用于主干电导体较大的工业及高层建筑中。对电压质量要求严格的用电设备，不宜用此供电方式。

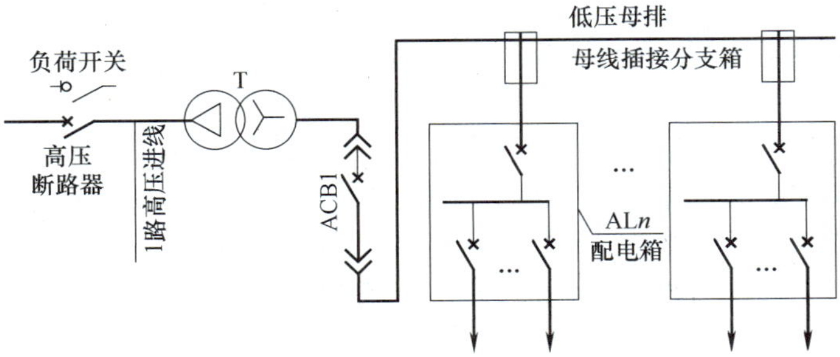

图 4-11　变压器干线式结构

4. 链式结构

链式配电是树干式的演变形式，与树干式配电在原理上也没有差异。链式配电是由电源处引入电源线，在相邻的用电点（或用电负荷）的进线开关上端并接供电的方式。特点与树干式相似，适用于距配电屏较远而彼此相距又较近的不重要的小容量用电设备。链接的设备一般不超过 5 台，总容量不超过 10kVA，一条链上只有一个总开关（断路器或熔断器）保护，故主电缆不变径，所带的每个小容量负荷没有各自独立的完善的保护开关。其接线图如图 4-12 所示。供电给容量较小用电设备，采用链式配电时，每一条环链回路的数量可适当增加，如潜水泵、防火卷帘配电箱。

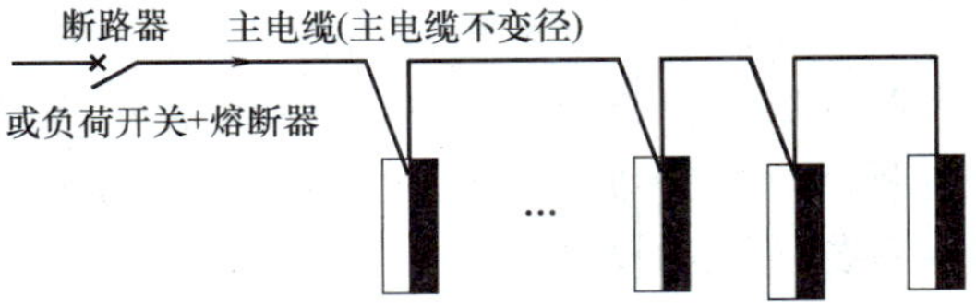

图 4-12　链式结构

5. 环式结构

为提高供电可靠性，将电源和负荷点借电力线路连接成环形的供电方式称为环式供电，也称为环网式结构，环网结构图可查阅【电手册】表 2.3-2。环网式结构相当于两端供电的树干式结构，因此具有供电可靠性高的优点，但是设备较多，结构复杂，保护设备的配合往往难以达到要求，不易于实现保护。正常运行时为开环方式，即环网线路中有一处开关设备处于断开状态，任何一段回路故障或停电检修时，均可由环网的另一回路电源供电。

在实际应用中，放射式、树干式和链条状通常混合使用，应根据安全可靠、经济合理的原则进行优化组合。在多层建筑物内，由总配电箱至楼层配电箱，宜采用树干式配电或分区树干式配电。对于容量较大的集中负荷或重要用电设备，应从配电室以放射式配电；楼层配电箱至用户配电箱应采用放射式配电。在高层建筑物内，向楼层各配电点供电时，宜采用分区树干式配电；由楼层配电间或竖井内配电箱至用户配电箱的配电，应采取放射式配电；对部分容量较大的集中负荷或重要用电设备，应从变电所低压配电室以放射式配电。

4.5.5 变电所高低压系统设备的选择

变配电系统图所描述的工业或民用供配电高低压供电系统，需要将高压、变压器、开关、熔断器、母线、电缆、开关元器件和用电设备（均是一次设备）等主要元器件以整体系统表示出来。将其一次设备按一定次序连成的电路图称为电气主接线图，只表示出各元件的连接关系，不表示元件的具体形状、具体安装位置和具体接线方法。

10kV/0.4kV 高压进线、变压器、断路器母线等设计选择参见【电手册】表 2.4-11、表 2.4-12 及【19D 数据】等。

4.6 典型高层建筑供配电设计实例及识图

某高层办公建筑，地上 1~11 层为普通营业办公楼，建筑面积共 11653m^2，地下车库及设备用房面积为 1030m^2，一个防火分区，主体为钢筋混凝土框架结构，一级耐火等级。中央空调机组放置在屋顶，空调采用分层（区）变频控制热泵式 VRV 空调机组。屋顶设置有电梯机房及水箱间等。建筑物为一类高层建筑，消防负荷及保障负荷均为一级负荷，进行高低压变配电设计。

4.6.1 配电网络结构及用电分析计算

用电设备条件由相关专业提供，如给排水专业提供消火栓泵、喷淋泵、屋顶稳压泵、地下室潜污泵、生活加压泵，通风空调专业提供正压送风机、排烟风机、空调用电、照明及插座用电等。根据负荷性质及运行状态，分为普通工作负荷、消防负荷、保障负荷。负荷计算采用需要系数法，需要系数和功率因数等值引自【19D 数据】，经电气专业汇总后，先按负荷类别及用电要求，选择出各类负荷的具体供电方式（树干式、放射式、链式等），绘制配电网络结构图（低压配电竖向树干图），如图 4-13 所示（扫二维码看图），进而完成各类设备及配电箱的负荷计算，可参见第 3 章，本章不再重复赘述。配电网络结构图中的供电回路数量及负荷对应列于配电房低压配电系统图，并进行负荷计算，完成低压配电系统图（主接线系统图）的设计。

图 4-13 供配电系统网络结构图

1. 主要普通负荷分析

办公楼功能用房用电 ZJ-1（电缆 AN4-1）、办公用电 ZJ-2（电缆 AN4-2）、办公用电 ZJ-3（电缆 AN4-3）、主电缆以分区单树干方式经过预分支分别接支线到各楼层分配电箱 AW*n*。位于楼顶的中央空调主机 APKT2、APKT2，循环泵 APXHB 均为大负荷动力用电，采用放射式供电。普通计算负荷计算为 $P_c = 650\text{kW}$。

2. 消防负荷分析

地下室消防泵房 ATxfb，负一层消防动力 B1APEZXF，高低压变配电房消防用电 B1ALEPDF，地上地下应急照明 ALE*n*、ALE*m*，消防电梯 APEdt，消防风机 ATEZY*n* 属于消防负荷，通常一主一备双回路末端配电箱处切换配电。若地下室大，防火分区多，消防或保障负荷均从配电房引出，会使小负荷回路及小电缆过多过长，其低压配电柜太多，占用房间及成本增大。【民电标 19】明确可从配电房引出双电缆末端切换到各防火分区配电总箱，再从该总箱放射状、单回路分配到各自区内多个小设备配电箱。根据供配电系统网络结构图及功率计算出消防负荷为 $P_c=329\text{kW}$。

3. 保障负荷分析

高层公共走道及楼梯间照明 ALgzm，航空障碍灯照明，泛光照明，厨房用电、餐厅用电，生活泵 B1APSHB，变配电房普通用电 B1ALZPDF、弱电机房 B1ALrd、给水排水室 B1ALjps，负一层普通照明 B1AL1 通常为一级负荷（即保障负荷），作为重要的保障负荷的生活泵、变配电房普通用、弱电机房设计为一主一备双回路末端切换配电。停电后由发电机作为备用电源供电，火灾时由火灾报警及联动系统切断。从供配电系统网络结构图及功率计算出保障负荷约为 $P_b=305\text{kW}$。

4. 发电机负荷计算及选择

计算并选择一台柴油发电机作为应急电源为消防和保障负荷供电。消防计算负荷小于停电时所需保障负荷，故柴油发电机负荷等于停电时保障负荷加仍在使用的消防负荷（消防电梯、应急照明、消防控制室用电），经计算约为 405kW，满足最大消防设备负荷喷淋泵起动对母线压降的要求：（Y-△起动即母线允许压降 20%）$P_c=KP_e=1.9\times75\text{kW}=142.5\text{kW}$。考虑使用效率，故选择发电机负荷常载功率为 500kW，备用功率为 550kW。其典型发电机配电系统图如图 4-14 所示，发电机设置进线和配电柜共 3 个，分别为 1BA1、1BA2、1BA3；配电柜从发电机进线（密集型耐火母线槽 NHCCX8-1000/4），经保护控制输出回路分别为消防负荷 1BA2-1 和保障负荷 1BA3-1，采用耐火母线槽引到 AN10（消防备用回路柜）和 AN7（保障备用回路柜）。发电机自起动信号线由 1TM 主变压器主进断路器辅助触头引来。按规范要求火灾时具有切除保障负荷主断路器功能。

4.6.2　变压器及低压配电系统设计

采用需要系数法计算汇总负荷，备用负荷不计入变压器容量。除平时使用的消防负荷如消防电梯、消防控制室、应急照明等需计入变压器的容量外，其余消防设备的计算负荷小于火灾时切除的非消防设备的计算负荷，不计入，以此完成变电所的用电负荷计算，根据用电量及其配电要求，确定变压器的台数和容量。按照规范要求满足一级负荷消防及保障负荷要求，为保障供电可靠性，按照图 4-8 设计低压配电系统，如图 4-15、图 4-16 所示。

一路 10kV 高压电源作为本办公楼的供电电源；设备容量为 1899kW，取 $K_x=0.53$，$P_c=K_xP_e=1011.2\text{kW}$。负荷率 $\beta=0.85$，取 1 台变压器容量 $S=1250\text{kVA}$，进线计算电流为 $I_{js}=1602.4\text{A}$。进线柜 AN1 内：选择变压器低压侧主断路器 $I_n=2500\text{A}$，低压进线总开关选用框架式万能断路器，型号为：CW2-3200/3-2500 系列，选用三极（3P），开关长延时整定电流为 2500A，短延时整定电流为长延时的 5 倍（即 $5I_n=5\times2500\text{A}=12.5\text{kA}$）。电流互感器 SHI-0.66 电流比为 2500/5，测量等级为 0.5 级，主要测量三相电压和电流。

无功补偿容量经过计算，设置 240kvar 和 160kvar 低压电容器补偿柜 AN2、AN3，最大补偿容量共 400kvar。建筑供电系统一般采用在低压配电装置处集中补偿，在电容补偿柜中 0.4kV 以下低压补偿一般采用三角形联结方式，自动补偿容量，通常厂家成套提供。

根据变压器运行方式，1TM 低压为单母线分段的接线方式，AN4、AN5 柜内馈线为普通负荷（包括重要保障负荷的主回路，如生活泵房 B1APSHB 等），AN6 柜内馈线为消防负荷

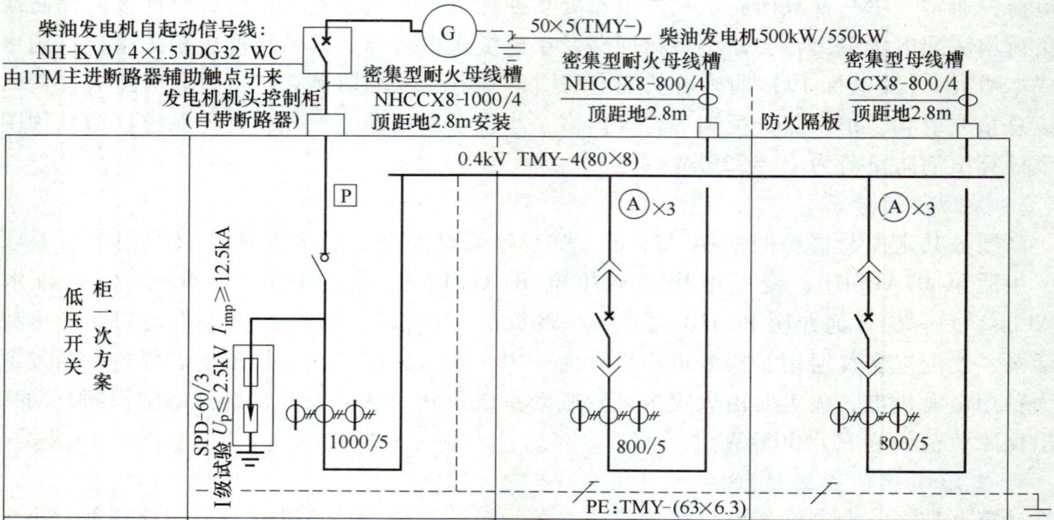

低压柜编号	1BA1	1BA2	1BA3
低压柜型号	GCS	GCS	GCS
(宽/mm)×(深/mm)×(高/mm)	800×800×2200	800×800×2200	800×800×2200
小室高度M=160			
回路编号		1BA2-1	1BA3-1
用户名称	电源进线	消防负荷	保障负荷
用户编号		引至AN10柜	引至AN7柜
设备容量/kW	521	287	412
计算负荷/kW	365.8(保障负荷状态最大值)	244.5	312.4
计算电流/A	692.8	496.9	583.6
断路器型号规格	隔离开关BG1-1250/3	BW1-1250/3 I_n=1000A $I_1=0.8I_n$ $I_2=4I_1$ t=0.4s $I_3=10I_n$ I_4=OFF	BW1-1250/3 I_n=1000A $I_1=0.8I_n$ $I_2=4I_1$ t=0.4s $I_3=10I_n$ I_4=OFF
导体型号规格敷设管径		NHCCX8-800/4	CCX8-800/4

图 4-14 典型发电机配电系统图

图 4-14~图 4-18 视频讲解

主回路（母线加防火隔板）；在 AN7 柜内，发电机引来的主保障主回路与市电（变压器母线）通过自动转换开关 AST1 后接保障分支回路备用母线于 AN7 柜、AN8 柜，自动转换开关二选一，市电主回路优先，其型号为 CAP1-800/4P/PC 级。在 AN10 柜内，发电机引来的主消防回路与市电（变压器母线）通过自动转换开关 AST2 后接消防备用母线于 AN11 柜，在 AN11 柜内分出各消防设备分支馈线备用回路。AN6 柜、AN11 柜内出线回路完全对应且相同，分别为消防主回路和对应备用回路出线到消防设备处双电缆末端切换。例如，消防泵配电箱 ATxfb 是由回路 AN6-2（工作）与 AN11-2（备用）两馈线从 AN6 柜和 AN11 柜内下电缆沟，沿配电房墙面和顶上消防电缆桥架引到消防泵房 ATxfb 箱内，再通过箱内自动转换开关控制配电于消防泵（二通一、主用优先）。部分重要保障负荷如生活泵房 B1APSHB 也由主备用双电缆末端切换供电。采用双电缆增加成本，提高其可靠性，并且消防设备供电采用昂贵的消防电缆。

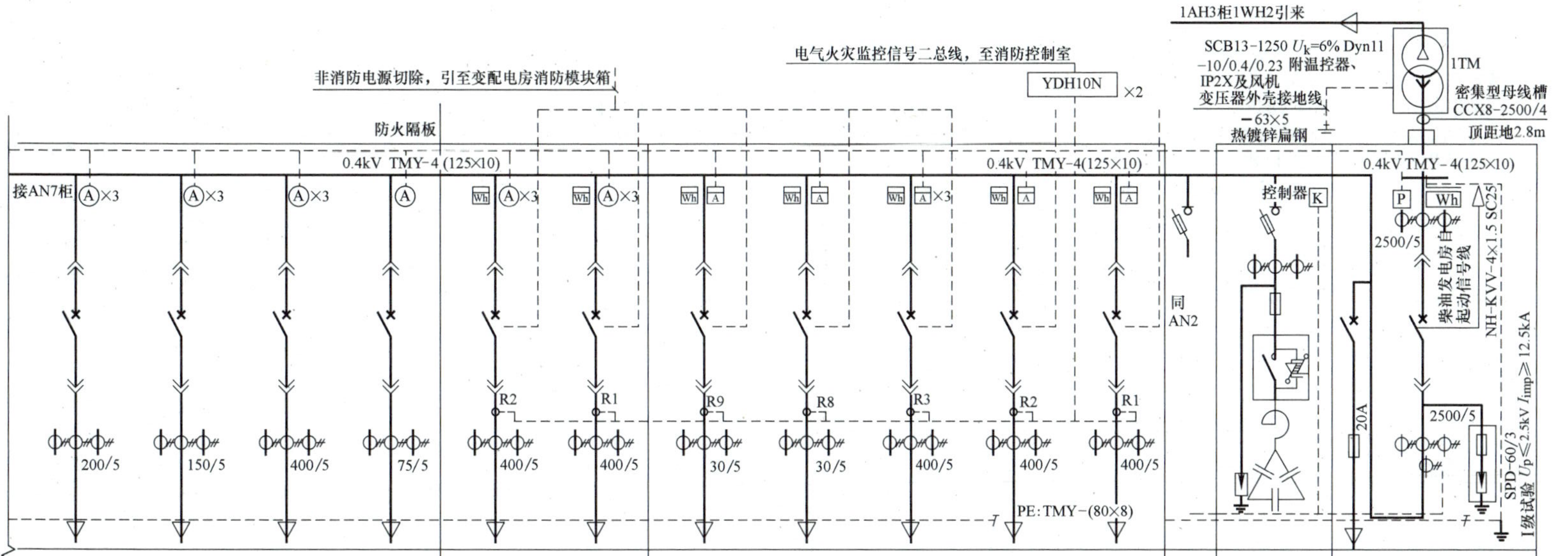

AN6				AN5		AN4					AN3	AN2	AN1	
						GCS					GCS	GCS	GCS	
						800×1000×2200						800×1000×2200	800×1000×2200	
1.5*M*	1.5*M*	2*M*	0.5*M*	2*M*	2*M*	0.5*M*	0.5*M*	0.5*M*	2*M*	2*M*				
AN6-4	AN6-3	AN6-2	AN6-1	AN5-2	AN5-1	AN4-9	AN4-8	AN4-7	AN4-2	AN4-1	…			
地下一层消防风机总箱(工作) 1	消防电梯总箱(工作)	消防泵(工作)	消防控制室消防用电（工作）	空调用电2	空调用电1	消控室安防用电	生活泵房	配电房用电	办公用电	功能用房用电	无功补偿	无功补偿	温控器	电源进线
B1APZXF	APEdt	ATxfb	ALEXKS	APKT2	APKT1	ALAF	B1APSHB	B1ALZPDF	ZJ-2	ZJ-1				
69	40	126	20	163	163	30	20	20	225	205	160kvar	240kvar		1899
69	40	126	20.00	146.7	146.7	24	20	20	157.5	143.5				1011.2
131	101.3	239.3	35.8	278.6	278.6	42.9	38	35.8	281.5	256.5				1602.4
CM3-250L/3200I 160A	CM3-250L/3200I 125A	CM3-400L/3200I 315A	CM3-63L/3200I 50A	CM3-400L/3340 315A	CM3-315A 400L/3340 50A	CM3-63L/3340 50A	CM3-63L/3340 50A	CM3-63L/3340 50A	CM3-100L/3340 315A	CM3-400L/3340 315A		YKDR、YGFK2 YKSG	CH1-63 20A/3P	CW2-3200/3 I_n=2500A $I_1=0.8I_n$ $I_2=4I_1$ $t=0.4s$ $I_3=0$ $I_4=0$
WDZN-YJY-4×70+1×35	BTTZ-4×50+1×25	BTTZ-4×185+1×95	BTTZ-5×16 TC CT	WDZ-YJY-4×185+1×95	WDZ-YJY-4×185+1×95	WDZ-YJY-5×16 TC CT	WDZ-YJY-5×16 TC CT	WDZ-YJY-5×16 TC	WDZ-YJY-4×25+1×16TC	WDZ-YJY-4×185+1×95		元件由生产厂商按标准配置预留电抗器安装位置	WDZ-YJY-5×6SC32	

TC CT 消防主回路

保障主回路

图 4-15 1TM 低压配电系统图（1）

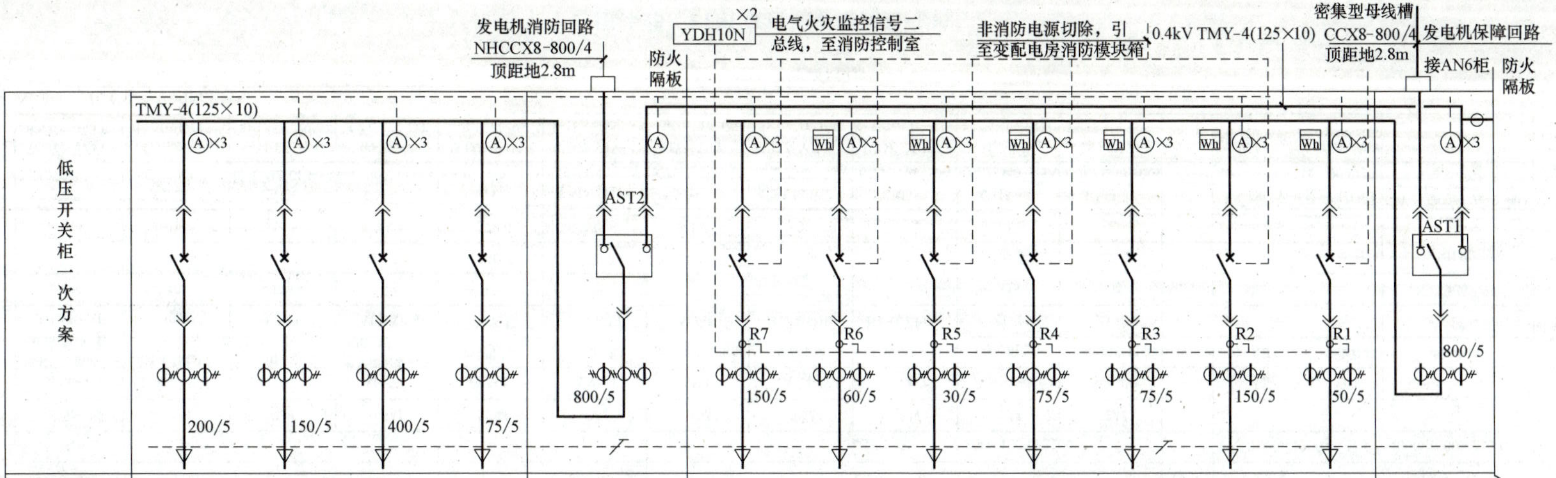

低压柜编号	AN11				AN10	AN8							AN7
低压柜型号					GCS	GCS							GCS
(宽/mm)×(深/mm)×(高/mm)					800×1000×2200	800×1000×2200							800×1000×2200
小室高度 M=160	1.5M	1.5M	2M	0.5M		1.5M	0.5M	0.5M	0.5M	0.5M	1.5M	0.5M	
回路编号	AN11-4	AN11-3	AN11-2	AN11-1	1BA2柜1BA2-1引来	AN8-7	AN8-6	AN8-5	AN8-4	AN8-3	AN8-2	AN8-1	1BA3柜1BA3-1引来
用户名称	地下一层消防风机总箱(应急)	消防电器总箱(应急)	消防泵(应急)	消防控制室消防用电(应急)	消防负荷	备用	配电房用电	生活泵房	弱电机房	消控室安防用电	地上走道照明	地下室普通照明	保障性负荷
用户编号	B1APZXF	APEdt	ATxfb	ALEXKS			B1ALZPDF	B1APSHB	B1ALrd	ALAF		B1AL1	
设备容量/kW	69	40	126	20	287		20	20	30	30	62	10	412
计算负荷/kW	69	40	126	20.00	244.5		20	20	24	24	49.6	10	312.4
计算电流/A	131	101.3	239.3	35.75	496.9		35.8	38	42.9	42.9	88.7	17.9	583.6
断路器型号规格	CM3-250L/3200I 160A	CM3-250L/3200I 125A	CM3-400L/3200I 315A	CM3-63L/3200I 50A	CAP1-800/4P/PC级	CM3-250L/3340 100A	CM3-63L/3200I 50A	CM3-63L/3340 50A	CM3-63L/3340 50A	CM3-63L/3300 50A	CM3-250L/3340 100A	CM3-63L/3340 32A	CAP1-800/4P/PC
导体型号规格敷设管径	WDZN-YJY-4×70+1×35	BTTZ-4×50+1×25 CT	BTTZ-4×185+1×95 TC CT	BTTZ-5×16 TC CT	NHCCX8-800/4		WDZ-YJY-5×16 TC CT	WDZ-YJY-5×16 TC CT	WDZ-YJY-5×16 TC CT	WDZ-YJY-5×16 TC CT	WDZ-YJY-4×35+1×16 TC CT	WDZ-YJY-5×16 TC CT	CCX8-800/4

消防备用回路　　保障备用回路

低压系统统一附注：

1.图中电流互感器型号除已标注外，其余均为BH-0.66系列。

2.CM3-/3340为火灾时切除非消防电源，CM3-/3200I或32002I中“I”表示过负荷只报警不跳闸附件。

3.所有配电柜耐受能力要求不小于40kA。断路器短路分断电流不小于35kA。

4.同一低压配电柜内设有消防和非消防回路时，应加防火隔板。

5.变压器低压配电系统中浪涌保护器均为I级，电压保护水平不大于2.5kV，防雷冲击电流值不低于12.5kA。

6.带分励脱扣器 --/-- /3340的各回路断路器受消防信号控制。

7.电力智能监测仪表选择图例附注：

P　YD2202，实现三相电流、电压、频率等测量；有功功率、无功功率计量，有线远传功能。

A　YD8301，单相电流数显表，实现单相电流测量。

A×3YD9301，三相电流数显表，实现三相电流测量。

Wh 有功电度表 A YD2032，三相电度表，实现三相电流测量。

图 4-16　1TM 低压配电系统图（2）

从图 4-15 可以看出，低压系统正常运行时，消防负荷的主回路和备用回路均带电（即市电），在末端自动转换二通一，主用优先；市电断电则自动触发发电机起动，发电机引来的备用回路带电，在末端配电箱自动转换为发电机电源供电，从而保障了消防及保障负荷，提高供电可靠性。

发电机承担全部保障负荷、消防负荷，备用回路在变压器运行时均带电，但是不运行，只备用，因此变压器容量计算时不计入备用回路负荷。

4.6.3 高压供电系统设计

本工程为一路 10kV 高压配电的单母线接线系统，由电源进线柜、计量柜、互感器柜、出线柜组成；进出线采用高压真空断路器保护，如图 4-17 所示。

虚线内计量电表和互感器由供电部门安装，厂家预留位置

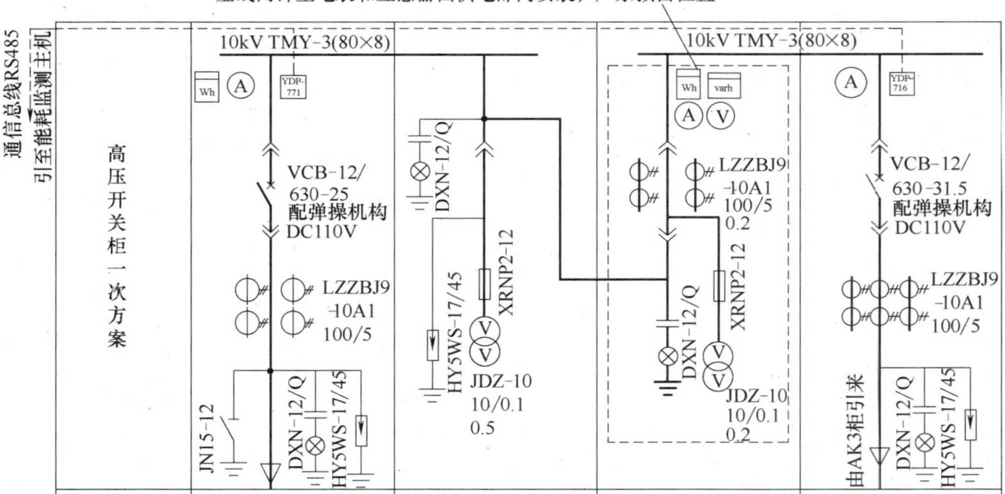

开关柜编号	1AH4	1AH3	1AH2	1AH1
开关柜型号	KYN28A-12	KYN28A-12	KYN28A-12	KYN28A-12
(宽/mm)×(深/mm)×(高/mm)	800×1500×2200	800×1500×2200	800×1500×2200	800×1500×2200
回路编号	1WZ1			
回路名称	低压配电房 1TM	电压互感器	计量	10kV进线
计算容量	1250kVA			1250kVA
计算电流	72.2A			72.2A
导体型号规格	NH-YJV-8.7/15-3×95			NH-YJV-8.7/15-3×95
继电保护	过电流，电流速断			定时限过电流,延时速断
备注	TC CT			具体进线规格由当地供电部门确定

图例：YDP-771 线路保护装置　Wh 有功电度表　Ⓐ 电流表
YDP-716 多功能综合保护装置　varh 无功电度表　Ⓥ 电压表

图 4-17 10kV 高压配电系统图

1）电源进线柜：该配电所一路 10kV 高压进线，柜编号为 1AH1，10kV 计算电流为 72.2A，主要设备有 10kV 真空断路器（VCB-12/630-31.5，额定短路开断电流有效值为 31.5kA）、零序电流互感器（LZZBJ9-10A1，电流比为 100/5，测量精度为 0.2 级）、带电指示器（DXN-12/Q）、避雷器（HY5WS-17/45）。

2）计量柜：由 1AH2 柜表示计量柜，主要用于高压系统的电压、电流、有功功率、无

功功率的测量及有功电能、无功电能、峰谷和最大需要量的采集和计量。柜中主要设备有电流互感器（LZZBJ9-10A1，电流比为 100/5，测量精度为 0.2 级）和 10kV 电压互感器（JDZ-10，电压比为 10/0.1，测量精度为 0.2 级）及高压熔断器（保护电压互感器用）（XRNP2/12），经过仪表计量电流、电压、有功功率和无功功率。

3）互感器柜：1AH3 互感器柜。柜中核心部件为电压互感器（JDZ-10，电压比为 10/0.1，测量精度为 0.5 级，低于计量柜中计量用电压互感器），可以用于设备电压过高或过低的保护或控制。

4）出线柜：1AH4 是 1TM 变压器的输出馈电柜，柜中主要设备有真空断路器（VCB-12/630-25，配直流电源弹操机构）、高压电流互感器（LZZBJ9-10A1，电流比为 100/5，测量精度为 0.2 级），带过电流、电流速断保护功能，带电信号指示灯、避雷器、接地开关。

高压柜的高压电源进线、出线电缆均为 NH-YJV-8.7/15-3×95。高压开关柜的型号均为 KYN28-12，表示选用高压柜为铠装式、移开、户内式 12kV 高压中置柜，柜体的几何尺寸（宽×深×高），本工程为 800mm×1500mm×2200mm。

4.6.4 变配电房设计及识图

本工程设置地下一层室内变电所，根据本章 4.1 节、4.2 节及规范要求，与各专业协调，根据高低压配电系统图及选型设计结果，按高低压配电柜数量和尺寸，满足高低压配电柜、变压器间距、离墙及门距离等，进行高低压配电房平面图设计，如图 4-18 所示。

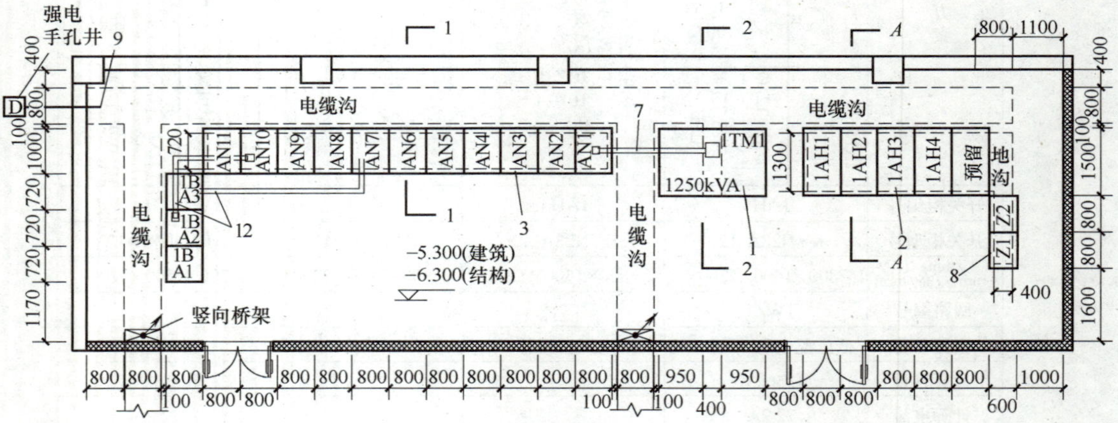

图 4-18 高低压配电房平面图

该处正上方无厕所、浴室或其他经常积水场所，且不与地下消防水池等相毗邻。与电气竖井（配电间）、水泵房、中央空调等负荷中心接近，设置有设备吊装预留位置孔洞。该变电所共有 1 台干式变压器，4 台高压（10kV）中置式开关柜，11 台低压抽屉式开关柜，2 台直流屏，配电综合自动化主控设备设置在消防控制及弱电监控室，无须设置值班室。结合高低压配电系统图及选型设置高低压合用配电室，均采用单列布置。由于变压器为干式并带有 IP3X 防护外壳，可与低压开关柜紧邻设置于一个房间内（低压配电室），配电装置柜长度大于 7m、不大于 60m，设置 2 个出口。根据《建筑工程设计文件编制深度规定（2016 年版）》的要求，按一定比例绘制出变压器，高低压开关柜、直流屏等平面，满足各设备间距的要求，高压柜后维护通道尺寸最小为 0.8m，柜前操作通道大于 1.8m。干式变压器与低压进线柜的距离为 1m，与侧墙的净距为 1m。高低压配电柜采用“下进下出”的布线形式，配电房内标注出高低压配电装置定位尺寸及电缆沟设置位置等。表 4-4 为高低压配电室主要设备，便于有效指导施工算量。

表 4-4　高低压配电室主要设备

序号	名称	型号及规格	单位	数量
1	变压器	SCB13-1250, DYn11 及风机	台	1
2	高压中置柜	KYN28A-12	台	4
3	低压固定分隔柜	GCS	台	14
4	空气除湿机	由建设单位确定	套	1
5	微机保护设备	由建设单位确定	套	1
6	自起动柴油发电机	常载 500kW，备载 550kW	套	1
7	密集型母线槽	CCX8-2500/4	m	4
8	直流屏	GZDW-/220 65AH	台	2
9	高压电缆穿管	3SC150+2SC40	m	4
10	高压电缆进线	NH-YJV-8.7/15kV-3×95	m	20
11	高压电缆出线	NH-YJV-8.7/15kV-3×95	m	10
12	密集型母线槽	CCX8-800/4	m	8
13	发电机消防母线	NHCCX8-1000/4	m	20

图 4-19 展示了配电房低压配电柜的局部剖面图。为保证下进下出布线，通常配电房需要降结构板。如图 4-19 所示，回填了约 1m 深的回填轻质材料压实，柜下设置地沟，柜体后侧设置电缆沟。低压配电柜柜高为 2.2m，进深（厚）为 1.0m，宽为 0.8m。从建筑图可知，配电房结构标高为−5.300m，电缆沟深 1.0m，结构标高为−6.300m，配电房外的地下室地坪标高为−5.500m，有 0.2m 高差，防止地下室地坪水流向配电房。配电室内的高度（含电缆沟）要求为 h=电缆沟深 1.0m+低压柜高 2.2m+距梁底高 0.8m（用于操作的空间）+梁高（0.7~0.9m）= 4.7~4.9m（电缆沟底结构板离配电房顶板上表面距离）。电专业与结构及建

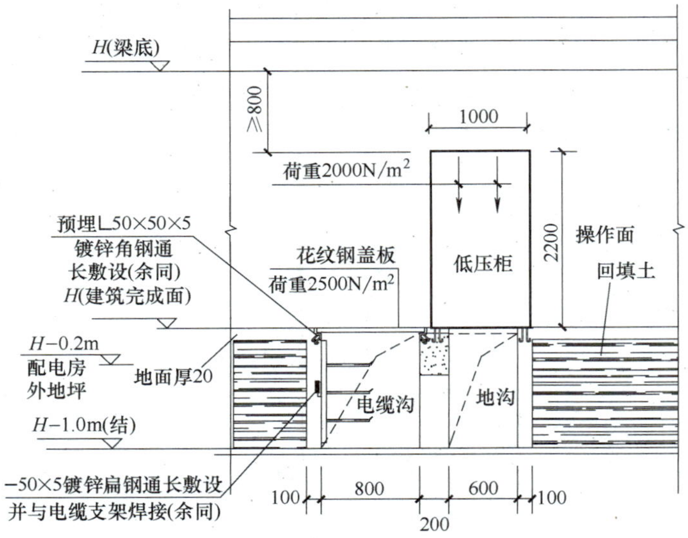

图 4-19　配电房局部剖面图

筑专业配合，若配电房立面高度达不到要求则需要降低结构地板或抬高顶板，方能顺利完成配电房施工，但这往往容易被忽视，通常需要电气专业尽早提要求，与建筑、结构专业协调配合。另外配电房通风管道尺寸较大应协调位置（包括照明），不得设置在高低压柜及变压器正上方。电缆沟及支架做法参见 07J912-1《变配电所建筑构造》，位于地下最底层的电缆沟降板必须做好防水和排水设施，以免电缆被水淹。柴油发电机房平立面布置图如图 4-20 所示（扫二维码看图）。

图 4-20　柴油发电机房平立面布置图

4.6.5　组合式变电所

组合式变电所又称为箱式变电站或预装式变电站。组合式变电所主要包括多回路高压开关系统、铠装母线，安装在一个防潮、防锈、防尘、防鼠、防火、防盗、隔热、全封锁可挪动的钢结构箱体内，全封闭运行。组合式变电所外壳采用钢板或者合金板，配有双层顶盖，隔热性好。外壳及骨架全体经过防腐处理，可以长时间户外使用（成套装备）。外形及颜色可与环境互相协调一致，安装便利。在组合式变电所的基础下面设有电缆室，而在低压室内设有人孔可进入电缆室进行工作。组合式变电所型号含义与变压器类似，如箱式变电所 ZGS11-12/315（其中 Z 表示组合式、11 表示系列号、12 表示耐压 12kV，视在功率 315kVA）。近年来产品容量逐渐增大，它广泛适用于城市建筑、生活小区，特别是市政路灯供电。

如图 4-21 所示（扫二维码看图），高压室有负荷开关或高压熔断器及互感器接地开关等，高压室基本采用环网柜接线，成本低、安装方便。高压进线 WH1 经过负荷开关接到高压母线，高压母线环网分支 WH2 出线到下一变电所，WH3 经环网柜保护并出线接到变压器；WH2 和电缆 WH1 线缆及保护元器件相同，WH2 即高压环网出线，相当于高压环网主干线。低压室断路器为主要元件，多路负荷馈电、电缆引出，设有无功补偿电容柜以提高功率因数。电能计量装备、综合自动化系统、通信、远动、计量、电容补偿及直流电源等电气单元组合在一个箱体内，形成紧凑型成套配电装置。小容量变电所的高压室、低压室和变压器室一般制成一体，前述城市路灯配电控制箱与组合式变电所低压部分组合一起便于管理控制；中等容量的变电所把上述三室制成两体或三体；而大容量变电所则制成切块组合式，便于运输和安装。

图 4-21　组合式变电所系统图

习　　题

1. 变电所的分类及各自的特点是什么？
2. 用电负荷等级如何分级？

3. 试说明特级及一级负荷的分类及配电要求。
4. 什么情况下宜设自备应急柴油发电机组?
5. 如何计算及选择发电机容量?
6. 图4-8中单高压（单变压器）分段母线加发电机是如何保证消防负荷及保障负荷的供电要求的?
7. 图4-5中双电源分段单母线是如何保证一级、二级负荷供电可靠性的?
8. 图4-7中双变压器带发电机供电是如何保证保障负荷和消防负荷的供电要求的?
9. 低压配电系统常有哪几种形式?
10. 根据图4-13~图4-21，识图回答：
(1) 低压配电房内公共变压器1TM型号是什么? 低压框架式主断路器型号是什么?
(2) 地下室消防泵在低压配电柜内保护断路器型号是什么? 出线主备电缆型号是什么?
(3) 柴油发电机电源常载功率是多少? 发电机输出保障回路是否可以火灾强切?
(4) 高压柜进线保护断路器及电缆型号是什么?
(5) 图示柴油发电房自起动信号线是什么? 柴油发电机是如何起动的?
(6) 图示变压器出线到AN1低压柜的母线槽的型号及敷设方式是什么?
(7) 图4-21组合式变电所高压进线负荷开关及环网出线型号是什么? 功率补偿值是多少?

5

第 5 章

高低压电器设备及实例

本章概要

高低压电器设备的选择是供配电系统设计的主要内容之一，是保证电网及供配电线路安全、可靠、经济运行的重要条件。在发生电气故障时，开关电器可以切断故障电路，继电保护装置可以检测到故障，并发出切断信号，两者相互依存，共同保障电气系统的安全。本章介绍了供配电系统中常用高低压电器设备的原理、使用原则、选择方法和各种电器设备型号及其实例。

5.1 电器设备选择的一般原则与条件

供配电系统中电器设备的功能各不相同，在选择时，应根据实际工程特点，按照有关设计规范的规定，在保证供配电安全可靠的前提下，力争做到技术先进、经济合理，同时应遵守以下选择条件：

1. 按设备的长期运行条件校验

（1）按正常工作条件选择电器设备的额定电压　设备不仅要能承受电网的额定电压，还要能在允许的电网电压波动范围内正常运行。电器设备的允许最高工作电压 U_{max} 不应小于回路的最高运行电压 U_y，即

$$U_{max} \geqslant U_y \tag{5-1}$$

例如，在 380V 系统中，应选择额定电压为 380V 或 500V 的电器设备。通常，在设备制造时已经考虑这一要求。

（2）按最大负荷电流选择电器设备的额定电流　电器设备的额定电流 I_r 应大于或等于该回路的最大持续工作电流 I_{max}，即

$$I_r \geqslant I_{max} \tag{5-2}$$

一般而言，对不同的配电回路，其持续工作电流有所不同。例如，在选择变压器的高压侧进线断路器时，不能只考虑变压器的额定电流，应按变压器在允许的过负荷范围内的电流校验进线断路器的额定电流；高压开关设备没有明显的过负荷能力，一般在选择额定电流时，应充分考虑各种可能运行方式下的持续工作电流。

（3）额定频率校验　电器设备的额定频率应与所在电网的额定频率一致。我国的电网频率为 50Hz，欧美等国家的电网频率为 60Hz，不同频率标准的电器设备即使在电压和电流满足校验要求的条件下，也不能互换。按我国电网标准生产的设备，是按额定频率 50Hz 进行设计与制造的，但在选用进口设备时要注意额定频率的差别和相应的限制条件。

2. 按短路条件校验

（1）动稳定和热稳定校验　为了保证电器设备和载流导体在短路故障时不致损坏，需

要按最大短路电流校验电器设备的动热稳定。一般电器设备动热稳定校验公式为

$$\begin{cases} i_{max} \geqslant i_{sh}^{(3)} \\ I_{max} \geqslant I_{sh}^{(3)} \end{cases} \tag{5-3}$$

$$I_t^2 t \geqslant I_\infty^2 t_{ima} \tag{5-4}$$

式中　i_{max}、I_{max}——制造厂给出的极限可通过电流（动稳定电流）峰值和有效值（kA）；

I_t、t——制造厂给出的电器设备在热稳定时间 t（s）内的热稳定电流（kA）和热稳定时间（s）；

$i_{sh}^{(3)}$、$I_{sh}^{(3)}$——按三相短路计算所得的短路冲击电流和短路全电流有效值（kA）；

I_∞、t_{ima}——三相短路稳态电流（kA）与假想时间（s）。

短路发热假想时间可以用下式估算：

$$t_{ima} = t_k + 0.05\left(\frac{I''}{I_\infty}\right)^2 = t_{op} + t_{oc} + 0.05\left(\frac{I''}{I_\infty}\right)^2 \tag{5-5}$$

式中　t_k——短路持续时间；

t_{op}——继电保护动作时间；

t_{oc}——断路器断路时间；可查阅有关产品手册，一般对慢速断路器取 0.2s，快速和中速断路器取 0.1s；

I''——次暂态短路电流，是短路电流周期分量在短路后第一个周期的有效值，在无限大功率供电系统中 $I''=I_\infty$。

所以一般系统，端电压能保持恒定，短路时由于 $I''=I_\infty$，$t_{ima}=t_k+0.05$；当 $t_k>1s$ 时，可以近似认为 $t_{ima}=t_k$。

（2）分断容量校验　断路器、熔断器等电器设备担负着切断短路电流的任务，必须可靠地切断通过的最大短路电流。因此，开关电器还必须校验其断流能力，开关设备的额定断流容量不应小于安装地点最大三相短路容量，即

$$\begin{cases} I_k^{(3)} \leqslant I_{N,off} \\ S_k^{(3)} < S_{N,off} \end{cases} \tag{5-6}$$

式中　$I_{N,off}$、$S_{N,off}$——制造厂提供的额定电压下的允许开断电流和允许断流容量；

$I_k^{(3)}$、$S_k^{(3)}$——电器设备安装处的短路电流和短路容量。

按设备分断容量校验的概念，只有在短路故障下需要切断短路电流的开关设备时才进行分断容量校验。例如，高压隔离开关不具备切断短路电流的功能，因而高压隔离开关不需要校验分断容量。

电器设备的选择校验参见【电手册】第 5 章相关内容。

3. 按设备的绝缘水平校验

设备的绝缘水平校验实质上是校验设备在发生过电压故障时的性能。设备的绝缘水平校验要求：在工作电压和允许的过电压的作用下，设备的内、外绝缘应能保证必要的可靠性，不会导致设备绝缘的损坏。

设备的绝缘水平应按电网中出现的各种过电压以及过电压保护设备的保护水平确定。因此在设备的绝缘水平不能满足电网最大过电压要求的情况下，可以选择适当的过电压保护设备。

一般情况下，可以认为电器设备在其额定电压下的绝缘水平能满足规定使用条件下的要求，但在使用环境超出设备规定使用条件时，要考虑设备的绝缘性能。

4. 电器设备选择的环境条件

在选择电器设备时，不仅要校验设备的使用环境，在使用环境与设备要求的环境条件相差较大时，还要对设备的参数进行必要的校正。环境条件包括温度、湿度、海拔、污秽、日照与冰雪、风速、地震、干扰、噪声等。选择设备时，应注意设备对环境条件的要求。例如，电器安装位置环境温度高于40℃，额定电流会相应减少，需要考虑修正；相对湿度过高，需要考虑湿热型电器；多尘环境使用时，应选择封闭式设备；在腐蚀性环境中，应选择防腐型设备；海拔超过电器的使用条件时，应考虑选用高原型设备等。

5.2 高压电器设备的功能及选择

高压电器设备包括高压断路器、高压隔离开关、高压负荷开关、高压熔断器及高压开关柜等。根据建筑供配电需要，本节主要介绍35kV以下设备。

5.2.1 高压断路器

1. 用途

高压断路器是供配电系统的主开关和保护设备。

2. 类型

高压断路器由通断元件、中间传动机构、操动机构、绝缘支撑件和基座等部分组成。其中通断元件是断路器的核心，包括触头、导电回路、灭弧介质和灭弧室等。根据所采用的灭弧介质和灭弧方式，大体可分为下列几种：

1）油断路器：最早出现的断路器，价格低廉，用绝缘油作为灭弧介质。目前电网中主要使用少油断路器。

2）压缩空气断路器：用压缩空气作为灭弧介质，简称空气断路器，断流容量大，分闸速度快，但结构复杂、价格昂贵、维护要求高，一般用于110kV及以上电力系统中。

3）六氟化硫断路器：利用SF_6气体分子灭弧能力强、在电弧电流过零时，去游离过程迅速的特性，使触头分断瞬间弧隙带电粒子密度急剧减少，从而达到灭弧目的。这类断路器动作快、断流容量大、使用寿命长、无火灾和爆炸危险、可频繁通断、体积小，但价格偏高、维护要求严格。全封闭组合电器多采用该型断路器。

4）真空断路器：利用真空作为绝缘和灭弧介质，适合频繁操作的负荷，并具有开距小、熄弧快、时间短、开断能力强、结构简单、体积小、寿命长、无噪声、维修容易和无爆炸危险等优点，特别是在10kV及以下领域优势更显著。不足之处是分断电感性负荷的性能不如分断电容性负荷。为限制过高的操作过电压，对经常分断高压电动机或电弧炉变压器等感性负荷的真空断路器必须配置专用的吸收装置或金属氧化物避雷器。

3. 高压断路器的选择

高压断路器的主要技术参数包括额定电压U_N、额定电流I_N、额定分断电流$I_{N,off}$、额定频率f_N、额定分断容量$S_{N,off}$、热稳定电流I_t（t代表规定的计算时间，例如，$I_4=1000A$表示在计算时间4s下允许流过的热稳定电流为1000A）、动稳定电流i_{Ns}等参数。

首先按户内外安装地点选择，然后根据工作电压或工作电流选择额定值，校验其动、热稳定及分断容量。高压断路器额定分断容量$S_{N,off}$是综合分断能力参数，在工作电压低于额定电压时，分断容量降低，应按下式修正：

$$S_{off}=S_{N,off}\frac{u}{u_{N,off}} \tag{5-7}$$

式中 S_{off}——电压为 u 时的断流容量。

高压断路器的操动机构不应选用手动型。对 10kV 建筑变电所，一般选择具有较高分断能力和频繁操作能力的真空断路器。

高压断路器型号含义如图 5-1 所示，如 VL1-12/1250-31.5、SN10-10 等。

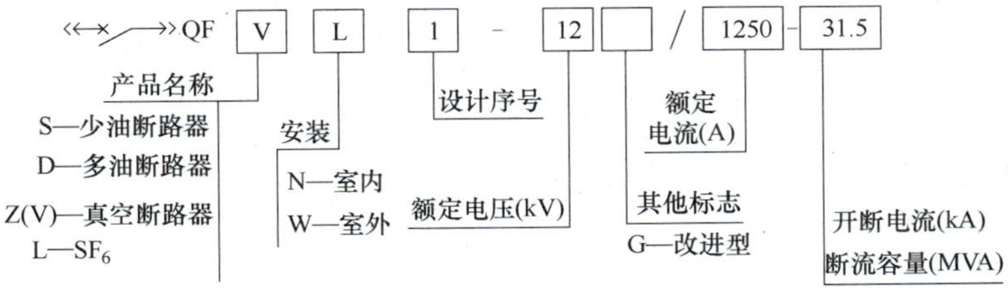

图 5-1 高压断路器型号含义

5.2.2 高压隔离开关

1. 用途

高压隔离开关是没有灭弧装置的开关设备，不能切断负荷电流及短路电流，在分断位置时，触头间有明显的断开间隔，主要起隔离电源的作用。高压断路器通常与它配合使用，利用它提供安全的电气隔离，以保证其他电器设备能安全检修。

2. 类型

根据使用场所，高压隔离开关分为户内型（GN）和户外型（GW）两大类。户外工作环境差，要求更高，须具有防冰冻能力和较高的强度。35kV 以下系统中，操动机构一般用手动式，在额定电流较大时也可选用电动或液压操动机构。

3. 高压隔离开关的选择

高压隔离开关的主要技术参数包括额定电压 U_N、额定电流 I_N、额定频率 f_N、热稳定电流 I_2（计算时间 2s 的允许热稳定电流）、动稳定电流 i_{N_s} 等。

高压隔离开关不承担分断短路电流的功能，选用高压隔离开关时，无须进行分断能力校验。35kV 及以上断路器的两侧隔离开关和线路隔离开关，宜选用带接地刀开关的产品。出于安装或运行上的需要，往往把较高额定电压或较大额定电流的隔离开关设计用在低电压或小电流的电路中，如某变压器低压出口采用了 GN2-10/1000-2000 型。选择时，应根据工作环境和配电装置的布置特点，计算开关接线端的机械负荷。产品形式及详细技术参数可参阅相关手册或产品样本。

高压隔离开关型号含义如图 5-2 所示，如 GN22-10/2000-40，高压接地隔离开关 DJN-10。

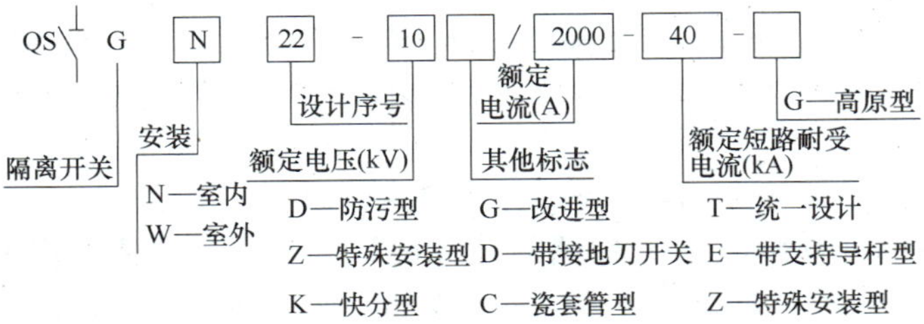

图 5-2 高压隔离开关型号含义

5.2.3 高压负荷开关

1. 用途

高压负荷开关是带有简单灭弧装置和明显断开点，具有一定保护功能的开关电器。可通断负荷电流和过负荷电流，有隔离开关作用，但不能断开短路电流。通常与熔断器一起配合使用，熔断器应设置在电源侧，构成负荷开关-熔断器组合电器（简称组合电器）。熔断器用作短路保护，比断路器造价低，一般应用在负荷小、不需要继电保护和自动装置要求的场所。

2. 类型

高压负荷开关主要有油浸式、压气式、真空式和 SF_6 等结构类型，灭弧原理与断路器类似，但结构更简单、小巧。高压负荷开关按安装地点分为户内式（FN）和户外式（FW）两类，主要用于 6~10kV 电网。

3. 高压负荷开关的选择

选用高压负荷开关时，除注意环境条件和额定值外，还要进行动、热稳定校验，以保证安全。高压负荷开关本身不承担分断短路电流的功能，无须进行分断能力校验，但应校验与其配合使用的高压熔断器的分断能力。手动操作的高压负荷开关一般只限于 10kV 以下、分合电流 8kA 以下的场所。带熔断器的负荷开关要选好熔管的额定电流值。户内型开关要选好配套操动机构，其中 CS4-T 型机构具有远距离脱扣功能。产品形式及详细技术参数可参阅相关手册或产品样本。

高压负荷开关型号含义如图 5-3 所示，如 FN3-10/400、FN3-10R。

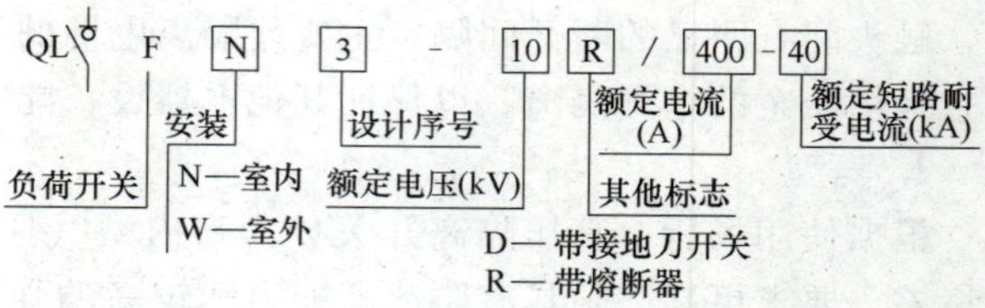

图 5-3 高压负荷开关型号含义

5.2.4 高压熔断器

1. 用途

高压熔断器是利用熔体熔断而断开电路的一种保护设备。当流过熔体（易熔合金）的电流超过一定数值时，熔体自身产生的热量会自动地将熔体熔断。其功能主要是对电路及设备进行短路和过负荷保护。高压熔断器基本结构一般包含熔体、支持金属导体的触头和保护外壳三大部分。

2. 类型

高压熔断器分为户内型和户外型两种。户内型制成固定式，而户外型多制成跌落式（熔丝熔断后熔管自动断开，可以形成鲜明的分断间隙，它兼起隔离开关的作用）。

3. 高压熔断器的选择

高压熔断器的主要技术参数包括额定电压 U_N、额定频率 f_N、额定电流（包括熔断器熔管的额定电流 $I_{N,FU}$ 和熔断器熔体的额定电流 $I_{N,FE}$）、额定分断电流（包括上限分断电流 I_{max} 和下限分断电流 I_{min}）、熔断器动作时间 t 等。

1）除考虑额定电压、额定频率校验外，高压熔断器额定电流校验要求：熔断器在线路允许的最大负荷下工作时不被熔断，熔断器在线路允许的瞬时冲击负荷下工作时不被熔断，即

$$I_{N,FU} \geq I_{N,FE} \geq (1.4 \sim 2.5) I_c \quad (5\text{-}8)$$

式（5-8）中的 I_c 为熔断器保护线路的计算负荷。在采用熔断器保护相邻两级线路时，熔断器额定电流应考虑前后级的配合，一般要求相邻两级熔断器的额定电流相差 2~3 个电流级差。

2）熔断器动作时间 t：当熔断器通过熔体电流 $I_{N,FE}$ 时，熔断器在 t 时间后熔断；选择不同的熔断器动作时间，可以使熔断器避开随机性干扰冲击负荷的影响。

3）分断能力校验：高压熔断器不具备分、合线路电流的功能，即没有操动机构。高压熔断器在短路电流达到其动作电流时，熔体自动熔断，切断短路电流，不需要校验高压熔断器的动、热稳定，但要校验其分断能力。高压熔断器分断能力校验要求：对限流式熔断器，额定短路分断电流熔断器的最大开断电流应不小于熔断器安装处的三相次暂态短路电流的有效值；对非限流式熔断器，其上限断流容量应大于所要切断的最大短路电流，即

$$I_{max} \geqslant I_{sh}^{(3)} \tag{5-9}$$

其最小开断电流（下限断流容量）要小于短路电流的最小值（二相短路计算值），即

$$I_{min} \leqslant I_{sh}^{(2)} \tag{5-10}$$

短路电流的值应在熔断器上限分断电流和下限分断电流的区间，才能保证熔断器可靠工作。如不满足此条件，可串联限流电阻。对电气设备的校验，通常按其最大短路电流值（即三相短路电流值）考虑；对继电保护动作灵敏度校验时，用其最小短路电流值（即二相短路电流）进行。

高压熔断器型号含义如图 5-4 所示，如 RN1-10/400-40-G，RW4-10-G。

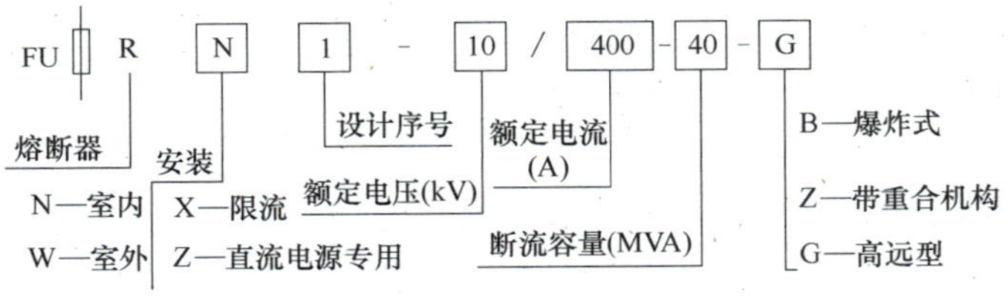

图 5-4　高压熔断器型号含义

5.2.5　高压开关柜

高压开关柜是一种高压成套设备，其校验内容应满足高压开关柜所包含的开关电器设备的校验要求。高压开关柜应选用标准产品，尽量采用标准一、二次主接线方案。

高压开关柜按安装及结构形式，可分为固定式、手车式两大类型，如 KGN、XGN 系列金属封闭固定式开关柜和 KYN 系列金属封闭户内移开式开关柜。

高压开关柜按功能作用划分，主要有馈线柜、电压互感器柜、高压电容器柜（G-1 型）、电能计量柜（PJ 系列）、高压环网柜（HXGN 型）等。

为保证安全，高压开关柜在设计和运行管理中，必须满足“五防”要求，即防止误分或误合断路器；防止带负荷合分隔离开关；防止带电挂接地线；防止挂接地线时合闸；防止人员误入带电间隔。开关柜的联锁是保证电力网安全运行、确保设备和人身安全、防止误操作的重要措施，“五防”装置一般分为机械、电气和综合三类。高压开关柜尺寸参见【19D

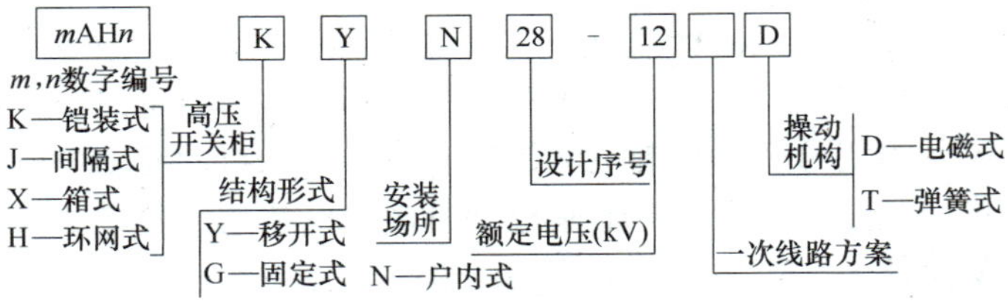

图 5-5　高压开关柜型号含义

数据】表 4.6。高压开关柜型号含义如图 5-5 所示，如 KYN28-12D 表示铠装式移开户内式 12kV 电磁式高压中置柜。

5.3 低压电器设备的功能及选择

本节的低压电器设备是指工作在交流电压为 1200V 或直流电压为 1500V 以下的电路中起保护、控制、调节、开关作用的电器。这些设备在供配电系统中一般都安装在低压开关柜内或配电箱内。低压电器设备的新旧更替比较快，主要向小型化、高性能、环保、美化环境方向发展。低压电器设备选择的一般技术条件与高压电器设备基本相同，即考虑低压电器设备的长期运行条件、低压电器设备在短路故障下的性能、使用环境等要求。但由于低压电器设备的工作电压低，一般能够满足设备的绝缘要求，低压开关设备的动作也可以不用继电保护装置的支持，低压电器设备的校验又略有不同，具体见各设备内容。

5.3.1 低压刀开关

刀开关习惯上包括组合开关、熔断器式刀开关、封闭式开关熔断器组等。刀开关一般不用于分断带冲击负荷的电动机等负荷，主要用于隔离电源，但组合开关、熔断器式刀开关、封闭式开关熔断器组也可用于分断不需频繁操作的负荷。

刀开关有封闭式、开启式、组合式三种基本结构形式；极数有单极、双极、三极等类型；按灭弧特征分为有灭弧罩、无灭弧罩两种形式。刀开关一般为手动操作，有中央手扳式、中央杠杆式、侧面手扳式、侧面杠杆式等操作方式；刀开关接线方式有板前接线、板后接线等。选择刀开关时，首先应根据使用场所和条件确定刀开关的结构形式、极数和灭弧要求，选择刀开关的操作特征、接线方式等。

刀开关的主要技术参数包括额定电压 U_N、额定电流 I_N、额定频率 f_N、最大耐受峰值电流 i_{PK}、最大短时（1s）耐受电流 I_{PK}、最大分断电流 I_{off} 等；刀开关的最大耐受峰值电流、最大短时（1s）耐受电流与刀开关的额定电流有关，刀开关的分断电流与刀开关的操作方式、有无灭弧罩、负荷性质等因素有关。根据这些参数和运行条件可进行刀开关主要技术条件的校验，校验条件见表 5-1。

表 5-1 刀开关主要技术条件的校验

校验项目	校验原则
额定电压	刀开关触头额定电压 $U_N \geq$ 操作线路的额定电压
额定电流	刀开关额定电流 $I_N \geq$ 操作线路的计算负荷，躲过设备冲击负荷
短路动稳定	最大耐受峰值电流 $i_{PK}>$ 操作线路三相短路电流稳态值
短路热稳定	最大短时(1s)耐受电流 $I_{PK}>$ 操作线路三相短路电流稳态值
分断能力	最大分断电流 $I_{off}>$ 操作线路最大三相短路电流稳态值

对于组合开关、熔断器式刀开关、封闭式开关熔断器组等能分断线路电流的刀开关，由于采用了熔断器作为过电流保护元件，因而额定电流校验的原则与熔断器相同，即应考虑刀开关的额定电流要大于操作线路的计算负荷并躲过设备冲击负荷。一般情况下，由于刀开关应该能接通和断开自身标定的额定电流，因此在只有普通负荷的电路中，可以根据负荷电流来选择相应的刀开关。当用刀开关控制电动机时，由于电动机的起动电流大，选择刀开关的额定电流应比电动机的额定电流大，一般是电动机额定电流的 3 倍。如果电动机不需要经常起动，而且在一般电路的情况下，选择刀开关的额定电流应为电动机或负荷电路额定电流的 2 倍左右。在选择刀开关时，还应根据工作地点的环境选择合适的操作机构。

5.3.2　低压熔断器

低压熔断器是指能在规定的非正常电路条件（如短路）下自动断开非正常电路电流的电器。低压熔断器的基本工作原理是基于故障电流的热效应使熔体熔断，主要用于低压线路的短路或过负荷保护。

低压熔断器按功能分类可分为快速式（S）、自复式（Z）、信号式（X）等类型；按构造分类可分为封闭管式（M）、瓷插式（C）、螺旋式（L）、填料式（T）等类型。在选择时，应根据使用场所和条件确定低压熔断器的类型。

低压熔断器的主要技术参数包括额定电压 U_N、额定频率 f_N、额定电流（包括熔断器熔管的额定电流 $I_{N,FU}$ 和熔断器熔体的额定电流 $I_{N,FE}$）、熔断器最大分断电流 I_{off}、理想熔断时间 t 等。熔体的额定电流与熔断器的结构、熔体的材料等因素有关。

1. 额定电压

额定电压 U_N 应不低于保护线路的额定电压。

2. 无冲击负荷配电线路的低压熔断器额定电流的校验

对无冲击负荷影响的配电线路采用熔断器保护时，主要考虑配电线路的允许载流量的热效应，其校验的一般原则为

$$I_{N,FU} \geqslant K_{sef} I_Z \geqslant I_{N,FE} \geqslant I_c \tag{5-11}$$

式中　$I_{N,FU}$——熔管电流；

$I_{N,FE}$——熔体电流；

K_{sef}——安全系数及载流量修正系数；

I_Z——导线允许载流量（详见第 6 章内容）；

I_c——线路计算负荷。

要保证熔断器在正常工作时熔体不会被熔断，则熔体电流应大于线路计算负荷；要使线路得到有效保护，则熔体电流应小于导线允许载流量，否则会导致导线损坏而熔断器还未动作，在实际设计过程中，这一要求往往容易被忽略，应加以注意。

3. 有冲击负荷配电线路的低压熔断器额定电流的校验

对需要考虑设备冲击负荷影响的配电线路校验的基本原则：熔体电流大于设备计算负荷并躲过设备冲击负荷。熔体电流大于设备计算负荷是保证设备正常工作的基本要求，但熔体电流不能按设备冲击负荷校验。例如，电动机等设备在起动时，起动电流比额定电流大很多，如果熔体电流按设备冲击负荷校验，则不能保证熔断器在设备发生严重过负荷时自动熔断，同时还可能无法满足式（5-11）中的熔体电流应小于导线允许载流量的原则；另外，设备起动是正常的操作，要保证起动电流流过线路时，熔断器不能动作，因而用躲过设备冲击负荷来描述这种保护特征。由于熔断器的熔断是电流与时间的综合效应，而冲击负荷电流大，但维持时间短，只要冲击负荷的综合热效应低于熔体熔断的热效应，则可以躲过冲击负荷。上述校验原则可用公式表示为

$$\begin{cases} I_{N,FE} \geqslant I_c \\ I_{N,FE} \geqslant K I_{jf} \end{cases} \tag{5-12}$$

式中　$I_{N,FE}$——熔体电流；

I_c——线路计算负荷；

K——计算系数；

I_{jf}——尖峰电流。

K 和 I_{jf} 的取值与保护对象的性质与运行状态、熔断器熔体的材料与特性有关。

熔断器额定电流的校验应按式（5-12）的原则和具体情况选择计算系数。例如，电力变压器是允许在一定时间内过负荷运行的设备，在变压器低压侧采用低压熔断器实现过电流保护时，应按 1.4~2.0 倍的变压器额定电流校验熔体电流。在采用低压熔断器保护照明配电线路时，对白炽灯、荧光灯等光源，冲击效应小，可按计算负荷校验熔体电流；对高压汞灯和高压钠灯等光源，需要考虑起动冲击电流和附加设备的功率消耗，要采用大于计算负荷的电流校验熔体电流。在采用低压熔断器保护有冲击负荷的配电线路时，不能完全按尖峰电流校验熔体电流，而要采用小于 1 的计算系数，即按低于尖峰电流校验，因为要考虑尖峰电流的短时性特征和轻载、重载起动特征，K 的具体取值范围见表 5-2。K 也可以按线路上最大一台电动机额定电流与线路计算电流的比值查表取值，具体可查阅【12SDX 算例】。

表 5-2　系数 K 的取值范围

线路情况	起动时间	K 值
单台电动机	3s 以下	0.25~0.35
	3~8s（重载起动）	0.35~0.5
	8s 以上及频繁起动、反接制动	0.5~0.6
多台电动机	按最大一台电动机起动情况	0.5~1
	I_c 与 I_{jf} 比较接近时	1

4. 熔断器断流能力校验

与高压熔断器相同，低压熔断器的额定短路分断电流 $I_{N,off}$ 应不小于线路的最大短路电流。多级熔断器的选择应考虑前后级配合，相邻两级熔断器的额定电流应相差 2~3 个电流级差。

【例 5-1】　有一台电动机，$U_N=380V$，$P_N=17kW$，$I_c=42.3A$，属重载起动，起动电流为 188A，起动时间为 3~8s。拟采用 RT19 型熔断器用作短路保护，线路最大短路电流为 21kA，选择熔断器及熔体的额定电流。

解：（1）选择熔体及熔断器额定电流

$I_{N,FU} \geq I_{N,FE} \geq I_c = 42.3A$

$I_{N,FE} \geq KI_{jf} = 0.4 \times 188A = 75.2A$

根据以上计算结果查熔断器的产品参数，选择 RT19-125/80 型熔断器，熔断器的额定电流为 125A，其熔体额定电流为 80A，额定短路分断电流为 50kA。

（2）校验熔断器分断能力

$I_{N,off} = 50kA > 21kA$，分断能力满足要求。

所选 RT19-125/80 型熔断器满足要求。

5.3.3　低压断路器

低压断路器文字符号和图形符号与高压断路器相同，除具备分断电流能力外，还能提供过负荷、短路、失压（欠电压）、分励（远动）、剩余电流保护、双电源自动切换等多种故障保护功能与控制功能，是建筑配电系统中最常用的开关电器。低压断路器的选择也是建筑配电设计最基本的内容。

低压断路器的主要技术参数包括额定电压、额定频率、额定电流和脱扣器额定电流、最大分断电流、极数等参数。低压断路器的选择除技术参数的校验外，还要考虑低压断路器使用类型、保护特性及选择性配合、安装方式、操作机构等。低压断路器选择的校验内容见表 5-3。

表 5-3　低压断路器主要技术条件校验

校验项目	校验原则
额定电压	断路器额定电压 ≥ 操作线路的额定电压
额定电流	断路器额定电流与脱扣器额定电流 ≥ 操作线路的计算负荷，躲过设备冲击负荷
分断能力	断路器额定分断电流 > 操作线路最大三相短路电流稳态值
灵敏度	断路器的脱扣器灵敏度>规定灵敏度
保护特性	断路器保护特性及选择性应符合相关要求
其他	断路器安装方式、操作机构、极数、接线方式应符合环境与使用要求

1. 低压断路器的工作原理

低压断路器的工作原理如图 5-6 所示，它由触头、灭弧装置、操作机构（联系 2、3 两部分的中间传递部件）和脱扣器等部分组成，可用于电路的不频繁操作。

主触头一般由耐弧合金制成，采用灭弧格栅等灭弧。主触头是由操作机构和脱扣器操纵其通断的。操纵机构可以用操作手柄操作，也可以用电动机构操作。在正常情况下，触头可通断工作电流；故障时，可以依靠自由脱扣器迅速及时地切断高达数十倍额定电流的故障电流，从而保护系统中的电气设备和线路。

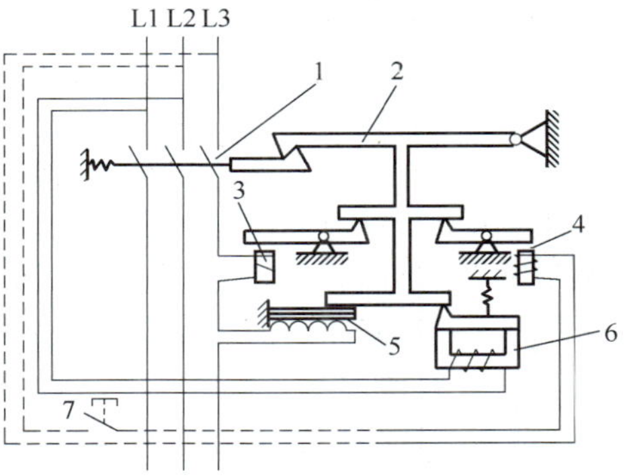

图 5-6　低压断路器的工作原理

1—主触头　2—搭钩（表示自由脱扣器机构）　3—过电流脱扣器　4—分励脱扣器　5—热脱扣器　6—欠电压脱扣器　7—远端起动按钮

脱扣器是实施保护功能的主要元件，由不同功能的脱扣器可以组合不同性能的低压断路器。按照工作原理，脱扣器可分为电磁式脱扣器、热脱扣器和电子式脱扣器。常规脱扣器是利用热、磁效应工作的，电子式脱扣器除具备热磁脱扣器的所有功能外，还具有一些扩展功能，只是其实现手段是采用的电子器件。图 5-6 中的脱扣器 3、4、6 都是电磁式脱扣器，5 是热脱扣器。过电流脱扣器 3 的线圈在回路发生短路或严重过负荷时，通过衔铁吸合，使自由脱扣机构动作，从而带动主触头断开主电路，具有瞬时动作或定时（但延时较短）动作的特性。当系统过负荷，但过负荷量不多，过电流脱扣器 3 来不及反应时，热脱扣器 5 的发热元件发热使双金属片向上弯曲，推动自由脱扣机构动作，电流过负荷越多，动作时间越短，显然热脱扣器 5 也是一种过电流脱扣器，只是主要作用是反映系统较小的过电流量。欠电压脱扣器 6 在系统电压过低时释放平时吸附的衔铁，在弹簧作用下，衔铁推动自由脱扣机构动作。欠电压脱扣器可以设计为瞬时或延时的不同类型。分励脱扣器 4 的线圈可以用于远距离控制，在远端按下按钮，使线圈通电就可以使自由脱扣器动作，主触头断开。

低压断路器还可以配置一些辅助触头及对应脱扣器以扩展使用功能。如一系列的动合、动断触头的组合可以完成开关间的电气联锁等，具体可以参阅对应的产品资料。低压断路器动作电流的校验就是校验和选择脱扣器的种类及脱扣动作电流（也称为整定电流）。

2. 低压断路器的脱扣器与保护特性

图 5-6 中的两类过电流脱扣器，从保护动作时间看，过电流热脱扣器因为动作时间与通过电流有关，主要反映系统较小的过电流，称为长延时脱扣器；而电磁式过电流脱扣器根据脱扣时间不同，有瞬时和短延时脱扣器之分。脱扣器保护模式应根据保护对象的特点与要求进行组合与选择，可分为瞬时保护、两段保护和三段保护，如图 5-7 所示。瞬时、短延时（又称为定时限过电流保护）、长延时（又称为反时限过电流保护）三种过电流保护模式都采用的，称为三段保护式，是选择性断路器。建筑供配电系统中的末端断路器往往采用非选择性断路器，一般只作为短路保护，为瞬时动作；或者采用瞬时、长延时过负荷保护的两段保护式。

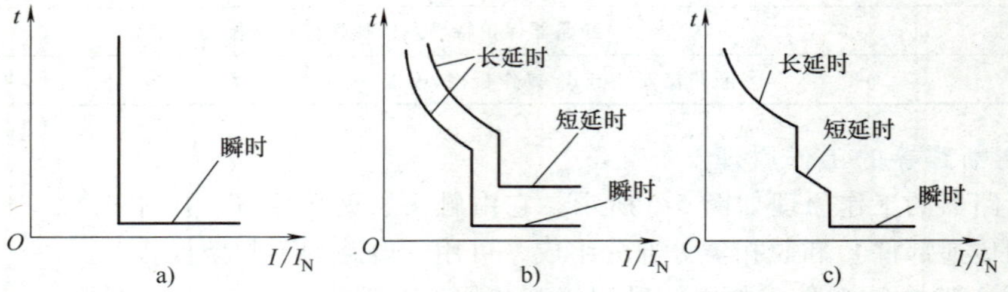

图 5-7 低压断路器保护特性曲线

a）瞬时保护式 b）两段保护式 c）三段保护式

瞬时或定时限过电流脱扣器在达到电流整定值时应瞬时（固有动作时间）或在规定时间内动作。对于反时限过电流脱扣器，可以通过制造厂提供的脱扣器时间-电流特性曲线，查看冷态开始的断开时间与脱扣器动作范围内的电流变化关系。瞬时脱扣范围和时间-电流动作特性，低压断路器的脱扣器与保护特性详见【电手册】第 11.3 节相关内容。

3. 低压断路器的分类

低压断路器的分类方式见表 5-4，按不同的分类原则有不同的类型。

表 5-4 低压断路器的分类方式

分类原则	类型
按使用类型	A 类(非选择型)、B 类(选择型)
按结构形式	框架式(万能式 ACB)、塑壳式(MCCB)、微型断路器(MCB)
按操作机构	手动式、电动式、储能式
按安装方式	固定式、插入式、抽屉式
按极数和电流回路	单极两线、两极两线、两极三线、三极四线，四极
按用途	配电线路用断路器、电动机保护用断路器、照明用微型断路器、剩余电流断路器

目前，塑壳式（Moulded case circuit breaker，MCCB）和框架式低压断路器（Air circuit breaker，ACB）都是智能型断路器，将微处理器和计算机技术用于低压断路器，使断路器具有过电流保护、负荷监控、显示和测量、报警及指示、故障记忆、自诊断、谐波分析和通信等功能。框架式断路器，因其保护方案和操作方式比较多，故有“万能式”之称。如 CM2Z 系列智能型塑壳式低压断路器，CW1、CW2、CW3 系列智能型万能式低压断路器，具有在

线参数检测、动作值整定、故障记忆及通信等功能。具体功能可以参见厂家选型手册。

微型断路器（Micro circuit breaker，MCB），也称为迷你断路器或小型断路器。它是建筑电气终端配电装置中使用最广泛的一种终端保护电器，有单极（1P）、两极（2P）、三极（3P）、四极（4P）四种，用于 220V/380V 单相/三相的短路、过负荷、过电压等保护。常用的有 C45、C65 等系列。

随着技术发展，新型低压断路器日新月异，如高性能低压断路器和智能型低压断路器。低压断路器型号和含义基本由厂家自己命名，如 CM、CW 系列断路器，C 代表常熟开关制造有限公司，M 代表塑壳式低压断路器，W 代表万能式低压断路器。断路器的生产与选择应符合【断路器 20】的要求。各厂家壳架等级额定电流/脱扣器额定电流（A）成系列化，具体产品及命名规则在设计时可通过网络查阅。

相较而言，框架式低压断路器的选择配合性比塑壳式低压断路器更容易实现，框架式低压断路器也比塑壳式低压断路器价格高。因此，一般在建筑供配电系统中，微型断路器多被用于负荷端，因为它的分断能力相对较低，主要功能是为电气终端配电装置提供保护；塑壳式低压断路器宜作为建筑的层配电箱或低压开关柜出线回路的开关保护设备，因为它只具备分断能力和反时限脱扣能力，一般不具备选择性，多作为线路分配及保护用等；框架式低压断路器常用于建筑变电所低压开关柜的主开关或进线控制（保护）开关，因为它本身具有延时功能，能延时分断和脱扣，而且具有很好的通信功能和选择性。

MCB 的功能与 MCCB 类似，但最大电流等级在 125A 以内，一般适用于 100A 以下场合防过负荷，接线一般为 $10mm^2$ 以下，而 MCCB 通常用于 100A 以上的短路和过负荷保护，接入的导线也比较粗，可以达到 $35mm^2$ 以上。MCB 通常使用磁簧和热继电器等电子元件来实现保护，而 MCCB 使用热磁保护器等机械装置来实现保护。从操作上看，MCB 过电流和短路共用一套装置，电流不可调，在调节灵活性上存在不足，使用寿命也低于 MCCB。但是微型断路器体积小，主要通过导轨安装，安装简单，动作灵敏度高，分断动作快，更有利于对线路和电器的保护，所以被广泛应用于终端配电。

4. 按用途分类选择低压断路器

低压断路器按其保护对象和用途分为配电线路用断路器、电动机保护用断路器、照明用微型断路器、剩余电流断路器四种类型。断路器选择时可先按保护对象确定相应的类型，再确定断路器的结构形式，再进行额定电流、短路分断能力、选择性、灵敏度等电气技术条件校验。低压断路器的极数、操作方式、安装方式可根据线路控制和保护要求、使用条件、安装场所选择。

按用途分类的低压断路器的应用特点详见【电手册】第 11.3 节，其中，电动机保护用断路器的保护特性要根据对象和保护要求确定瞬时脱扣器动作电流，要求瞬时脱扣器动作电流大于电动机的冲击电流，表中的 I_N 为电动机额定电流，一般不允许一个断路器控制多台电动机。

低压断路器还可在断路器上附加一个组合式剩余电流动作保护模块，做成剩余电流断路器，在漏电时利用断路器脱扣功能切断主回路，用于防止发生人身电击事故和单相接地故障保护。

5. 低压断路器额定电流校验

低压断路器额定电压应大于或等于线路的额定电压。低压断路器的校验主要是额定电流的校验，需要校验低压断路器的额定电流和脱扣器的额定动作电流。低压断路器额定电流是指壳架等级额定电流，或者是指正常工作状态下壳架能承受的最大电流；脱扣器的额定动作电流则是指对应的脱扣器的动作电流，或者是指开关的动作整定值。

低压断路器额定电流的校验包括额定电流的校验，瞬时、短延时、长延时脱扣器动作电流的校验。

（1）低压断路器额定电流的校验　低压断路器额定电流的校验是考虑正常运行条件下的校验，其校验的一般原则为

$$\text{额定电流}\ I_N > \text{长延时脱扣器整定电流}\ I_1 \geqslant \text{计算负荷}\ I_c \tag{5-13}$$

（2）低压断路器瞬时、短延时脱扣器动作电流的校验　瞬时、短延时脱扣器额定电流的校验是考虑短路条件下的校验。按低压断路器的保护特性要求，断路器瞬时脱扣器动作电流 I_3、短延时脱扣器动作电流 I_2、长延时脱扣器动作电流 I_1 之间的关系为

$$I_3 > I_2 > I_1 \tag{5-14}$$

瞬时、短延时脱扣器动作电流应大于线路计算负荷 I_c，并躲过线路正常尖峰电流 I_{jf}。

（3）长延时脱扣器动作电流的校验　长延时脱扣器动作电流的校验是考虑线路的长时间过负荷条件下的校验，当线路电流超过允许的过负荷范围时，断路器延时动作，切断故障电流，因此，长延时脱扣器动作电流应小于导线允许载流量，并大于线路计算负荷，以防导线损坏而过负荷保护的长延时脱扣器还未动作造成事故。在工程应用中，考虑断路器整定电流的误差和计算负荷 I_c 的误差，引入一个大于 1 的可靠系数 K_{rel}，以 $K_{rel}I_c$ 作为长延时脱扣器动作电流。

$$I_Z \geqslant I_1 \geqslant K_{rel}I_c \tag{5-15}$$

式中　K_{rel}——可靠系数，取 1~1.1。对配电线路保护、电热负荷和电动机类负荷末端回路保护用的低压断路器，可靠系数一般为 1；照明线路的可靠系数取决于电光源起动特性和低压断路器特性，其值见表 5-5。

表 5-5　照明线路保护用低压断路器的反时限和瞬时过电流脱扣器可靠系数

断路器脱扣器种类	可靠系数	白炽灯、卤钨灯	荧光灯	高压汞灯	高压钠灯、金属卤钨灯	LED 灯
反时限过电流脱扣器	K_{rel1}	1	1	1.1	1	1
瞬时过电流脱扣器	K_{rel3}	10~12	3~5	3~5	3~5	10~12

长延时过电流脱扣器用于过负荷保护，动作时间为反时限特性，具体动作时间可查阅【断路器 20】中的产品电流表格，一般 1~2h 必动作。

（4）照明线路保护用瞬时过电流脱扣器整定

$$I_3 \geqslant K_{rel3}I_c \tag{5-16}$$

式中　I_3——瞬时脱扣器动作电流；

I_c——照明线路的计算电流；

K_{rel3}——瞬时过电流脱扣器的可靠系数，见表 5-5。

（5）配电线路保护用定时限过电流脱扣器和瞬时脱扣器的整定　定时限（短延时）过电流脱扣器主要用于保证保护装置动作的选择性，应躲过短时间出现的负荷尖峰电流，即

$$I_2 \geqslant K_{rel}[I_{stM1} + I_{c(n-1)}] \tag{5-17}$$

式中　I_2——定时限（短延时）过电流脱扣器的动作电流；

K_{rel}——可靠系数，可取 1.2；

I_{stM1}——线路上起动电流最大的一台电动机的起动电流；

$I_{c(n-1)}$——除了起动电流最大的一台电动机以外的线路计算电流。

定时限过电流脱扣器的整定时间一般有 0.1s、0.2s、0.3s、0.4s、0.6s、0.8s 等几种，根据需要确定。其整定动作时间要比下级任意一组熔断器可能出现的最大熔断时间或脱扣器动作保护时间长一个时间级差。上下级时间极差不小于 0.1~0.2s。

对瞬时过电流脱扣器，应躲过配电线路的尖峰电流，即

$$I_3 \geqslant 1.2[I'_{\mathrm{stM1}}+I_{\mathrm{c}(n-1)}] \tag{5-18}$$

式中　I_3——瞬时脱扣器动作电流；

I'_{stM1}——线路中起动电流最大的一台电动机的全起动电流（它包括周期分量和非周期分量，可取其起动电流的 2 倍）；

$I_{\mathrm{c}(n-1)}$——除起动电流最大的一台电动机以外的线路计算电流。

单台电动机保护用的低压断路器额定电流及脱扣器整定值、瞬时过电流整定值应不小于 2~2.5 倍的电动机起动电流。更多电动机保护的低压断路器额定电流及脱扣器整定值可查阅【12SDX 算例】。

为满足被保护线路各级间的选择性要求，选择型低压断路器瞬时过电流脱扣器的电流整定值 I_{zd3}，还应大于下一级保护电器所保护线路的最大短路电流。非选择型低压断路器瞬时过电流脱扣器的电流整定值，在大于回路正常工作时的尖峰电流的条件下，应尽可能整定得小一些。

总体来看，过电流脱扣器的动作电流是按照其额定电流的倍数来整定的。各种型号低压断路器的脱扣器动作电流整定倍数不一样。不同类型的过电流脱扣器如瞬时、短延时、长延时脱扣器，其动作电流倍数也不一样。有些型号的低压断路器动作电流倍数分档设定，而有些型号的低压断路器动作电流倍数可连续调节，各类断路器的具体参数可以查【19D 数据】、【电手册】第 11.3 节或详见产品技术参数。

（6）前后级低压断路器的选择性配合　低压供电系统中，前后两级低压断路器之间应满足前后级保护选择性配合的要求。可按其保护特性曲线进行符合选择性与否的检验。按产品样本给出的保护特性曲线，考虑有一定的允许偏差范围。

通常情况下，前后两级低压断路器之间能满足选择性动作的要求，则前一级低压断路器宜采用带短延时过电流脱扣器，后一级低压断路器则采用瞬时过电流脱扣器；而且动作电流也是前一级大于后一级，至少前一级的动作电流不小于后一级动作电流的 1.2 倍。按短路电流校验低压断路器动作的灵敏性时，被保护线路预期短路电流不应小于低压断路器瞬时或短延时过电流脱扣器整定电流的 1.3 倍。

（7）消防动力设备　如消防水泵、防排烟风机、消防电梯等的配电线路，因为设备安装在水泵房、地下室、防排烟风机房等潮湿场所，又经常不运行，如果发生电动机轴封锈蚀，起动时间过长，起动电流过大，低压断路器的过负荷保护可能跳闸，火灾时不能灭火，会造成更大损失。故对突然断电会比过负荷造成损失更大的线路，不应设置过负荷保护，这些回路有过负荷应采用电动机控制回路的热继电器的报警信号。这类配电线路中的低压断路器仅设置电磁式脱扣器。

6. 低压断路器分断能力校验

低压断路器的额定短路分断电流 $I_{\mathrm{N,off}}$ 应不小于其安装处的最大短路电流。

另外，低压断路器产品参数中的分断电流数值是指产品规定的功率因数下的数值，在低压断路器分断电流校验时，应满足线路的功率因数不小于产品规定的功率因数的条件。

5.3.4　电能表

电能表是专门用来测量交流电能的，以功率和时间的乘积累计起来反映电能的数量。计

量电能的常用单位是千瓦·时（kW·h），俗称“度”，1度（电）=1kW·h。

电能表分为单相电能表和三相电能表两种。三相电能表又根据用途的不同分为三相有功电能表和三相无功电能表。三相有功电能表根据线数不同，又分为三相三线有功电能表和三相四线有功电能表。

单相电能表用来测量单相电路中的电能。对称的三相四线制电路，可以用一块单相电能表测量任意一相负荷所消耗的电能，然后乘以3。如果三相负荷不对称，则要用三块单相电能表分别测各相负荷所消耗的电能，然后相加。

三相四线电能表按结构元件数量不同，分为两个元件（称为三相二元件）或三个元件（称为三相三元件）元件两种电能表。用三相三元件电能表测量三相四线制电路的电能，不管三相电压是否对称、三相负荷是否平衡，测量结果和用三块单相电能表分别测量三相负荷是相同的。用三相二元件电能表测量三相四线制电路的电能，与三相三元件电能表相比较，省去了一个元件，但使用范围仍与三相三元件电能表相同，所不同的只是其接线。只要三相电压对称，无论三相负荷是否平衡，用三相二元件电能表测量电能，所得结果都是正确的。

直入式电能表最大有120A，具体以产品资料为准，超过最大额定电流时只能用电流互感器接入。一般80A以上电能表经过电流互感器接入。

5.3.5 交流接触器

交流接触器是一种适用于远距离控制、频繁接通和分断负荷的开关电器，主要用于电动机等设备的起停控制。交流接触器有接通、分断负荷的主回路和主开关触头，主回路具有灭弧功能，可以频繁接通和分断负荷；有用于控制主开关触头动作的辅助回路（线圈）和辅助控制触头，控制回路的控制信号可接入接触器的辅助控制触头，实现远距离控制。主开关触头受辅助线圈的控制，按电磁感应原理动作；辅助线圈可以选择低电压工作，在特殊应用时，可选择辅助线圈工作电压为安全电压的交流接触器，以保证安全。

交流接触器的主回路参数主要有主触头额定电压、主触头额定电流、主触头短时耐受电流、主触头允许操作频率、额定运行工作制等；交流接触器具有间断长期工作制、长期工作制、短时工作制、反复短时工作制四种工作制。控制回路参数主要有控制线圈额定工作电压、控制线圈驱动电流或驱动功率、辅助触头的数目与性质等。交流接触器一般各有一对动断和动合触头，必要时，可选用有较多辅助触头的交流接触器以满足控制要求。

交流接触器只具有额定运行状态下的主回路通断控制功能，不具备短路故障和过负荷保护功能，需要由其他电器提供相应保护；由于交流接触器主触头靠电磁感应原理动作，在失压时，主回路触头会自动断开，即交流接触器有失压保护的功能。接触器、起动器使用类别及代号详见【19D数据】表5.5。

5.3.6 低压配电屏（柜）

低压配电屏（柜）分为固定式和抽屉式。

固定式低压配电屏是最简单的配电装置。其正面板上部为测量仪表，中部为操作手柄（面板后有刀开关），下部为向外双开启的门，内有互感器、继电器等。母线应布置在屏的最上部，依次为刀开关、熔断器、低压断路器。互感器和电能表等都装于屏后，这样便于屏前后双面维护，检修方便，价格低廉，多为变电所和配电所用作低压配电装置。常用的固定式低压配电屏主要有PGL型和GGD型。

抽屉式低压配电屏将主要设备均装在抽屉内，其封闭性好，可靠性高。故障或检修时将抽屉抽出，随即换上同类型抽屉，以便迅速供电，既提高了供电可靠性，又便于设备检修。但是，它与固定式相比设备费用高，结构复杂，钢材用量多。目前，常用的抽屉式低压配电屏有 BFC 型、GCS 型、GCK 型、MNS、CCL 型、UKK（DOMINO-I）型等。低压配电屏型号含义如图 5-8 所示。

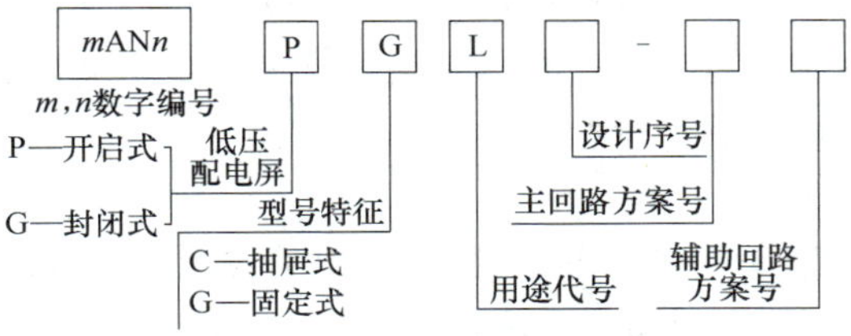

图 5-8 低压配电屏型号含义

5.4 供配电系统的剩余电流动作保护

供配电系统中，在发生单相接地故障时，如果得不到有效保护，设备的金属外壳可能会超出安全电压范围，从而引起触电事故。为防止此类安全隐患，在电路发生接地故障且故障电流小于电路的过电流保护装置的动作电流时，要安装剩余电流动作保护装置（在我国较早的规范和书籍中，称为漏电保护装置）。

5.4.1 剩余电流动作保护装置的工作原理

剩余电流动作保护器简称剩余电流保护器（RCD），其基本工作原理是检测配电线路的零序电流分量。线路正常工作时，穿过零序电流互感器磁环的电流相量和为零，零序电流互感器中无感应电流，剩余电流动作保护装置不动作；发生接地触电或电气设备绝缘损坏造成接地故障时，相线通过人体或设备金属外壳与“地”构成回路，产生电流，在零序电流互感器中产生感应电流，如果该感应电流大于剩余电流动作保护装置设定的动作电流，则剩余电流保护器就会发生动作跳闸的指令，使其所控制的主电路开关动作跳闸，切断电源，从而完成漏电或触电保护的任务。剩余电流断路器是剩余电流动作保护装置的常见形式。

5.4.2 剩余电流动作保护装置的应用

1. 应用场所

剩余电流动作保护装置是防止间接接触电击事故的有效措施。按国家有关规范要求，对下列末端用户必须安装剩余电流动作保护装置：使用移动式电气设备或手持式电动工具；生产用的电气设备；施工现场的电气机械设备：安装在户外的电气装置；临时用电的电气设备；机关、学校、宾馆、饭店、企事业单位和住宅的电源插座（壁挂式空调电源插座除外）；安装在水中的供电线路和设备；医院中可能直接接触人体的医用电气设备；其他需要安装剩余电流动作保护装置的场所。

剩余电流动作保护装置也可以用于直接接触电击事故的防护。在用于直接接触电击事故防护时，剩余电流动作保护只作为直接接触电击事故基本防护措施的补充措施，其额定剩余动作电流一般不超过 30mA。

剩余电流动作保护装置也可以用于电气火灾的防护。电气设备或线路因绝缘损坏导致接地故障时，由于产生接地电流，使引发电气火灾的可能性增加。在采用剩余电流动作保护装置防护因接地故障引起的电气火灾时，应按接地故障电流选择剩余电流动作保护装置的动作电流。在接地故障电流超过保护装置的预定值时，能发出报警信号或自动切断故障线路的电源。

一般要求在发生电击事故或接地故障时，剩余电流动作保护装置能够快速动作，切断故障电源。但实际应用中，有些特定场所或环境会因为接地故障切断电源造成重大经济损失及不良社会影响。对这类场所，可安装报警式剩余电流动作保护装置，即剩余电流动作保护装置只报警，不会自动动作切断故障电源。

2. 特征参数

额定剩余动作电流（$I_{\Delta n}$）：在该电流值时 RCD 在规定的条件下动作。$I_{\Delta n}$ 的标准值为 6mA、10mA、30mA、100mA、300mA、500mA。

额定剩余不动作电流（$I_{\Delta no}$）：在规定条件下 RCD 不动作的电流值。$I_{\Delta no}$ 的标准值是 $0.5I_{\Delta n}$。

额定接通与分断能力：参见断路器的相关要求。

3. 剩余电流动作保护装置的分级保护

为缩小因切断电源而引起的停电范围，根据用电负荷和线路具体情况，剩余电流动作保护装置应采用分级保护方式，一般可分为一级、二级和三级保护，通过调整各级剩余电流动作保护装置的动作时间和动作电流参数，实现具有动作选择性的分级保护。

分级保护以末端用户的保护为基础，末端剩余电流动作保护装置一般采用无延时动作，上级保护装置则延时动作，上下两级剩余电流动作保护装置的动作时间不应小于 0.2s。分级保护基本形式如图 5-9 所示。

对于末端剩余电流动作保护装置，正常工作条件下的对地泄漏电流小，通常取剩余电流动作保护装置的动作电流为 30mA，无延时动作。

对于特殊的应用场所或环境恶劣的应用场所，为保证人身电击事故安全，末端剩余电流动作保护装置的动作电流还要减小。例如，用于可直接接触人体的电气医疗设备的剩余电流动作保护装置，用于游泳池、喷水池等安装在水中的供电线路和设备的剩余电流动作保护装置，要求其动作电流为 10mA，无延时动作。

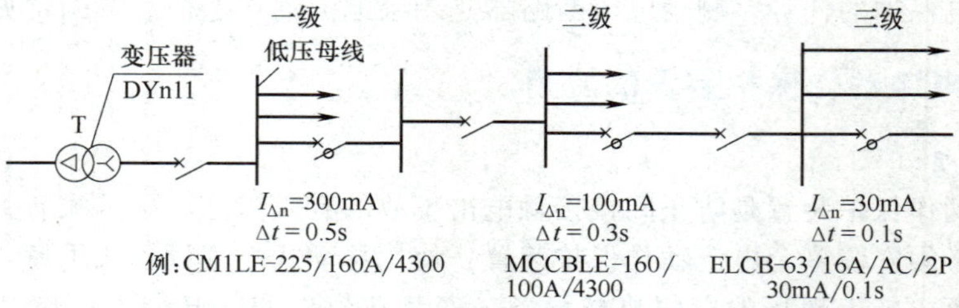

图 5-9 剩余电流动作保护装置分级保护示意图

用于潮湿场所的电气设备的剩余电流动作保护装置，要求其动作电流为 10~16mA，无延时动作。

对于单台电气机械设备，剩余电流动作保护装置的动作电流可根据设备的功率大小，在 30~100mA 范围内选择，快速动作。

对于配电干线或多台电气设备的电源端，为防止接地故障电流引起电气火灾而安装的剩余电流动作保护装置，其动作电流应按被保护线路、设备的具体情况和对地泄漏电流确定，一般为 300~500mA。

5.5　互感器及其选择

5.5.1　互感器的作用

对于大电流、高电压的系统，不能直接将电流表、电压表接入系统，通常利用一种特殊的小型变压器——互感器，将大电流、高电压成比例地变换为小电流、低电压进行测量和控制。互感器的主要作用如下：

1）互感器可使测量或保护用仪器仪表与系统一次回路隔离，避免短路电流流经仪器仪表，从而保证设备和人身安全。

2）由于互感器一、二次侧只有磁的联系，而无电的直接联系，因而降低了二次仪表对绝缘水平的要求。

3）互感器可将一次回路的高电压统一变换为 100V 或 $100/\sqrt{3}$ V 的低电压，将一次回路中的大电流统一变换为 5A 的小电流。这样，接于互感器二次侧的测量或保护用仪器仪表的制造就可做到标准化，均为额定电压 100V 或额定电流 5A。

互感器分为电流互感器和电压互感器，分别用于电流和电压变换。

5.5.2　电流互感器

1. 电流互感器的工作特性

电流互感器（CT），是变换电流的设备。电流互感器的一次侧串联在被测量或保护的线路中，二次侧接仪表和继电器线圈。电流互感器的特点如下：

1）串联在一次主电路中的一次绕组匝数很少（有的只有一匝），而二次绕组匝数很多。二次绕组的额定电流一般为 5A，少数也有 1A。根据变压器变流原理，通过不同电流比 K_i 的电流互感器可测量任意大的电流。即

$$I_1 \approx \frac{N_2}{N_1} I_2 \approx K_i I_2 \tag{5-19}$$

式中　I_1——被测量的一次电流值；

I_2——互感器二次电流值；

N_1、N_2——电流互感器一、二次绕组匝数；

K_i——电流互感器的电流比，表示为额定一次电流和二次电流之比，如 100/5。

2）二次侧所接的仪表和继电器等的线圈阻抗非常小，所以正常情况下电流互感器的二次侧是在接近短路状态下运行的。

3）当电流互感器二次绕组不允许开路时，二次回路中不能接入开关或熔断器。

4）为防止一、二次绕组间绝缘击穿时，一次侧高压会窜入二次侧，危及二次侧设备和人身安全，电流互感器二次绕组的一端和外壳均应接地。通常选公共端接地。

2. 电流互感器的接线方式

如图 5-10 所示，在三相供配电系统中，可根据需要使用 1~3 个单相电流互感器进行测量和继电保护。可以用 3 台电流互感器分别测三相电流，如图 5-10a 所示；对于一次侧中性点不接地三相对称系统，L1 相和 L3 相电流和与 L2 相的电流大小相等、方向相反，可以用两台单相电流互感器测三相电流，如图 5-10b 所示；三相对称负荷系统可以只用一台单相电流互感器测量任意一相，如图 5-10c 所示；图中 · 表示电流互感器某一时刻一次侧与二次侧

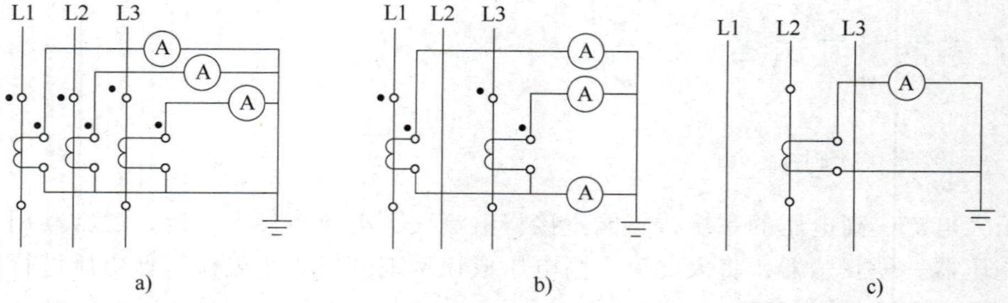

图 5-10 电流互感器的接线

a）三相星形接线 b）两相不完全星形接线 c）单相接线

的同极性端。

为保证设备及人员安全，防止一次侧过电流等引起一、二次绕组绝缘破坏致使二次侧带高电压，电流互感器的二次侧必须有一点可靠接地，但严禁多点接地。

3. 电流互感器的误差与准确级

由于铁心和线圈存在损耗，电流 K_iI_2 与一次电流 I_1 在数值大小和相位上都有差异。根据测量时产生误差的大小，常用电流互感器准确级包括 0.1、0.2、0.5、1、3、5 这六个级别（数值越小越精确），保护用的电流互感器或线圈的准确级一般为 5P 和 10P 两种，“P”表示保护用。在规定条件下，0.1 级电流误差为 0.1%，保护用电流互感器 5P、10P 级的电流误差分别为 1%、3%，其复合误差分别为 5%、10%。

4. 电流互感器的选择

1）类型：按一次电压分为高压和低压两大类；按一次绕组的匝数分为单匝式和多匝式；按用途分为测量用和保护用两大类；按绝缘方式可分为干式、浇注式、油浸式等。应根据安装地点和安装方式选择型号类型。

2）额定电压：电流互感器的额定电压是指一次绕组所接线路的线电压，应与一次回路所在系统的标称电压相对应。

3）工作电流：对一次侧和二次侧分别考虑。一次侧额定电流一般按长期通过互感器的最大工作电流 I_c 来选择。考虑到二次仪表的指针指在仪表盘 1/2～2/3 时较易准确读数，因此，一般一次侧额定电流可以取计算电流的 1.25～1.5 倍。二次侧额定电流为 5A 或 1A。一般弱电系统用 1A，强电用 5A。二次侧额定电流必须与电能表的额定电流值相吻合。

4）准确级的选择：根据二次回路所接仪表和保护电器对准确级的要求而定。通常测量电流和功率的电流互感器，其准确级一般用 1 级；电费计量用的互感器应具有 0.5 级的准确级，电能很大时，要求采用 0.2 级或 0.1 级；用于继电保护，可选 3.0 级；5 级只用来监视，即大致观察电流的大小。

二次侧负荷与二次侧所接仪表有关，仪表越多，二次侧阻抗越大，准确度越低。某一准确级对应了一个额定的二次容量（即允许阻抗值 Z_2）。所以二次绕组回路所带负荷不应超过额定负荷值，否则会影响准确度。电流互感器型号含义如图 5-11 所示，如 LMZJ1-0.5、LMK2-0.66/80。

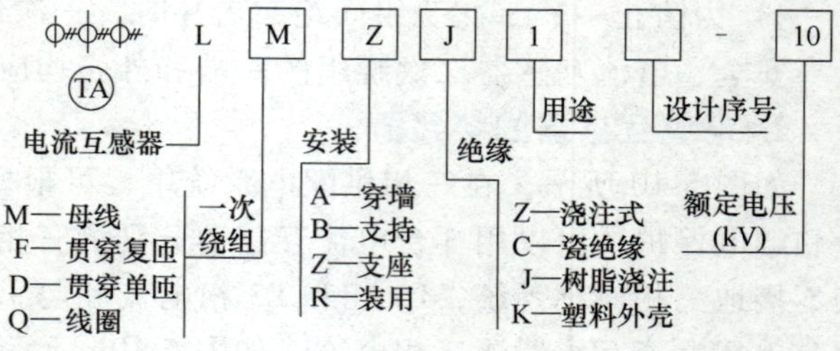

图 5-11 电流互感器型号含义

5.5.3 电压互感器

1. 电压互感器的工作特性

电压互感器（PT）是变换电压的设备。电压互感器的特点如下：

1）一次绕组并联于电路上，匝数较多，而二次绕组匝数很少。

2）二次绕组的额定电压一般为 100V，可以用一只量程为 100V 的电压表通过电压互感器测量出一次侧任意高的电压。电压互感器一、二次电压的关系为

$$U_1 \approx \left(\frac{N_1}{N_2}\right) U_2 = \left(\frac{U_{1N}}{U_{2N}}\right) U_2 = K_u U_2 \tag{5-20}$$

式中　N_1、N_2——电压互感器一、二次绕组匝数；

K_u——电压互感器的额定一、二次电压比。

3）为避免损坏电压互感器，电压互感器一、二次侧都必须装设熔断器作为短路保护。

4）为防止一、二次绕组间绝缘击穿时，一次侧高压会窜入二次侧，危及二次侧设备和人身安全，电压互感器二次绕组的一端和外壳均应接地。通常选公共端接地。

2. 电压互感器的接线方式

图 5-12 展示了电压互感器常见的四种接线方式。其中：

图 5-12a 为用一个单相电压互感器来测量线路的线电压的单相接线，适用于对称的三相电路，二次侧可接仪表和继电器。

图 5-12b 为将两个单相的电压互感器接成 V/V 形的两相不完全星形联结，可测量 3 个线电压，但不能测相电压。这种接法广泛应用在 20kV 以下中性点不接地或经消弧线圈接地的电网中。

图 5-12c 为用 3 个单相电压互感器接成 Yn/yn 的三相星形联结，可测量所有线电压和相电压。

图 5-12d 为用 3 个单相三绕组电压互感器或一个三相五心柱三绕组电压互感器接成 Yn/yn/⊿（开口三角形）。接成 yn 的二次绕组，可测量线电压或对地相电压，接成 ⊿（开口三角形）的辅助二次绕组可测出三相系统的零序电压。用于中性点不接地系统时，一次电压正常工作时，三个相电压对称，开口三角形两端的电压接近零。当某一相发生接地故障时，开口三角形两端将出现很高的零序电压，可使电压继电器动作而发出信号，故可以用来监视电网中的单相接地故障。

3. 电压互感器的主要参数

（1）准确级　电压互感器准确级分为测量用准确级（0.1、0.2、0.5、1、3 等）及保护用准确级（3P、6P）。准确级越大，误差越大，精度越低。用于小电流接地系统电压互感器的剩余电压绕组准确级规定为 6 级。各准确级的误差限制可以查阅相关设计手册或产品参数值。

（2）电压比与二次额定负荷　电压互感器的一次侧额定电压有线电压和相电压之分，二次绕组都规定了额定负荷。二次绕组负荷容量在不大于额定容量时，电压互感器能保证幅值与相位的精度。

4. 电压互感器的选择

（1）类型　按相数，电压互感器分为单相和三相；按绝缘及冷却方式可分为干式、浇注式、充气式、油浸式等；按绕组数可分为三绕组、双绕组。根据安装地点、接线方式及测量与保护的不同要求选择电压互感器。

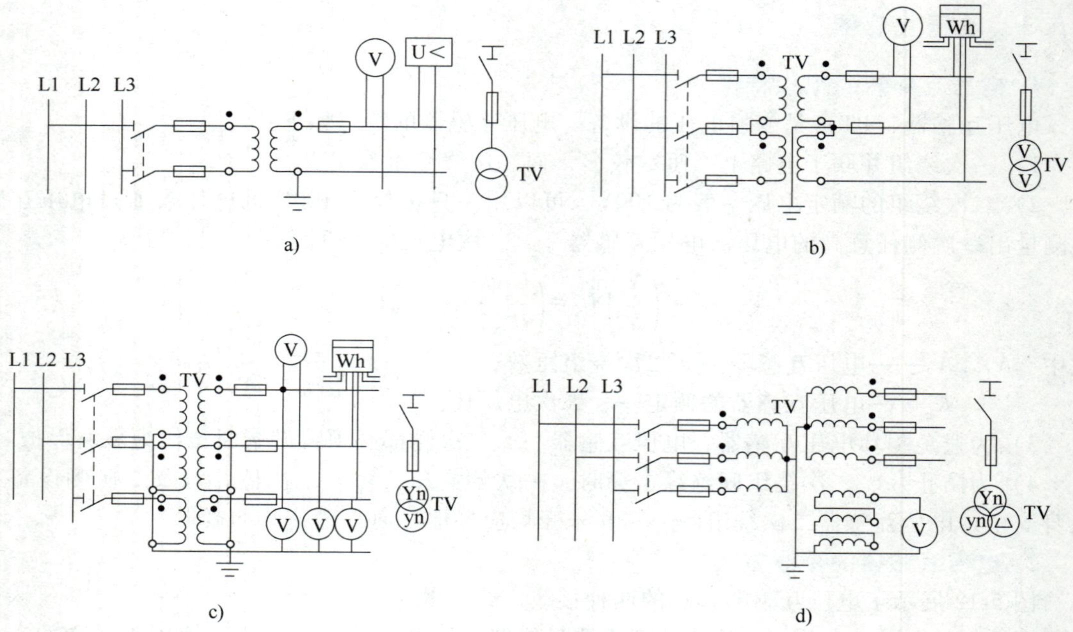

图 5-12 电压互感器接线方式

a）单相接线 b）两相不完全星形联结（V/V 形） c）三相星形联结（Yn/yn 形） d）Yn/yn △联结

（2）工作电压 对一、二次侧分别考虑工作电作。电压互感器一次侧额定电压应与一次回路的系统标称电压相对应。二次侧额定电压应满足仪表、继电器线圈等额定电压为 100V 的要求。

1）单相接线时，$U_{2r}=100\text{V}$。

2）两相不完全星形联结时，$U_{2r}=100\text{V}$。

3）三相星形联结绕组相电压额定值为 $U_{2r}=100/\sqrt{3}\text{V}$，以满足接于二次侧线电压的仪表在 100V 额定电压下工作。

4）Yn/yn/△（开口三角形）联结时，二次侧接 yn（星）形的绕组相电压额定值为 $U_{2r}=100/\sqrt{3}\text{V}$ 。

（3）准确级的选择 电压互感器的准确级应根据二次回路所接测量仪表和保护电器对准确级的要求而定。如二次侧接入计费电能表准确级为 0.5 级时，则电压互感器的准确级应选 0.5 级。用于计量时，选 0.5 级及以上准确级；用于精确测量时，应选 0.2 级及以上准确级；3、3P、6P 准确级一般用于继电保护。

（4）额定容量的选择 额定容量的选择应符合准确级的要求，并满足二次侧所有仪表、继电器的电压线圈所消耗的总视在功率应不大于电压互感器对应所选准确级的额定容量要求。

电压互感器型号含义如图 5-13 所示，如 JDZ-10、JDZJ。

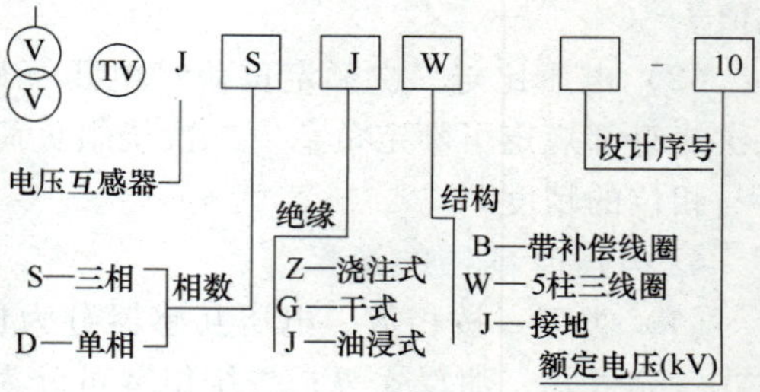

图 5-13 电压互感器型号含义

习　题

1. 电器设备选择的原则是什么？
2. 简述高压开关设备的种类。
3. 简述低压开关设备的种类。
4. 断路器的保护功能是什么？
5. 断路器脱扣器的种类有哪些？
6. 高压开关设备的选择原则是什么？
7. 哪些设备的配电线路宜设置剩余电流断路器？
8. 剩余电流断路器的动作电流值、动作时间应如何选择？
9. 解释下列高低压设备元器件型号及含义：

（1）HUM18LE-63/2-D16。

（2）KYN28-12kV、HXGN-12（环网柜）。

（3）电流互感器 LMZJ1-10 250/5 0.2 级；电压互感器 JSJW-10，10/0.1 0.2 级。

6

第 6 章

导体选择与电气设备装置配电

本章概要

导体（导线）和电缆的选择是供配电设计中的重要内容之一，本章主要介绍电线、电缆及母线型号、截面面积的选择与计算方法，同时简要说明了线路配电的一般要求，介绍了部分常用电气设备和装置配电及保护，分析其配电系统图的设计要点及注意事项。

6.1 常用线缆的类型及选择

线缆（导体）通常分母线、导线和电缆。按绝缘性能分类，母线一般可分为裸母线和绝缘母线，导线可分为架空裸导线和绝缘导线。电缆可分为高压绝缘电缆和低压绝缘电缆。线缆的选择直接影响到有色金属的消耗量与线路投资，以及电网的安全、经济运行，应根据使用环境条件、电气条件和敷设方式等因素来确定，在满足用电设备对供电安全可靠和电能质量的要求下，尽量节省投资，降低年运行费，布局合理，维修方便。线缆的选择主要包括两方面内容：线缆类型的选择；截面的选择。

6.1.1 导线和电缆的型号选择

1. 常用导线和电缆型号

线缆类型的选择包括线缆的额定电压、导体材料、绝缘材料和电缆内外护层等内容。导线及电缆型号的选择，首先要考虑用途、电压等级、现场环境及敷设条件等，具体见表 6-1。提倡选用铜导体和铝合金线缆，以减少损耗，节约电能。在易爆炸、腐蚀严重的场所，以及用于移动设备、检测仪表、配电盘的二次接线等，必须采用铜导体。

表 6-1 按环境和敷设方法选择导线和电缆

环境特征	线路敷设方法	常用导线、电缆型号	导线、电缆字母及型号含义
正常干燥环境	裸导线、绝缘导线瓷瓶明敷	LJ、TMY、LMY、BX、BV、BVV 等	常用字母含义：L—铝线（无材质代号为铜线）、HL—铝合金、J—绞线、B—布电线/绝缘线、V—聚氯乙烯、X—橡胶、YJ—交联聚乙烯、Y—预制型、FD—分支电缆、WD—低烟无卤、ZR—阻燃、NH—耐火
	绝缘导线穿管明敷或暗敷	BV、BX、BVV、BLVV	
	电缆明敷或敷设在金属桥架、电缆沟内、保护管中，不能受机械外力作用	VV22、YJV22、VHLV、YJV、VVYJV、YJHLV、YFD-YJV	
	线槽明敷	封闭式插接母线槽（无国家标准型号）	

（续）

环境特征	线路敷设方法	常用导线、电缆型号	导线、电缆字母及型号含义
有火灾危险的环境	金属线槽、金属管明敷或暗敷	BV-105、(ZR、NH) BV、WDZ-BYJ(F)	常用线缆型号举例：TMY—硬铜母线、LMY—硬铝母线、BV/BX—铜芯聚氯乙烯/橡胶绝缘线、BVV—铜芯塑料护套线、VV —铜芯塑料绝缘塑料护套电缆、YJV (YJHLV)—铜芯(铝合金)交联聚乙烯绝缘聚乙烯护套电缆、YFD—YJV—铜芯交联聚乙烯绝缘聚乙烯护套预分支电缆、VV22—铜芯聚乙烯绝缘及护套的铠装电缆、YJV22—铜芯交联聚乙烯绝缘塑料护套铠装电缆、WDZ×-YJY—交联聚乙烯绝缘聚烯烃护套无卤低烟阻燃电力电缆、BTTQ（轻载）/BTTZ（重载）—矿物绝缘电缆、BTTVZ—聚烯烃外护套矿物绝缘电缆
	敷设在室内防火桥架、隧道内、保护管中，不能受机械外力作用	WDZ-YJY、WDZN-YJY、BTTQ、BTTZ、BTTVZ、封闭式插接母线槽（无国家标准型号）	

导线的型号一般用拼音表示，电缆的型号由字母（绝缘种类、导体材料、内护层材料和结构特点）+数字（表示外护套构成）。如 YJV22 中的 22 表示外护套为双钢带铠装聚氯乙烯外护套。

K 表示控制、P 表示信号、ZR 表示阻燃、N 表示耐火，一般也标注在导线和电缆型号前面。

阻燃电缆按燃烧烟气特性可分为一般阻燃电缆（Z×）、低烟低卤阻燃电缆（DDZ×）和无卤低烟阻燃电缆（WDZ×），“×”为阻燃类别。一般阻燃电缆为有卤阻燃，虽然阻燃性能好，价格低廉，但燃烧时有浓烟雾、酸雾及毒气。无卤低烟阻燃电缆烟少、毒低、无酸雾，但阻燃性能较差，价格较贵，一般只能做到 0.6kV/1kV 电压等级。低烟低卤阻燃电缆燃烧时气体酸度较低，酸气较少，主要性能介于一般阻燃电缆和无卤低烟阻燃电缆之间。

根据《电缆及光缆燃烧性能分级》GB 31247—2014，阻燃级别可分为 A 级、B1 级、B2 级、B3 级。A 级为不燃型，也就是外护套为金属护套的电缆，如 MI 电缆；B1 级和 B2 级为应用量最大的阻燃电缆；B3 级为不阻燃型，如 VV、YJV 等。如 WDZA-YJV-8.7/10 3×240，表示无卤低烟、阻燃 A 级、XLPE 绝缘、PVC 护套（外层）、8.7kV/10kV 电压等级、3×240mm^2 电缆。

耐火电缆广泛应用于高层建筑、地下铁道、地下街、大型电站及重要的工矿企业等与防火安全和消防救生有关的地方。例如，消防设备及紧急向导灯等应急设施的供电线路和控制线路。耐火电缆按耐火特性分为 N（耐火）、NJ（耐火+冲击）、NS（耐火+喷水）三种。耐火电缆按绝缘材质可分为有机型和无机型两种，无机型耐火电缆又称为矿物绝缘电缆，国外称为 MI 电缆。具体分级还可参照【电手册】784~787 页或民用建筑电线电缆防火设计标准的相关规定。

选择耐火电缆时应注意，因着火时导体温度急剧升高导致电压降增大，应按着火条件核算电压降，以保证重要设备连续运行。目前市场上优质耐火电缆燃烧试验测得的导体温度大约为 500℃，导体电阻大约增至 3 倍，只要将按正常情况（即电压偏移允许值按−5%~5%）选择的电线、电缆截面适当放大（原来选择 50mm^2 及以下截面时，放大一级截面；70mm^2 及以上截面时，放大两级截面），通常就可以满足着火条件下的电压偏差不大于 10% 的条件。

电力电缆绝缘、护层类型及选择需要满足【电缆标 18】的有关规定。更多电缆型号表示方法也可以查阅【电手册】。

2. 低压配电导体的选择

低压配电导体的选择应符合下列规定：

1）电线、电缆及母线的材质可选用铜或铝合金。从能源利用和节能角度考虑，选用铝合金有积极的作用，但要特别注意电缆转换接头的问题，并非所有铝合金都可以用作电线电缆的导体。在我国，选用的铝合金导体应满足《电缆导体用铝合金线》GB/T 30552—2014和《额定电压0.6/1kV铝合金导体交联聚乙烯绝缘电缆》NB/T 42051—2015的要求。

2）消防负荷、导体截面面积在10mm^{2}及以下的线路应选用铜芯。

3）民用建筑下列场所应选用铜芯导体：火灾时需要维持正常工作的场所；移动式用电设备或有剧烈振动的场所；对铝有腐蚀的场所；易燃、易爆场所；有特殊规定的其他场所。

4）绝缘导体应符合工作电压的要求，室内敷设塑料绝缘电线不应低于0.45kV/0.75kV，电力电缆不应低于0.6kV/1kV。

3. 母线的类别与选择

母线是用于传输大电流的导体。母线的导电材料有铜铝、铝合金及复合导体，其形状有矩形、圆形、管形等。按绝缘性能分类，母线分为裸母线和绝缘母线两大类。裸母线可用于任何电压等级配电。

（1）裸母线的选择　裸母线没有绝缘层，常用的有铜母线、铝母线和钢母线。铜母线和铝母线因导电性能好，常用作变电所高低压母线。钢母线在交流电路中将产生涡流和磁滞损耗，电压损失大，常用在工作电流不大于200~300A的电路中，以及接地装置中的接地母线等场所。

（2）绝缘母线的选择　绝缘母线是一种有相间绝缘层、对地绝缘层的母线。母线在线槽或类似壳体中，由绝缘材料支撑或隔开。母线槽可分为低压母线槽380V、660V和高压母线槽3.6~35kV。母线槽的分类简述如下：

1）按绝缘方式选择分类。母线槽按绝缘方式分为三大类：空气式插接母线槽（BMC）、密集绝缘插接母线槽（CMC）和高强度封闭式母线槽（CFW）。

2）按功能分类。母线按功能分类有馈电式、插接式和滑线式。

3）按不同场所的使用用途分类。类似电缆，按导电材料分为铜母线槽和铝母线槽；根据耐火或阻燃要求不同，母线槽也分为普通母线槽、阻燃母线槽和耐火母线槽。

母线选择应用可以查阅【电手册】及【19D数据】相关章节。

6.1.2　配电线路的标注方式

在工程图中，对配电线路的标注方式为：a-b-c（d×e+f×g）-i-gh。其中，a——回路编号；b——电缆或导线型号；c——并列电缆或导线根数（一根可以省略）；d——相导体根数；e——相导体截面（mm^2）；f——N、PE导体根数；g——N、PE导体截面（mm^2）；i——线路敷设方式及保护管径（mm）；g——敷设部位；h——安装高度。前缀“-”在不会引起混淆时可省略。

如WP201 YJV-0.6/1kV-2（3×150+2×70）SC80-WS3.5，回路编号为WP201，两条交联聚乙烯绝缘电缆，耐压要求为0.6kV/1kV，3根相导体横截面面积为150mm^2，2根N、PE导体横截面面积为70mm^2，穿80mm钢管，沿墙高度为3.5m。SC表示穿低压流体输送用焊接钢管（钢导管）敷设，WS表示沿墙面敷设。线缆敷设方式、敷设部位的文字符号可以查阅《建筑电气制图标准》GB/T 50786—2012表4.2.1-1~表4.2.1-3或12DX011《〈建筑电气制图标准〉图示》、23DX001《建筑电气工程设计常用图形和文字符号》。

为了施工方便及满足散热要求，绝缘导线穿保护管，根据【低配规 11】规定，导管布线时，管内导线的总截面面积（包括外护层）不宜超过管内截面面积的 40%。电线穿保护管时，管内容线面积≤$6mm^2$ 时，按不大于内孔截面面积的 33%计算；10～$50mm^2$ 时，按不大于内孔截面面积的 27.5%计算；≥$70mm^2$ 时，按不大于内孔截面面积的 22%计算。类似地，电缆穿保护管、在电缆桥架内敷设或在托盘内敷设电缆等，都有相应的线缆总截面面积不超过保护管、槽盒或托盘内横断面积的比例上限值，具体可查阅国家规范的要求。工程设计时，常用电线电缆参考外径、最小管径、槽盒内允许容纳配电线路电线根数，可以直接查找【19D 数据】中数据表。

6.1.3 电气竖井内配电干线及分支方式的选择

在建筑电气施工中，（高层或超高层）楼层间配电箱的供电，一般是通过树干式或放射式配电到楼层配电箱的。如果是树干式，则需要确定具体的干线分支连接方式。通常有以下几种：预分支电缆、绝缘穿刺线夹、T 接端子、母线槽接线。

1. 预分支电缆

预分支电缆，就是厂家按照设计或电缆用户要求的主分支电缆型号、规格、截面、长度及分支位置等技术指标，在厂内一系列专用生产设备、在流水线上将其制作完成的带分支的电缆。预分支电缆彻底改变了长期以来在施工现场制作分支接头的做法，将其工厂化，利用先进的设备和技术，使电缆分支头的绝缘等级与电缆相同，并把主干电缆与分支电缆有机融合，提高了配电线路的安全可靠性。因此预分支电缆具有可靠性高、气密防水、耐腐蚀性和抗震性良好、阻燃耐火、对使用环境要求不高、整体外形小等优点，而且安装方便、施工周期短、无须维护。预分支电缆有单芯和多芯之分。预分支电缆标注需要标注出干线和分支电缆大小。如 YFD-ZR-YJV-(3×50+1×25)/(3×16+1×16)，预分支阻燃交联聚乙烯绝缘电缆主干电缆为三相四线（3×50+1×25），分支电缆为（3×16+1×16）。

预分支电缆应根据使用场所的环境条件（温湿度及腐蚀性等）及使用功能要求（阻燃、耐火等）进行选型。一般场所或一般负荷，选用 VV 型聚氯乙烯绝缘聚氯乙烯护套预分支电缆；使用环境平均温度大于 35℃或负荷较大时，选用 YJV 型交联聚乙烯绝缘聚氯乙烯护套预分支电缆。设计应根据对线路的阻燃、低卤或耐火等功能要求，选用相应的阻燃、低卤或耐火型电缆。

预分支电缆是由多种附件组合成的一种产品，如电缆拖挂器、吊具、安装支架及夹具等。预分支电缆订货前需对建筑电气竖井的实际尺寸（竖井高度、层高、每层分支点位置等）进行事先确定，所有预分支电缆均需订制，一旦确定后具有不可变性，施工灵活性较差。预分支电缆的扩容和分支接头的现场维护几乎不可能。选择主干电缆截面面积和预分支电缆截面面积时应留有约 30%的裕量，并满足电压降的要求，特殊情况还应预留分支线以供备用。

2. 绝缘穿刺线夹

绝缘穿刺线夹又称穿刺连接器，主要由绝缘壳体、穿刺刀片、防水胶垫、力矩螺栓组成。用作电缆分支连接时，剥去电缆外层护套，确定分支位置，将主干、分支电缆插入穿刺线夹，用套筒扳手拧紧线夹上的力矩螺母。随着力矩螺母的逐步拧紧，绝缘穿刺线夹上下两块绝缘壳体逐渐合拢，包裹刀片的密封胶圈开始渐渐贴紧线缆的绝缘皮层，同时，穿刺刀片齿牙也开始穿刺线缆绝缘皮层并逐步刺入金属导体。当密封胶圈与线缆绝缘皮层、穿刺刀片与金属导体的接触深度达到设计数值时，力矩螺母脱落，这时支线与主线接通，从而实现电的连通。绝缘穿刺线夹具有特制金属力矩装置，穿刺压力恒定，切实保证既有可靠的穿刺深度，又不损伤电缆芯线。

绝缘穿刺线夹的特点：无须开剥电缆芯绝缘层，无须截断主干电缆，可带电作业，显著减少施工时间和难度：穿刺结构，任意分支，安装简单方便，施工质量不受施工人员技术水平的影响；自密封结构，防潮、防水，保证不影响电缆本身的绝缘性能；采用接触刀片进行穿刺作业，接触面小，接点处经过多次热胀冷缩后可能产生松动，牢固程度较差。

相关试验数据表明，绝缘穿刺线夹能够承受15kA的电流冲击，相关施工机械设备的机械拉力都无法对绝缘穿刺线夹造成实质性破坏，施工人员还能够直观地检测绝缘穿刺线夹连接质量是否符合标准。但施工人员应避免利用绝缘穿刺线夹内部的橡胶结构，通过挤压的方式排除水分，因为这种方式会导致绝缘穿刺线夹橡胶暴露在空气中，降低弹性。为了解决绝缘穿刺线夹这一现状，需要施工人员利用环氧树脂包裹绝缘穿刺线夹的头部。虽然绝缘穿刺线夹相比传统电缆分支技术拥有众多的优点，但是施工人员在安装过程中也需严格遵守相关规范。安装后需要对其进行绝缘电阻测试，相关数据符合标准后才能够投入使用。

3. T接端子

T接端子是T形分支连接的一种新型产品，又可称为干线分线端子或电缆分支接头等。T接端子是由一组特殊结构的导线夹来实现电缆分支连接的。T接端子由绝缘基座、接线框、防火罩三部分组成。接线框由导线夹、螺钉、螺母和变承框等零件组成，导线夹与导线接触面呈包容形的牙状交错结构，具有棘突面积大、压线可靠的特点。通过不同形状的导线相互组合，可形成双层连接，下层接入主干线，上层接入分支线，形成干线不断的T形连接。

与绝缘穿刺线夹类似，T接端子也可以实现电缆不切断时的干线分线，组态灵活。而且导线夹对导线呈犬牙交错的包容咬合状接触，具有接触面积大（接触面积是导线额定截面的数倍），接点压力大（按不同螺钉直径经测试，其扭矩可从12N·m至50N·m不等），并且在整个使用寿命周期内，其接点压力都不会变化等优点。因此，T接端子具有接触面大、安装牢固可靠、电气性能可靠等特点。安装也比母线槽接线和预分支电缆工程费用低。将T接端子固定在绝缘板上制作成电缆T接端子箱，虽然占用空间比直接用T接端子大，但是可以使竖井线槽敷设方式更为美观整洁。

几种不同的电缆分支方式在干线系统图上表达不同，如图6-1所示。

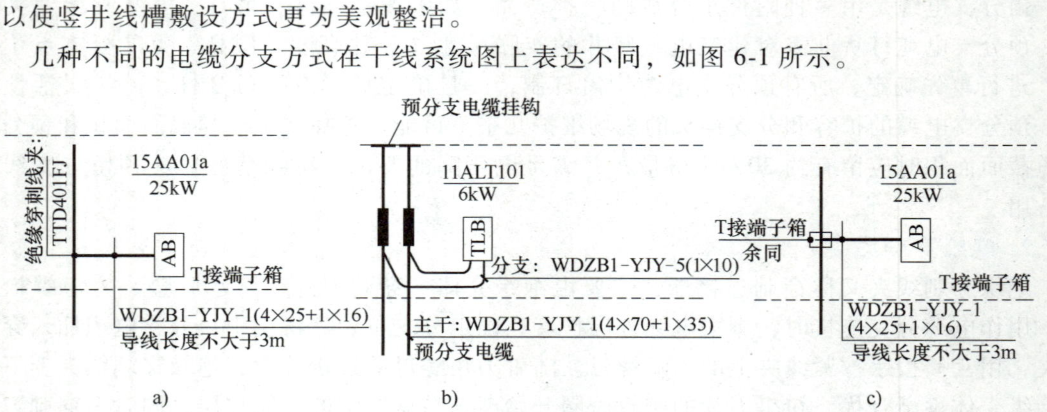

图6-1 电缆分支接线图

a）绝缘穿刺线夹 b）预分支电缆 c）T接端子箱

4. 母线槽接线

随着高层建筑用电量迅增，大电流输送系统中多路电缆的并联使用给现场安装施工连接带来了诸多不便，母线槽作为一种新型配电导线应运而生。母线槽具有体积小、结构紧凑、运行可靠、传输电流大、便于分接馈电、维护方便、能耗小、动热稳定性好等优点，在高层建筑中得到广泛应用。母线槽产品适用于交流 50Hz、额定电压 380V、额定电流 250~6300A 的三相低压配电系统工程中。母线槽是由金属板（钢板或铝板，作为保护外壳）、导电铜（铝合金）排、绝缘材料及有关附件组成的母线系统。它可制成每隔一段距离设有插接分线盒的插接型封闭母线，也可制成中间不带分线盒的馈电型封闭母线。一般由终端接线箱、直通母线槽、L 形垂直弯通母线、T 形垂直三通母线、变容母线槽、膨胀母线槽、终端封头、插接箱、附件及紧固装置等组成。在高层建筑的低压配电系统中，母线槽作为配电主干线在电气竖井内沿墙垂直安装，是以铜排、铝排为导电介质的“大电缆”，安装方便，便于拆解，便于维护。在户内低压的电力输送干线工程项目中已越来越多地代替了电线电缆。

在竖向干线设计时，空气型母线槽因为存在烟囱效应，不能用于垂直安装。高层建筑的垂直输配电，多选用紧密型母线槽，其导体应选用长期工作温度不低于 130℃ 的阻燃材料包覆。楼层之间应设阻火隔断，阻火隔断应采用防火堵料。应急电源应选用耐火型母线槽，且不准释放出危及人身安全的有毒气体。

母线插接箱用来实现垂直布置的母线干线与电缆的可靠连接，具体如图 6-2 所示。

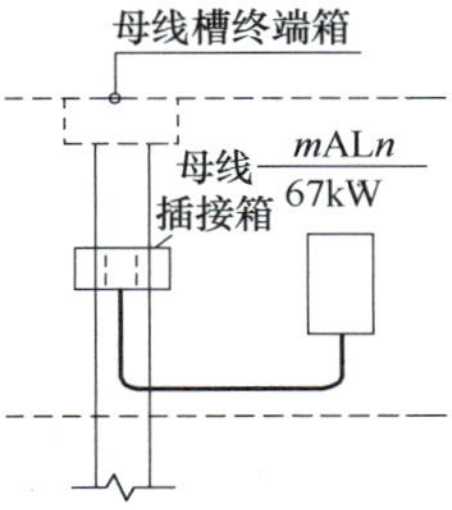

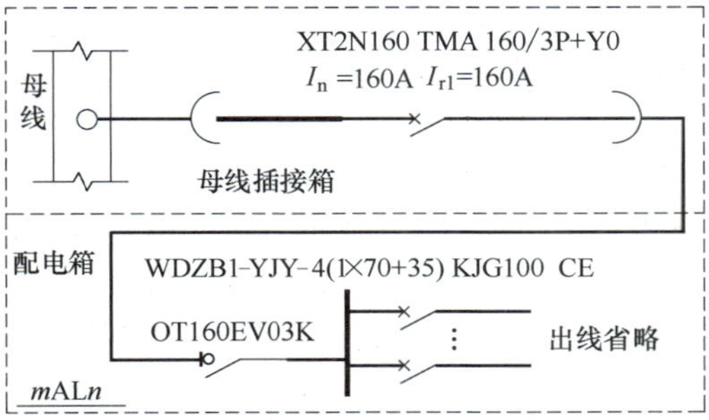

图 6-2　母线插接箱接线图

a）母线插接示意图　b）插接配电箱

母线槽在 1600A 以上大电流、大负荷条件下与电缆比，有自己的优势，但母线槽在防水、耐腐蚀、抗震、抗位移等方面能力较差。因此，在 1600A 以下电流情况下，可结合经济性分析，按需选用预分支电缆、T 接端子箱、绝缘穿刺线夹或者母线槽接线。

6.2　常用导线和电缆截面面积的选择

6.2.1　导线截面面积选择的条件

1）按发热条件选择。为保证导体的实际工作温度不超过导体绝缘所能承受的长期允许最高工作温度，导体按发热条件的允许长期工作电流（简称导体的载流量），不应小于预期负荷的最大计算电流和按保护条件所确定的电流，并应按敷设方式和环境条件进行修正。

2）线路电压损失不应超过规定的允许值。

3）导体应满足动稳定与热稳定的要求。

4）导体最小截面面积应满足强度的要求。

综合以上条件，将其中最大截面作为最终结果。

配电线路节能设计时，还应该结合经济条件进行选择，即按寿命周期内的总费用（初始投资与线路损耗费用之和，也称为 TOC）最少原则选择。电缆的截面面积增大，初建费高，但电能损耗费减少，所以按两者总和最低值来选择，具体设计及计算过程可以查阅【电手册】第 16.4 节图表。

6.2.2 按发热条件选择导线截面面积

1. 相线选择

在允许载流量范围内运行，导线的升温不会超过允许值。按发热条件选择导线截面面积就是要求导线正常运行时的允许载流量不应小于计算电流，且不小于过负荷保护电器的动作特性要求，即

$$I_Z \geqslant I_N \geqslant I_c \tag{6-1}$$

$$I_2 \leqslant 1.45 I_Z \tag{6-2}$$

式中 I_Z——导线或电缆的允许持续载流量（A），查阅【19D 数据】6.1~6.24；

I_N——熔断器熔体额定电流或断路器长延时过电流脱扣器整定电流（A）；

I_c——根据计算负荷求出的总计算电流（A）；

I_2——保证保护电器在约定时间内可靠动作的电流（A），当保护电器为低压断路器时，为约定时间内的约定动作电流；当为熔断器时，为约定时间内的约定熔断电流。

式（6-1）和式（6-2）应同时满足。这些电流和时间的数值在熔断器和低压断路器标准中均有规定，可以结合 5.3 节相关内容进行学习。

由于允许载流量与环境温度有关，敷设环境条件不同，散热不同，电线、电缆的载流量会有很大的不同，所以选择导线截面面积时，应根据敷设环境对其载流量进行相应的校正；多回路或多根多芯电缆成束敷设，也应该进行相应的修正。此外，不同种类的导体、不同的敷设方式，载流量都会有很大差异。有关导体、敷设方式、修正系数等可以查阅【19D 数据】或【电手册】相关内容。

2. 中性线和保护线截面面积选择

（1）中性线（N）的选择 单相两线制电路中，无论相导体截面多大，中性导体截面都应与相导体截面相同。

三相四线制配电系统中，中性导体的允许载流量不应小于线路中最大的不平衡负荷电流及谐波电流之和。当相导体（铜导体）截面面积不大于 16mm^2（或铝导体 25mm^2）时，中性导体截面面积应与相线截面面积相等。当相导体截面面积大于 16mm^2（或铝导体 25mm^2）时，若三次谐波电流不超过基波电流的 15%，中性导体截面面积可小于相导体截面面积，但不应小于相导体截面面积的 50%；当谐波电流大于基波电流的 15%时，中性导体截面不应小于相导体截面；当谐波电流较小时，仍可按相线电流选择导体截面，但计算电流应除以校正系数，见表 6-2（也可直接查【电手册】表 9.2-2 或【12SDX 算例】表 4-6）。若三次谐波电流超过 33%，则应按中性导体电流选择相线及中性线截面，计算电流同样要除以表 6-2 中的校正系数。谐波计算的方法可以查阅【12SDX 算例】或《电能质量 公用电网谐波》GB/T 14549—1993。

表 6-2　电缆载流量的校正系数

相线电流中的三次谐波分量(%)	校正系数	
	按相线电流选择截面	按中性线电流选择截面
0~15	1.00	—
15~33	0.86	—
33~45	—	0.86
>45	—	1.00

（2）保护接地导体（PE）的选择　PE 导体与相导体使用相同材料时，按回路相导体截面面积 S 对应选取。$S \leqslant 16\text{mm}^2$ 时，PE 线截面面积取 S；$16\text{mm}^2 < S \leqslant 35\ \text{mm}^2$ 时，PE 线截面面积取 $16\ \text{mm}^2$；$S > 35\text{mm}^2$ 时，PE 线截面面积取 $S/2$。当相导线截面面积在 400mm^2 以上，或相导体与 PE 线使用不同材料时，可查阅【电手册】第 14.3.3 节对应选取。

实际工程设计中，TN-S 系统对三相完全平衡的动力负荷供电，如风机和消防泵等，导线截面面积在 400 mm^2 以下，三相线采用同截面（S），N、PE 线可以直接采用同截面（$S/2$）。

（3）PEN 导体的选择　PEN 导体，既为 PE 导体又为 N 导体，所以其截面选择除应符合 N 导体的选择要求外，还应满足 PE 导体的选择要求。与电气装置外露可导电部分连接的外界可导电部分，如金属管道严禁用作 PEN 导体，以防电击事故，一般选择与相线相同截面。

6.2.3　按允许电压损失选择导线截面面积

1. 电压损失表示方法和允许值

由于线路存在阻抗，所以在负荷电流通过线路时要产生电压损失，电压损失用线路的始端电压 U_1 和末端电压 U_2 的代数差占额定电压的百分数来表示，有些手册中把它称为电压变化率，符号为 $\Delta U\%$。

$$\Delta U\% = \frac{U_1 - U_2}{U_N} \times 100 \tag{6-3}$$

式中　U_1——线路的始端电压（V）；

U_2——线路的末端电压（V）；

U_N——线路的额定电压（V）。

线路上的电压损失导致用电设备所使用的实际电压与其额定电压有偏移，偏移值超过规定值时，将会严重影响用电设备的正常工作。如果异步电动机在运行过程中出现端电压比额定电压低 10%时，由于转矩与端电压的二次方成正比，因此其实际转矩将只有额定转矩的 80%，而负荷电流和温升将增大 5%~10%，甚至更大；绝缘老化程度将增加 1 倍以上，从而将明显缩短电动机的使用寿命。如白炽灯的端电压降低 10%，其光通量将降低 30%，灯光变暗，照度降低，严重影响人的视力健康，降低工作效率。为了保证用电设备的正常工作，【民电标 19】规定了用电设备端子处电压偏移的允许范围：电动机为±5%；照明灯在一般工作场所为±5%；在视觉要求较高的屋内场所为-2.5%~5%；在远离变电所面积较小的一般工作场所，难以满足上述要求时，允许为-10%。其他用电设备无特殊规定时为±5%。

为了保证线路末端电压偏移不超过规定的允许值，需要对线路的导线截面面积进行计算。如果线路的电压损失超过了允许值，则应适当增大导线的截面面积，以满足允许电压损失值的要求。

2. 导线截面面积的计算

电压损失由回路阻抗产生，在确定导线截面面积时，电压损失可以用下式进行计算：

$$\Delta U\% = \frac{\sum_{i=1}^{n}(P_{ci}r_i + Q_{ci}x_i)}{10U_N^2}$$

$$\Delta U\% = \frac{R_0\sum_{i=1}^{n}P_{ci}l_i + X_0\sum_{i=1}^{n}Q_{ci}l_i}{10U_N^2} \tag{6-4}$$

对于线路电抗可略去不计或线路的功率因数接近 1 的“无感”线路（如照明线路），电压损失的计算公式可以简化为

$$\Delta U\% = \frac{\sum_{i=1}^{n}P_{ci}r_i}{10U_N^2}$$

对于全线的导体型号和规格一致的“无感”线路，电压损失计算公式为

$$\Delta U\% = \frac{\sum_{i=1}^{n}P_{ci}L_i}{10\gamma SU_N^2} = \frac{\sum_{i=1}^{n}M_i}{CS} \tag{6-5}$$

导线截面面积：

$$S = \frac{\sum_{i=1}^{n}P_{ci}L_i}{C\Delta U\%} = \frac{\sum_{i=1}^{n}M_i}{C\Delta U\%} \tag{6-6}$$

式中　S——导线截面面积（mm^2）；

$\sum_{i=1}^{n}P_{ci}$——待选导线上的负荷总计算负荷（单相或三相）（kW）；

L_i——导线长度（指单程距离）（m）；

$\Delta U\%$——电压变化率；

M_i——负荷矩（kW · m）；

C——由电路的相数、额定电压及导线材料的电阻率等决定的常数，称为电压损失计算常数，见表 6-3。

表 6-3　计算电路电压损失的计算常数 C 值

线路系统及电流种类	C 的表达式	线路额定电压/V	C 值（仅列举铜线的 C 值）	
			导线	母线
三相四线制	$10\gamma U_N^2$	220/380	75.00	71.10
二相三线制	$\frac{10\gamma U_r^2}{2.25}$	220/380	33.30	31.60
单相交流或直流	$5\gamma U_r^2$	220	12.56	11.92
		110	3.14	2.98
		36	0.34	0.32
		24	0.15	0.14
		12	0.037	0.036

注：表中 γ 为导线材料的电导率，单位为 S/μm。

当功率因数不为 1 时，需要利用式（6-5）计算线路的电压降，设计时也可直接查取表格，见表 6-4。

表 6-4　1kV 聚氯乙烯绝缘铜芯电力电缆用于三相 380V 系统的电压降

截面面积/mm^2	电阻/(Ω/km)	感抗/(Ω/km)	电压损失/[%/(A·km)]					
			cosφ					
			0.5	0.6	0.7	0.8	0.9	1.0
2.5	7.981	0.100	1.858	2.219	2.3579	2.937	3.294	3.638
4	4.988	0.093	1.173	1.398	1.622	1.844	2.065	2.273
6	3.325	0.093	0.794	0.943	1.09	1.238	1.382	1.516
10	2.035	0.087	0.498	0.588	0.678	0.766	0.852	0.928
16	1.272	0.082	0.322	0.378	0.433	0.486	0.538	0.580
25	0.814	0.075	0.215	0.250	0.284	0.317	0.349	0.371
35	0.581	0.072	0.161	0.185	0.209	0.232	0.253	0.265
50	0.407	0.072	0.121	0.138	0.153	0.168	0.181	0.186
70	0.291	0.069	0.094	0.105	0.115	0.125	0.133	0.133
95	0.214	0.069	0.076	0.084	0.091	0.097	0.101	0.098

导体的电压降可以查阅【电手册】或【19D 数据】3.20~3.24。

6.2.4　按强度选择导线最小截面面积

配电导线在正常运行时，由于受其自身重力和风、雨、雪、冰等外部作用力的影响，以及在安装过程中也要受到拉伸的作用力，为保证在安装和运行过程中，导线不致折断而中断正常供电和发生其他事故，规定了在各种不同的敷设条件下，建筑电气中导线按强度要求的最小截面面积，见表 6-5，也可查阅【19D 数据】表 6.77、表 6.88。

表 6-5　按强度要求的导线最小允许截面面积

敷设方式及用途	导线最小截面面积/mm^2		
	铜芯软线	铜芯线	铝线
穿管敷设	1.0	1.0	2.5
塑料护套线沿墙明敷	—	1.0	2.5
线槽、槽板敷设	—	1.0	2.5
板孔穿线敷设	—	1.5	2.5
室内照明灯头线	0.5	1.0	2.5
室外照明灯头线	1.0	1.0	2.5

在导线选择时要注意：上述总计算负荷均是指待选导线上的总计算负荷，只考虑各用电设备的需要系数，不考虑同时负荷系数。

6.2.5　按短路动、热稳定选择导体截面面积

高压电缆要校验热稳定性，母线要校验动、热稳定性，详见【电手册】第 5.6.2.4 节。低压电线、电缆短路热稳定的要求见【电手册】第 11.2.3.2 节。

6.2.6 导线及开关选型实例

【例 6-1】 有一条从变电所引出的长 100m 的供电干线为铜芯导线，供电方式为三相五线树干式供电，干线上接有额定电压为 380V 的三相异步电动机共 24 台，其中 10kW 电动机 20 台，4.5kW 电动机 4 台，干线敷设地点的环境温度为 25℃，干线采用导管明敷，设各台电动机的负荷需要系数 $K_x=0.35$，平均功率因数 $\cos\varphi=0.8$。试选择该干线的截面面积。

解：因为负荷性质属低压电力用电，负荷量较大，线路不长，只有 100m，故先按满足发热条件来选择干线截面面积。

用电设备总计算功率：

$$P_c=K_x\sum P_e=0.35\times(10\times20+4.5\times4)\,\text{kW}=76.3\text{kW}$$

视在总计算负荷：

$$S_c=\frac{P_c}{\cos\varphi}=\frac{76.3}{0.8}\text{kVA}=95.4\text{kVA}$$

总计算负荷电流：

$$I_c=\frac{S_c}{\sqrt{3}U_r}=\frac{95.4}{\sqrt{3}\times0.38}\text{A}\approx144.9\text{A}$$

选择保护断路器长延时过电流脱扣器整定电流 $I_N=160\text{A}$，所选截面的允许载流量 I_Z 应满足

$$I_Z\geqslant I_N\geqslant I_c=144.9\text{A}$$

选择截面面积为 95mm^2 的铜芯塑料线，环境温度为 25℃，其导线允许载流量为 $I_Z=171\text{A}>I_N=160\text{A}>144.9\text{A}$，满足要求。

三相五线制供电，还需要选择 N 线和 PE 线。

电动机回路，谐波比例较小，N 线可以小于相线，三相电动机三相平衡，不平衡电流小，N 线可以取相线一半，取截面面积为 50mm^2 的铜芯塑料线。根据表 6-3，PE 线也选择 50mm^2 的铜芯塑料线。

穿钢管管径 100mm，初选干线为 BV（3×95+2×50）SC100。

校验：负荷转矩为 $M=P_cL=76.3\times100\text{kW}\cdot\text{m}=7630\text{kW}\cdot\text{m}$

穿管导线，$\cos\varphi=0.8$，截面面积为 95mm^2 的电压降为 0.103%/(A·km)

$$\Delta U/\%=0.103\times144.9\times0.1=1.49\%<5\%$$

由此可见，所选导线截面面积也能满足允许电压损失的要求。

查表 6-5 可知，所选导线也能满足强度的要求。

【例 6-2】 根据例 6-1 的负荷大小，已知 10kW 三相异步电动机起动电流是额定电流的 5 倍，干线最大短路电流为 6kA。选择合适的保护断路器，并校核断路器与导线选型是否匹配。

解：过电流脱扣器的额定电流和可调范围根据整定电流选择；断路器额定电流应不小于长延时脱扣器的额定电流。

由式（5-15），$I_1\geqslant I_c=144.9\text{A}$，查产品资料，选取 CM2-225L-160A/3P 型塑壳式断路器，长延时保护用热脱扣器额定电流 $I_n=160\text{A}$，壳架额定电流为 225A，瞬时保护用磁脱扣

器整定电流为 $10I_n=1.6\text{kA}$，额定短路分断能力为 35kA。

保护校核：起动电流最大的一台电动机的全起动电流

$$I'_{stM1}=2I_{stM1}=2\times5I_{rM1}=2\times5\times\frac{10}{\sqrt{3}\times0.38\times0.8}\text{A}=189.4\text{A}$$

除起动电流最大的一台电动机以外的线路计算负荷电流

$$I_{c(n-1)}=\frac{0.35\times(10\times19+4.5\times4)}{0.8\times\sqrt{3}\times0.38}\text{A}=137.9\text{A}$$

由式（5-18），$I_3\geqslant1.2[I'_{stM1}+I_{c(n-1)}]=1.2\times(189.4+137.9)\text{A}=392.7\text{A}$，满足要求。

分断能力 35kA>6kA，满足要求。

由例 6-1，选择的导线载流量 $I_Z=171\text{A}>I_{zd1}=160\text{A}$，导线及断路器选型基本满足要求。

导体的热稳定需要按预期短路电流进行校核，以确保导体在断路器分断电路前未超过允许极限温度，具体可以参见【电手册】第 11.2.3 节的要求。采用断路器保护时，瞬时脱扣器的全分断时间（包括灭弧时间）极短，一般为 10～30ms，应按预期短路电流进行校核；短延时脱扣器的动作时间一般为 0.1～0.4s，根据经验，选用带短延时脱扣器的断路器所保护的配电干线截面面积不会太小，均能满足热稳定要求，可不校验。

导体的动稳定主要是裸导体敷设时应做校验，按照《低压电气装置　第 5-52 部分：电气设备的选择和安装　布线系统》GB/T 16895.6—2014 中 522.8.4 条规定，只有截面面积大于 50mm^2 的单芯电缆需要考虑短路电流引起的电动力的预防措施。

【例 6-3】 某市政工程路灯照明干线的负荷共计 10kW，导线长 300m，用 380V/220V 三相四线制供电，设干线上的电压损失不超过 5%，敷设地点的环境温度为 30℃，明敷，负荷需要系数 $K_x=1$，功率因数 $\cos\varphi=1$，试选择 BV 干线的截面面积。

解： 因是照明线，功率因数接近 1，可视为纯阻性荷载，直接按公式计算电压损失来选择导线截面面积。

查表 6-3，三相四线制，采用铜线明敷，$\cos\varphi=1$，取 $C=75$ 代入式（6-6），得

$$S=\frac{M}{C\Delta U\%}=\frac{\sum PL}{C\Delta U\%}=\frac{10\times300}{75\times5}\text{mm}^2=8\text{mm}^2$$

查相关表，选用导线截面面积为 10mm^2，其载流量为 39A。

用发热条件来校验所选导线截面面积：

$$\sum I_c=\frac{\sum S_c}{\sqrt{3}U_r}=\frac{\sum P_c/\cos\phi}{\sqrt{3}U_r}=\frac{10/1}{\sqrt{3}\times0.38}\text{A}=15.2\text{A}<39\text{A}$$

同时，选择断路器 $I_N=32\text{A}<39\text{A}$，根据表 6-5 可知，导线也能满足强度的要求。

PEN 线选择：按 PE 线考虑时，相线截面面积小于 16mm^2，取同样的导线作为 PE 线。

考虑 N 线要求，照明回路如果都采用的节能型气体放电灯，取三次谐波比例为 24%，查表 6-2 得电缆载流量的校正系数为 0.86。

考虑谐波后线电流变为 $\sum I_c 10.86=15.2\text{A}/0.86=21.8\text{A}<39\text{A}$，满足 N 线要求。

PEN 线截面面积为 10mm^2，故采用三相四线 BV4×10SC40。

6.3 室内外配电布线系统

6.3.1 室内外配电布线一般规定和要求

1. 敷设方式

配电布线按其敷设方式，可分为明敷和暗敷两种。所谓明敷，就是将绝缘导线直接或穿于线管、线槽等保护体内，敷设于墙壁、顶棚的表面及桁架、支架等处；所谓暗敷，就是将绝缘导线穿于线管、线槽等保护体内，敷设于墙壁、顶棚、地坪及楼板等的内部。敷设（配线）方法有线管配线、桥架或线槽配线、塑料护套线配线、钢索配线、封闭式母线槽配线等。

2. 布线系统选择考虑因素

应根据建筑物结构、环境特征、使用要求、用电设备分布及所选用导体的类型等因素综合确定。对于布线系统的选择与敷设，应避免因环境温度、外部热源以及非电气管道等因素对布线系统带来的损害，并应防止在敷设过程中因受撞击、振动、电线或电缆自重和建筑物变形等各种机械应力带来的损害。

3. 穿管（槽）要求

1）金属导管、可弯曲金属导管、刚性塑料导管（槽）及电缆桥架等布线，应采用绝缘电线和电缆。不同电压等级的电线、电缆不宜同管（槽）敷设；当同管（槽）敷设时，应采取隔离或屏蔽措施，以保障线路的使用安全及低电压回路免受高电压回路的干扰。若所有导体的绝缘均能耐受可能出现的最高标称电压，则允许在同一管道或电缆桥架内敷设多个回路。

2）同一配电回路的所有相导体、中性导体和 PE 导体，应敷设在同一导管或槽盒内。

3）敷设在钢筋混凝土现浇楼板内的电线导管的最大外径不宜大于板厚的 1/3。当电线导管暗敷在楼板、墙体内时，其与楼板、墙体表面的外护层厚度不应小于 15mm。

4. 导线绝缘

1）在同一个槽盒内有几个回路时，其所有的绝缘导线应采用与最高标称电压回路相同的绝缘导线。

2）布线系统中的所有金属布线通道、支架和吊架的接地要求，应符合【民电标 19】的有关规定。

5. 防火封堵要求

1）在有可燃物的闷顶和封闭吊顶等封闭空间内明敷的配电线路，应采用金属导管或金属槽盒布线。

2）明敷用的塑料导管、槽盒、接线盒、分线盒应采用阻燃性能分级为 B1 级的难燃制品。

3）布线用各种电缆、导管、电缆桥架及母线槽在穿越防火分区楼板、隔墙及防火卷帘上方的防火隔板时，其空隙应采用相当于建筑构件耐火极限的不燃烧材料填塞密实。

6.3.2 室内外配电布线要求及内容

室内外配电布线内容及其具体要求可以查阅【民电标 19】第 8 章配电线路布线系统的

条文规定，也可查阅【电手册】第 10 章线路敷设内容，参考【19D 数据】第 6 章电线、电缆选择及线路敷设相关表要求。规范和手册都按照 11 类布线做了详细的说明，其类型包括：直敷布线；刚性金属导管/可弯曲金属导管布线；电缆桥架布线；刚性塑料导管（槽）布线；电力电缆布线；预制分支电缆布线；耐火电缆和矿物绝缘电缆布线；电气竖井布线；母线槽布线；铝合金电缆布线；照明母线槽布线。

6.4 常用电气设备和装置供配电设计及实例

常用电气设备和装置及其设计要求详见【电手册】第 12 章、【民电标 19】第 9 章、【19D 数据】表 7.1～表 7.27。设备和装置及要求包括：电动机；电梯、自动扶梯和自动人行道；自动旋转门、电动门、电动卷帘门和电动伸缩门；舞台用电及放映设备；医用设备；交流充电桩；其他用电设备；防护等级及绝缘等级选择；不同环境下电气设备装置选型。

6.4.1 电动机配电及保护

电动机配电及保护注意事项如下：

1）低压交流电动机的主回路由隔离电器、短路保护电器、控制电器、过负荷保护电器、附加保护器件、线缆等组成。

2）所有交流电动机均应装设相短路保护、接地故障保护，并根据具体情况分别装设过负荷、断相及欠电压保护。同步电动机应装设失步保护。

3）符合隔离电器附加安全要求的短路保护电器可兼作隔离电器。即隔离电器在其触头处于断开情况下，必须满足隔离功能所要求的绝缘距离，绝缘距离应符合 GB 14048 系列标准的规定。隔离电器还应装设指示动触头位置的指示装置，该位置指示器应以可靠的方式与动触头相连接。

4）电动机的保护配合分为 1 类配合和 2 类配合。

① 1 类配合要求：在短路情况下接触器、热继电器可以损坏但不能危及操作人员的安全和其他器件不能损坏。

② 2 类配合规定：短路时，接触器、起动器触头可允许熔化，但能够继续使用，不能危及操作人员的安全和其他器件不能损坏。

5）电动机所拖动的机械，按其起动、运行特性可分为三类，保护电器的动作特性应与机械的运行特性相配合。

轻载起动时间短，起动静阻转矩小；中载起动时间较长，起动静阻转矩较大；重载起动时间长，起动静阻转矩大（如卷扬机、搅拌机）。

6）控制电器应能接通和分断电动机的堵转电流，其使用类别和操作频率应符合电动机的类型和机械的工作制。

7）过负荷保护。

① 器件应根据机械的特点，选择合适的过负荷保护器件类型，详见【19D 数据】表 7.1。

② 保护电器的动作特性应与设备的运行特性匹配，轻载负荷应选用 10A 类或 10 类过负荷保护电器，中载负荷宜选用 20 类过负荷保护电器，重载负荷宜选用 30 类过负荷保护电器。

③ 对于设有固定备用泵的消防泵类等设备，其工作泵的过负荷保护应动作于跳闸，备用泵过负荷保护时应仅动作于信号且声光警示信号送至消防控制室。此时固定备用泵也可不装设过负荷保护。

④ 对于消防与平时兼用的单速风机，按消防负荷设置保护；对于消防与平时兼用的双速风机，平时按普通风机设置保护，消防时按消防类风机设置保护。

8）突然断电将导致比过负荷损失更大的电动机不宜装设过负荷保护，如装设过负荷保护，可使过负荷保护作用于报警信号。如消防排烟风机、消防补风机、正压送风机等无备用风机的消防设备，不宜装设过负荷保护，当装设过负荷保护时应仅动作于信号且声光警示信号送至消防控制室。

9）【19D 数据】提供了电动机直接保护和星形三角形（Y-△）起动保护配合及元件选择表，表 7-2、表 7-3。例如，三相异步电动机功率为 30kW，额定电流 I_e = 58.8A，起动电流 I_{st} = 382A，断路器长延时脱扣器额定电流为 80A，瞬时脱扣器动作电流为 1000A，接触器主电路为 50A、Y起动 25A，△运行 50A，热继电器电流整定范围为 32～47A，电源主回路为 WDZ-BYJ(3×25+2×16)SC50；起动转换回路为 WDZ-BYJ（7×16）SC40。

10）民用建筑中大功率的电动机可采用软起动装置。电动机起动时由软起动装置起动。当电动机起动后，宜将软起动装置短接，由旁路接触器接通电动机主回路。

11）电动机主回路中可采用电动机综合保护器（CPS），见【19D 数据】表 7.4。电动机综合保护器包含过负荷保护、断相保护、缺相保护、温度保护、三相不平衡保护等功能。例如，双速排风/排烟风机（11kW/33kW）控制见图集 16D303-2《常用风机控制电路图》33 页、34 页，平时普通排风状态 CPS-N：11kW KBO-32C/P32/06MG，导体 WDZB1N-BYJ-3×25；火灾时排烟 CPS-F：33kW KBO-100C/P80/06MFG；导体 WDZB1N-BYJ-(3×35+1×16)(PE 共用)，共用接触器 QAC：LC1-D40。

6.4.2 电梯扶梯等配电及保护

电梯、自动扶梯和自动人行道的负荷分级应符合【民电标 19】附录 A 的规定。电梯、自动扶梯和自动人行道设计及保护要点见【民电标 19】第 9.3 节及【电手册】第 12.3 节。各类电梯保护设备及导线选择见【19D 数据】表 7.16～表 7.22。以消防电梯为例，其电梯配电箱系统图设计如图 6-3 所示。

6.4.3 交流充电桩的配电及保护

交流充电桩设计依据为《电动汽车充电站设计规范》GB 50966—2014、【民电标 19】第 9.7 节、18D705-2《电动汽车充电基础设施设计与安装》，适用于民用建筑室内外安装的交流充电桩，安装在室外的充电桩的防水防尘等级不应低于 IP65，室内型充电设施防护等级不低于 IP32。充电桩设计、保护及应用参照如下设计要点及规定：

1）交流充电桩供电电源应采用单相、交流 220V 电压，电压偏差不应超过标称电压的 7%或-10%；额定电流不应大于 32A。

2）充电桩电源先由变电所充电桩专用回路或专用变压器引至充电桩配电箱，再由充电桩配电箱接至每台充电桩。计算单台交流充电桩容量时需考虑充电机的功率因数和效率，计算多台交流充电桩总容量时尚需考虑同时系数。

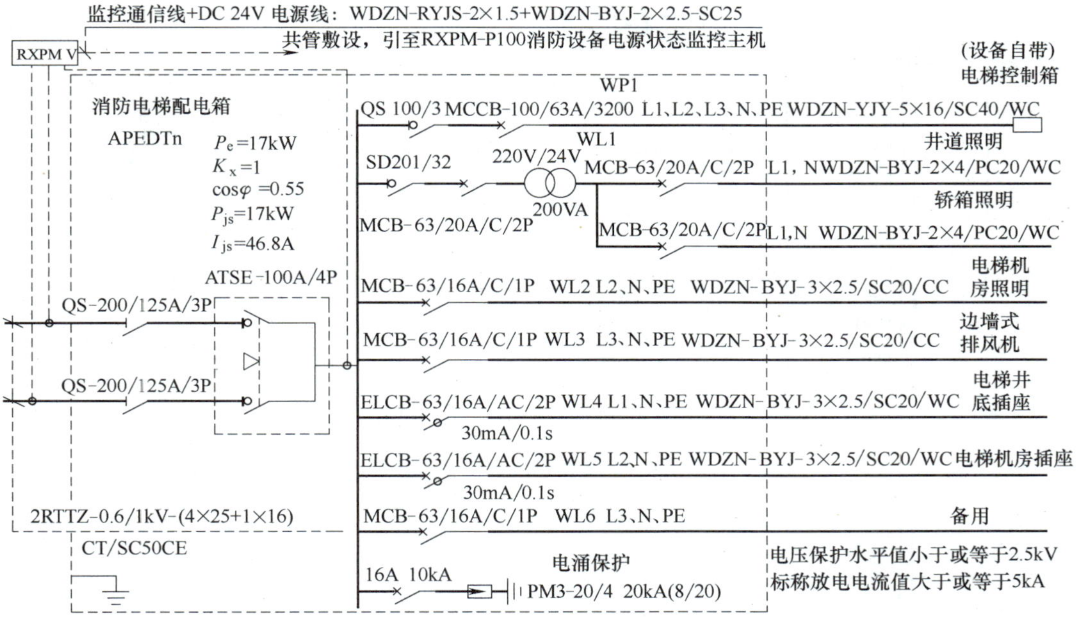

注：1.电梯轿厢内应有应急照明(自容方式)，连续供电时间不小于30min，其工作照明灯数不少于2个，照度不小于5lx。
2.井道内设置永久性照明，做法如下：距井道内最高点和最低点0.5m以内各装一盏灯，中间每隔一定距离(不超过7m)分设若干盏灯。
3.在轿顶、机房、滑轮间、底坑设置2P+PE的电源插座。
4.在机房、底坑设置等电位联结。

图 6-3　消防电梯配电箱系统图

3）交流充电桩的保护应符合下列规定：

① 设置过负荷保护、短路保护，并应符合【民电标 19】第 7.6 节和第 7.7 节相关规定。

② 设置剩余电流动作保护，应选用额定剩余动作电流不大于 30mA 的 A 型 RCD。

4）交流充电桩的控制应符合下列规定：

① 具有外部手动设置参数和实现手动控制的功能和界面。

② 显示各状态下的相关信息，包括运行状态、故障报警、充电电量、计费信息等。

③ 设置急停开关，在充电过程中可使用该装置紧急切断输出电源。

④ 在充电过程中，当充电出现异常时，交流充电桩应立即自动切断输出电源。

5）安装在公共区域内的公用充电桩应配置电能表，采取防撞击措施，做等电位联结。

6）交流充电桩电源进线宜选用燃烧性能不低于 B2 级、产烟毒性为 t1 级、燃烧滴落物/微粒等级为 d1 级的电线、电缆。

充电桩配电箱的配置及设计需满足上述要求，电动汽车及充电桩参数见【19D 数据】表 7.30～表 7.32。例如，某地下室设置有 18 个慢充充电桩和 3 个快充充电桩，慢充充电桩配电箱系统图如图 6-4 所示：需要系数 K_x 选择见【19D 数据】表 3.37，每个慢充充电桩为单相，选用微型剩余电流断路器 32A，配套电缆选用 WDZ-YJY-3×10 SC32。对于每个快充充电桩三相交流配电回路功率常为 40kW，保护断路器改为 MCCB-160/80A/4300，A 型/30mA/瞬动，配套线缆改为 WDZ-YJY-(4×25+1×16)-CT/SC50-CE，系统图与图 6-4 类似，不再赘述，一般由厂家成套提供。

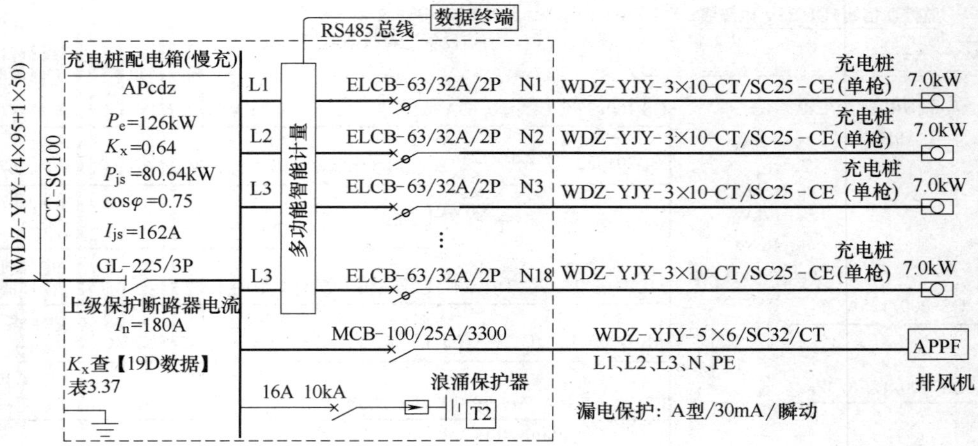

图 6-4 慢充充电桩配电箱系统图

习 题

1. 电线、电缆及母线应如何选择？

2. 简述常用电线和电缆截面面积的选择方法。

3. 影响线缆载流量的因素有哪些？如何选择修正？

4. 穿管（槽）要求有哪些？

5. 简述电气竖井内配电干线及分支方式的选择。

6. 中性线和保护线的截面面积是如何选择确定的？

7. 有一条从室外箱式变电所引出的长 250m 的电缆供电到教学楼，教学楼主要为照明插座用电，总负荷为 28.8kW，允许电压降为 5%，进线采用三相四线，干线敷设地点的环境温度为 35℃，电缆沟敷设，平均功率因数 $\cos\varphi=0.85$。试选择导体截面，并校核电压损失。

8. 据图 6-3 解释回答：

（1）消防电梯进线电缆的型号规格是什么？

（2）自动转换开关选择什么型号？

（3）电梯的计算功率因数取值是多少？

（4）电梯井道及轿厢照明电压等级是多少？

9. 解释预分支电缆 YFD-ZR-YJV-(4×95+1×50)/(4×35+1×16) 的含义。

10. 根据充电桩配电回答：从充电桩配电箱到每个充电桩的断路器保护及配线，对每个慢充充电桩与快充充电桩有何异同？

第 7 章

7

防雷接地系统及实例

本章概要

防雷与接地是电力及供配电系统设计中的一个重要部分。本章主要介绍雷电的基本知识，建筑物防雷等级的划分及其相应的防雷措施，低压配电系统接地方式及其典型配电案例和建筑物等电位联结。以实际工程为例介绍屋顶防雷、基础接地与高低压变配电房接地设计及识图。

7.1 过电压

在建筑供配电系统中，过电压保护和接地装置是保证安全供电的重要措施之一。根据电网过电压状况及工程特点、规模和发展规划，选用适当的过电压保护装置及采用适当的接地方式和接地是非常必要的。

1. 过电压的分类

过电压是指电气设备上或线路上出现的超过正常工作要求的电压。电动机、变压器、输配电线路和开关设备等的对地绝缘，在正常工作时只承受正常工作的额定电压。当由于某些原因，电网的电磁能量发生突变，会造成设备对地或匝间电压的异常升高，产生过电压。在电力系统中，按过电压产生的原因不同，可分为内部过电压和雷电过电压两大类。

（1）内部过电压　由于电力系统的开关操作、故障和某些不正常运行状态，使供配电系统电磁能量发生转换而产生的过电压称为内部过电压。

内部过电压持续时间与过电压的类别有关，短的如操作过电压持续时间一般为毫秒级，长的如谐振过电压可持续存在。操作过电压是由于系统中的开关操作、负荷骤变或由于故障出现断续性电弧等而引起的过电压；谐振过电压是由于系统中的电路参数（R、L、C）在不利组合时发生谐振而引起的过电压，包括电力变压器铁心饱和而引起的铁磁谐振过电压。

内部过电压的能量来自电力系统本身，幅值与电网的额定电压呈正相关，一般不超过额定电压的 3~4 倍，因此对以中压和低压为主要电压等级的建筑供配电系统中，内部过电压对系统自身的运行安全危害相对较轻，对环境安全、人身安全或用电设备安全却有较大危害；对高压和超高压系统显得严重。

（2）雷电过电压　雷电过电压也称为外部过电压或大气过电压。由于电力系统中的设备或建筑物遭受来自大气中的雷击或雷电感应而引起的过电压称为雷电过电压。

雷电是雷云对带不同电荷的物体进行放电的一种自然现象。雷电对电气线路、电气设备和建筑物进行放电，雷电冲击电压幅值可高达几亿伏，电流幅值可高达几十万安，因此具有极大的破坏性，必须采取相应的防雷措施。

2. 雷云放电过程

雷电作为一种壮观的自然现象，是大气中的放电现象。关于雷云中电荷的形成，有各种学说，目前主要有以下几种：水滴破裂效应、吸电荷效应、水滴冻冰效应、温差起电效应、感应起电和对流起电。在各种特定的情况下，雷云的生成和起电的真正原因可能是其中的某一种，也可能是多种机理的共同效应。

常见的一种说法：在闷热、潮湿、无风的天气里，接近地面的湿气受热上升，遇到冷空气凝成冰晶。冰晶受到上升气流的冲击而破碎分裂，气流带一部分带正电的小冰晶上升，形成“正雷云”，而另一部分较大的带负电的冰晶则下降，形成“负雷云”，随着电的积累，雷云电位逐渐升高。由于高空气流的流动，正、负雷云均在空中飘浮不定，当带不同电荷的雷云相互接近到一定程度时，就会产生强烈的放电，放电时瞬间出现耀眼的闪光和震耳的轰鸣，这种现象就称为雷电。雷电流对地面波及物有极大危害性，能伤害人畜、击毁建筑物、造成火灾，并使电气设备绝缘受到破坏，影响供电系统的安全运行。

雷电的形成过程可以分为气流上升、电荷分离和放电三个阶段。在雷雨季节，地面上的水分受热变为蒸汽气上升，与冷空气相遇之后凝成水滴，形成积云。云中水滴受强气流摩擦产生电荷，小水滴容易被气流带走，形成带负电的云；较大水滴形成带正电的云。由于静电感应，大地表面与云层之间、云层与云层之间会感应出异性电荷，当电场强度达到一定值时，即发生雷云与大地或雷云与雷云之间的放电。

3. 雷电过电压的基本形式

（1）直击雷　天气炎热时，天空中往往存在大量雷云。当雷云较低飘近地面时，就在附近地面特别凸出的树木或建筑物上感应出异性电荷。当电场强度达到一定值时，雷云就会通过这些物体与大地之间放电，这就是通常所说的雷击。这种直接击在建筑物或其他物体上的雷电称为直击雷。直接雷击使被击物体产生很高的电位，从而引起过电压和过电流，不仅击毙人畜、烧毁或劈倒树木、破坏建筑物，甚至还引起火灾和爆炸。

有时雷云很低，周围又没有带异性电荷的雷云，这样有可能在地面凸出物上感应出异性电荷，在雷云与大地之间形成很大的雷电场。当雷云与大地之间在某一方位的电场强度达到25~30kV/cm时就开始放电，这就是直击雷。

（2）感应雷

1）闪电静电感应。带电云层与大地间产生的强大的静电场因雷闪的放电使正负电荷猛烈地中和，导致附近的地面导体、输电线路、金属管线等感应的束缚电荷因来不及迅速流散而形成了闪电静电感应过电压。这种过电压在输电线路上可高达数百千伏，会导致线路绝缘闪络及所连接的电气设备的绝缘遭受损坏；在危险环境中未做等电位联结的金属管线间还可能产生火花放电而导致火灾或爆炸危险。

2）闪电电磁感应。由于雷电流脉冲具有很高的幅值和陡度，会在其周围空间形成强大的瞬变脉冲电磁场，使附近的导体上感应出很高的电动势，从而产生闪电电磁感应过电压。这些闪电电磁脉冲感应电压将耦合到电子信息设备中，导致“噪声”干扰及测量误差，甚至对电子器件产生破坏性损害。

（3）闪电电涌侵入　由于雷电对架空线路、电缆线路或金属管道的作用，雷电波（即闪电电涌）可能沿着这些管线侵入屋内，危及人身安全或损坏设备。由于架空线路遭受直接雷击或感应雷而产生的高电位雷电波沿架空线路侵入变电所而造成危害。据统计，这种电波侵入占电力系统雷害事故的50%以上，故对其防护问题应予重视。

4. 雷电的危害

雷电有多方面的破坏作用，其危害一般分成两种类型：一是直接破坏作用，主要表现为雷电的热效应和机械效应；二是间接破坏作用，主要表现为雷电产生的电气效应和电磁效应。

（1）热效应　雷电流通过导体时，在极短时间内转换成大量热能，可造成物体燃烧，金属熔化，极易引起火灾爆炸等事故。

（2）机械效应　雷电的机械效应所产生的破坏作用主要表现为两种形式：一是雷电流流入树木或建筑构件时在它们内部产生的内压力；二是雷电流流过金属物体时产生的电动力。

雷电流的温度很高，一般在 6000～20000℃，甚至高达数万摄氏度，当它通过树木或建筑物墙壁时，被击物体内部水分受热急剧汽化，或缝隙中分解出的气体剧烈膨胀，因而在被击物体内部出现了强大的机械力，使树木或建筑物遭受破坏，甚至爆裂成碎片。另外，载流导体之间存在着电磁力的相互作用，这种作用力称为电动力。当强大的雷电流通过电气线路、电气设备时也会产生巨大的电动力使它们遭受破坏。

（3）电气效应　雷电引起的过电压会击毁电气设备和线路的绝缘，产生闪络放电，也以致开关跳闸，造成线路停电；也会干扰电子设备，使系统数据丢失，造成通信、计算机、控制调节等电子系统瘫痪。绝缘损坏还可能引起短路，导致火灾或爆炸事故；防雷装置泄放巨大的雷电流时，使得其本身的电位升高，发生雷电反击；同时雷电流流入地下，可能产生跨步电压，导致电击。

（4）电磁效应　由于雷电流量值大且变化迅速，在它的周围空间就会产生强大且变化剧烈的磁场，处于这个变化磁场中的金属物体就会感应出很高的电动势，使构成闭合回路的金属物体产生感应电流，产生发热现象。此热效应可能会使设备损坏，甚至引起火灾。特别是存放易燃易爆物品的建筑物将更危险。

7.2 建筑物的防雷等级分类

1. 雷暴日

雷电的大小和多少与气象条件有关，评价某地区雷电活动的频繁程度，一般以雷暴日为单位。在一天内只要听到雷声或者看到雷闪就算一个雷暴日。由当地气象台（站）统计的多年雷暴日的年平均值，称为年平均雷暴日。年平均雷暴日不超过 15 天的地区称为少雷区，超过 40 天的地区称为多雷区，年平均雷暴日数超过 90 天的地区称为强雷区。防雷设计上要根据雷暴日的多少，因地制宜地采取防雷措施。年平均雷暴日越大，说明该地区雷电活动越频繁，因此防雷要求就越高，防雷措施越需要加强。年平均雷暴日应根据当地气象台（站）的资料确定，详见【19D 数据】表 9. 22。

2. 建筑物年预计雷击次数

因为在一个雷暴日中会有不同的雷电次数，并且雷暴日的统计也未区分雷云之间放电和雷云对地放电，因此雷暴日并非完善的雷电活动指标，在进行建筑防雷设计时，通常采用年预计雷击次数这一参数。

1）建筑物年预计雷击次数应按下式计算：

$$N = kN_g A_e \tag{7-1}$$

式中　N——建筑物年预计雷击次数（次/年）；

k——校正系数，在一般情况下取 1，在下列情况下取相应数值：位于河边、湖边、山坡下或山地中土壤电阻率较小处、地下水露头处、土山顶部、山谷风口等处的建筑物，以及特别潮湿的建筑物取 1.5；金属屋面没有接地的砖木结构建筑物取 1.7；位于山顶上或旷野的孤立建筑物取 2；

N_g——建筑物所处地区雷击大地的年平均密度［次/(km^2·年)］；

A_e——与建筑物截收相同雷击次数的等效面积（km^2）。

2）雷击大地的年平均密度，首先应按当地气象台（站）资料确定；若无此资料，可按下式计算：

$$N_g = 0.1T_d \qquad (7\text{-}2)$$

式中 T_d——年平均雷暴日（天/年），根据当地气象台（站）资料确定。

3）与建筑物截收相同雷击次数的等效面积应为其实际面积向外扩大后的面积。其计算方法应符合下列规定：

① 当建筑物的高度小于 100m 时，其每边的扩大宽度 D 和等效面积 A_e 应按式（7-3）、式（7-4）计算，图形表达如图 7-1 所示。

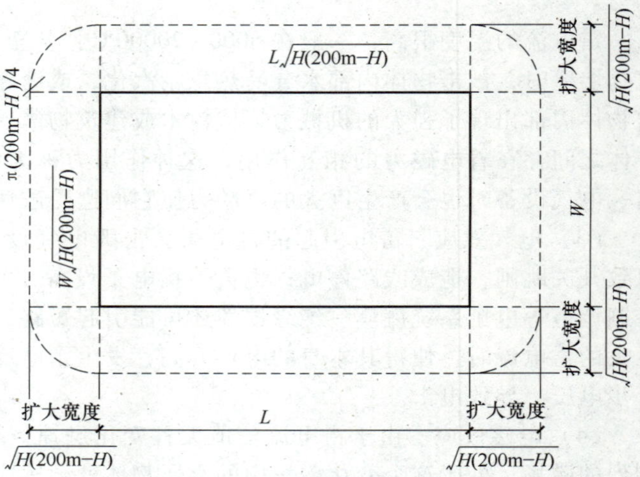

图 7-1 建筑物的等效面积

$$D = \sqrt{H(200\text{m}-H)} \qquad (7\text{-}3)$$

$$A_e = [LW + 2(L+W)\sqrt{H(200\text{m}-H)} + \pi H(200\text{m}-H)] \times 10^{-6} \qquad (7\text{-}4)$$

式中 D——建筑物每边的扩大宽度（m）；

L、W、H——建筑物的长、宽、高（m）。

② 当建筑物的高度小于 100m，同时其周边在 $2D$ 范围内有等高或比它低的其他建筑物，这些建筑物不在所考虑建筑物以 h_r = 100m 的保护范围内时按式（7-4）算出的 A_e 可减去 $(D/2)$×(这些建筑物与所考虑建筑物边长平行以米计的长度总和)×10^{-6}（km^2）。当四周在 $2D$ 范围内都有等高或比它低的其他建筑物时，其等效面积可按下式计算：

$$A_e = \left[LW + (L+W)\sqrt{H(200\text{m}-H)} + \frac{\pi H(200\text{m}-H)}{4}\right] \times 10^{-6} \qquad (7\text{-}5)$$

③ 当建筑物高度大于或等于 100m 等其余情况，建筑物的等效面积计算详见【防雷规 10】附录 A 及【电手册】。

3. 建筑物的防雷分类

根据【防雷规 10】建筑物应根据其重要性、使用性质、发生雷电事故的可能性和后果，按防雷要求分为三类，即第一类防雷建筑物、第二类防雷建筑物、第三类防雷建筑物。建筑物的雷电防护分类应符合下列规定：

1）在可能发生对地闪击的地区，遇到下列情况之一时，应划为第一类防雷建筑物：

① 凡制造、使用或贮存火炸药及其制品的危险建筑物，因电火花而引起爆炸、爆轰，会造成巨大破坏和人身伤亡者。

② 具有 0 区或 20 区爆炸危险场所的建筑物。

③ 具有 1 区或 21 区爆炸危险场所的建筑物，因电火花而引起爆炸，会造成巨大破坏和人身伤亡者。

2）在可能发生对地闪击的地区，遇到下列情况之一时，应划为第二类防雷建筑物（【电与智能通用 22】7.1.1-2 条）：

① 高度超过 100m 的建筑物。

② 预计雷击次数大于 0.25 次/年的建筑物。

3）在可能发生对地闪击的地区，遇到下列情况之一时，应划为第三类防雷建筑物（【电与智能通用 22】7.1.1-1 条）：

① 高度超过 20m，且不高于 100m 的建筑物。

② 预计雷击次数大于或等于 0.05 次/年，且小于或等于 0.25 次/年的建筑物。

③ 在平均雷暴日大于 15 天/年的地区，高度在 15m 及以上的烟囱、水塔等孤立的高耸建筑物。

④ 在平均雷暴日小于或等于 15 天/年的地区，高度在 20m 及以上的烟囱、水塔等孤立的高耸建筑物。

7.3 建筑物的防雷接地装置及措施

7.3.1 建筑物的防雷接地装置

为了避免或减少雷电对建（构）筑物及其内部设施的直接或间接危害，需要采取相应的保护措施，主要的措施是在建（构）筑物上设置防雷装置，用于减少闪击于建（构）筑物上及其附近造成的物质损害和人身伤亡。防雷装置一般由接闪器、引下线和接地装置三部分组成，其材料规格选用及其做法见【防雷规 10】【19D 数据】表 9.1～表 9.10 及【民电标 19】第 11 章相关表。

1. 接闪器

接闪器就是专门用来接受雷云放电的金属物体。接闪器的类型有避雷针、避雷线、避雷带、避雷网、避雷环等，都是经常用来防止直接雷击的防雷设备。

所有接闪器都必须经过引下线与接地装置相连。当雷云先导接近时，接闪器利用其金属特性与雷云之间的电场强度最大，因而将雷云引到接闪器，并经引下线和接地装置将雷电流安全地泄放到大地中，从而起到了保护物体免受雷击的作用。常用的接闪器材料有铜、镀锡铜、铝、铝合金、热浸镀锌钢、不锈钢、电镀铜钢等。

专门敷设的接闪器应由下列的一种或多种方式组成：独立接闪杆；直接装设在建筑物上的接闪杆、接闪带或接闪网；金属屋面等。

接闪器的选用应充分考虑建筑的具体情况。目前，大部分建筑所采用的接闪器常为接闪带或接闪网，较少用接闪杆。高层建筑均为钢筋混凝土结构或钢结构，应充分利用其建筑物结构金属体作为防雷装置。高层建筑的防直击雷接闪器，宜利用明设的金属栏杆等代替接闪带，但不宜利用外墙周边的屋顶结构钢筋代替接闪带，以防雷击点会有破碎混凝土坠落造成意外伤害。其防侧击和等电位的保护措施中除应将外墙上距地等于滚球半径及以上的栏杆、门窗等较大的金属物与防雷装置连接外，还应将外墙装饰幕墙等金属体与防雷装置相连；接闪带宜安装在屋顶的外沿和建筑物的凸出部位，在屋面的不同平面的接闪带应至少有两处互相连接。连接应采用焊接，搭焊长度应为圆钢直径的 6 倍或扁钢宽度的 2 倍并且不少于

100mm。有些大厦在女儿墙的拐角处增设有长约 1.5m 的短针，并将之与女儿墙上的接闪带相结合作为接闪器。除第一类防雷建筑物外，金属屋面的建筑物宜利用其屋面作为接闪器。

屋面上的所有金属管道和金属构件都应与防雷装置连接，这一点在设计和施工中特别是建筑建成后在屋面二次增加新设备（如电视天线、太阳能热水器）时常被忽视，应予以重视。电视天线的防雷如果采用接闪杆保护，天线应距离接闪杆 5m，以免造成反击，并使天线置于接闪杆的保护区域内。如果不设接闪杆保护，应把天线的金属竖杆、金属支架、同轴电缆的金属保护套管等均与防雷装置可靠连接。太阳能热水器的防雷应把金属支架、金属水管等均与防雷装置可靠连接。

2. 引下线

引下线是连接接闪器与接地装置的金属导体，用于将雷电流从接闪器传导至接地装置。其作用是构成雷电能量向大地泄放的通道。接地引下线一般采用圆钢或扁钢，要求镀锌处理。引下线应满足强度、耐腐蚀和热稳定性的要求。引下线可以专门敷设，也可利用建筑物内的金属构件如立柱主筋作为引下线，在离地 0.5~1m 处设置接地电阻测试板。采用专设引下线时，宜在各专设引下线距地面 0.3~0.8m 处设置断接卡。

（1）引下线的一般要求

1）引下线宜采用热镀锌圆钢或扁钢，宜优先采用圆钢。当独立烟囱上的引下线采用圆钢时，其直径不应小于 12mm；采用扁钢时，其截面不应小于 $100mm^2$，厚度不应小于 4mm。

2）专设引下线应沿建筑物外墙外表面明敷，并应经最短路径接地；建筑外观要求较高时可暗敷，但其圆钢直径不应小于 10mm，扁钢截面不应小于 $80mm^2$。

3）建筑物的钢梁、钢柱、消防梯等金属构件，以及幕墙的金属立柱宜作为引下线，但其各部件之间均应连成电气贯通，可采用铜锌合金焊、熔焊、卷边压接、缝接、螺钉或螺栓连接。

4）采用多根专设引下线时，应在各引下线上距地面 0.3~1.8m 处装设断接卡。当利用混凝土内钢筋、钢柱作为自然引下线并同时采用基础接地体时，可不设断接卡，但利用钢筋作引下线时应在室内外的适当地点设若干连接板。当仅利用钢筋作引下线并采用埋于土壤中的人工接地体时，应在每根引下线上距地面不低于 0.3m 处设接地体连接板。采用埋于土壤中的人工接地体时应设断接卡，其上端应与连接板或钢柱焊接，连接板处宜有明显标志。

5）在易受机械损伤之处，地面上 1.7m 至地面下 0.3m 的一段接地线，应采用暗敷或采用镀锌角钢、改性塑料管或橡胶管等加以保护。

（2）引下线的实际施工做法

1）利用建筑内柱或剪力墙中的钢筋作为防雷引下线是我国常用的方法。建筑中柱内主筋在 16mm 以上。为安全起见，一般宜采用一根柱内两根主筋作为引下线（也可采用主筋 4 根 12mm），施工时应标明记号，保证每层上下串焊正确。如果结构钢筋因钢种含碳量或含锰量高，如经焊接易使钢筋变脆或强度降低时，可改用绑扎的方法达到可靠连接。对于作为引下线的钢筋的连接方法，在高层建筑中应坚持通长焊接，搭焊长度应不小于 100mm。

2）高层建筑防侧击雷施工时，应将圈梁内两根主筋连接成封闭水平环状作为均压环且与引下线可靠连接。由此，均压环引出一条钢筋与超过规定高度的金属门窗、玻璃幕墙等外露金属物体可靠连接。

3. 接地装置

无论是工作接地还是保护接地，都是经过接地装置与大地连接的。接地装置包括接地体和接地线两部分，是防雷装置的重要组成部分。接地装置的主要作用是向大地均匀地泄放电流，使防雷装置对地电压不至于过高。接地体分为人工接地体和自然接地体两种。

(1) 人工接地体　人工接地体是利用圆钢、角钢、钢管、扁钢等制成一定形状并敷设在地下。按照敷设形式的不同，人工接地体又分为垂直埋设和水平埋设两种。埋于土壤中的人工垂直接地体宜采用热镀锌角钢、钢管或圆钢；埋于土壤中的人工水平接地体宜采用热镀锌扁钢或圆钢，接地线应与水平接地体的截面相同。

人工钢质垂直接地体的长度宜为 2.5m，其间距以及人工水平接地体的间距均宜为 5m，当受地方限制时可适当减小。

人工接地体在土壤中的埋设深度不应小于 0.6m，并宜敷设在当地冻土层以下，其距墙或基础不宜小于 1m，见【民电标 19】11.8.5 条，接地体宜远离由于高温影响使土壤电阻率升高的地方（如烧窑、烟道附近）。

(2) 自然接地体　自然接地体就是利用建筑物的钢筋混凝土基础内的钢筋作为接地体，不再专门设置人工接地体。

接地装置随着建筑内功能的日趋多样化，每个建筑物有多种接地系统，如高、低压配电装置及系统的接地、防雷接地、弱电系统接地等，接地电阻值根据系统类别的不同而有所不同。因此当无特殊要求时，应采用同一接地装置，常将这些接地系统合用为一个接地装置，即共用接地系统，接地装置的接地电阻应符合其中最小值的要求。各系统不能确定接地电阻值时，接地电阻不应大于 1Ω。

目前，我国建筑的接地装置大多以建筑的深基础作为接地体，有以下诸方面的优点：接地电阻低；电位分布均匀，均压效果好；施工方便，维护工程量少；节省材料（由于利用建筑结构钢筋作为防雷装置，可节约大量钢材）。

7.3.2 建筑物的防雷接地措施

1. 防雷接地基本规定

为防止或减少建筑物遭受雷击而产生生命危险及物理损坏，各类防雷建筑物应采用由外部防雷装置和内部防雷装置综合组成的防雷装置（LPS）进行防护，并应符合以下基本规定：

1）各类防雷建筑物应设防直击雷的外部防雷装置（接闪器、引下线及接地装置），并应采取防闪电电涌侵入的措施。

第一类防雷建筑物和有爆炸危险的第二类防雷建筑物，尚应采取防闪电感应的措施。

2）各类防雷建筑物应设内部防雷装置（包括防闪电感应、防反击以及防闪电电涌侵入和防生命危险），并应符合下列要求：

① 在建筑物的地下室或地面层处，建筑物金属体、金属装置、建筑物内系统、进出建筑物的金属管线，应与防雷装置做防雷等电位联结。自然等电位联结不能提供电气贯通之处，采用等电位联结直接连接；在直接连接不可行之处，用电涌保护器 SPD 连接；在不允许直接连接之处，用隔离放电间隙（Isolating spark gap，ISG）进行连接。

② 除上述①的措施外，外部防雷装置与建筑物金属体、金属装置、建筑物内系统之间，尚应满足间隔距离的要求。

③ 对第二类防雷建筑物中的国家级重要建筑物，还应采取防雷击电磁脉冲的措施。当其建筑物内部系统所接设备的重要性高以及所处雷击磁场环境和加于设备的雷击电涌无法满足要求时，也应采取防雷击电磁脉冲的措施。

2. 防雷措施

(1) 防直击雷　建筑物宜采用装设在建筑物上的避雷针或避雷带或其混合的接闪器；

引下线不应少于 2 根；建筑物宜利用钢筋混凝土屋面板、梁、柱和基础钢筋作为接闪器、引下线和接地装置。针对砖或钢筋混凝土烟囱，为防止直击雷可在建筑物最易遭受雷击的部位装设避雷带或避雷针，进行重点防护。

（2）防闪电感应　对非金属屋面应敷设避雷网，室内一切金属管道和设备均应良好接地并且不得有开口环路，以防止感应过电压。

（3）防闪电电涌侵入　室外低压配电线路应采用电缆直接埋地敷设；在入户处应将各种电缆的金属外皮、钢管接到等电位联结带或防闪电感应的接地装置上；采用架空线路时，在电缆与架空线路的连接处，应装设户外型电涌保护器（避雷器）。架空金属管道、埋地或地沟内的金属管道，在进出建筑物处，应与防雷接地装置相连。

（4）防侧击雷　均压环是高层建筑物为防侧击雷而设计的环绕建筑物周边的水平避雷带。在建筑设计中当高度超过滚球半径时（一类 30m，二类 45m，三类 60m），每隔 3 层设一圈均压环，就近层的金属门、窗与均压环连接。在设计上均压环可利用圈梁内两条主筋焊接成闭合圈，此闭合圈必须与所有的引下线连接。

各类防雷建筑物的防雷措施见【防雷规 10】，对比整理见表 7-1。

表 7-1　各类防雷建筑物的防雷措施对比

类别	第一类防雷建筑物	第二类防雷建筑物	第三类防雷建筑物
防直击雷	应装设独立接闪杆或架空接闪线或网。架空接闪网的网格尺寸不应大于 5m×5m 或 6m×4m。排放爆炸危险气体、蒸气或粉尘的放散管、呼吸阀、排风管等的管口外的规定空间应处于接闪器的保护范围内；独立接闪杆的杆塔、架空接闪线的端部和架空接闪网的每根支柱处应至少设一根引下线；对用金属制成或有焊接、绑扎连接钢筋网的杆塔、支柱，宜利用金属杆塔或钢筋网作为引下线。引下线间距 ≤ 12m。详见【防雷规 10】第 4.2 节	接闪器宜采用接闪带（网）、接闪杆或由其混合组成。接闪带应装设在建筑物易受雷击部位，女儿墙外角应在接闪器保护范围内，所有接闪杆采用接闪带或金属导体与防雷装置连接。整个屋面上装设不大于 10m×10m 或 12m×8m 的网格；引下线间距 ≤ 18m。详见【民电标 19】11.3.2 条	接闪器宜采用接闪带（网）、接闪杆或由其混合组成。接闪带应装设在建筑物易受雷击部位，女儿墙外角应在接闪器保护范围内，所有接闪杆采用接闪带或金属导体与防雷装置连接。屋面装设不大于 20m×20m 或 24m×16m 的网格。引下线间距 ≤ 25m。详见【民电标 19】11.4.2 条
防闪电感应	建筑物内设备、管道、构架、电缆金属外皮、钢屋架和钢窗等较大金属物及凸出屋面的放散管和风管等金属物，均应接到防闪电感应的接地装置上；平行敷设的管道、构架和电缆金属外皮等长金属物，其净距小于 100mm 时，应采用金属线跨接，跨接点间距不应大于 30m；交叉净距小于 100mm 时，交叉处也应跨接。详见【防雷规 10】4.2.2 条	外部防雷装置的接地应和防闪电感应、内部防雷装置、电气和电子系统等接地共用接地装置，并应与引入的金属管线做等电位联结。外部防雷装置的专设接地装置宜围绕建筑物敷设成环形接地体。详见【防雷规 10】4.3.4 条	—
防闪电电涌侵入	室外低压配电线路应全线采用电缆直埋敷设，在入户处应将电缆金属外皮、钢管接到等电位联结带或防闪电感应的接地装置上 当全线采用电缆有困难时，应采用钢筋混凝土杆和铁横担的架空线，并应使用一段金属铠装电缆或护套电缆穿钢管直接埋地引入。架空线与建筑物的距离不应小于 15m。详见【防雷规 10】4.2.3 条	进出建筑物的各种线路及金属管道宜全线埋地引入，应在入户端将电缆的金属外皮、钢导管及金属管道与接地网连接 电缆与架空线连接处，应装设避雷器或电涌保护器，并应与电缆的金属外皮或钢导管及绝缘子铁脚、金具连在一起接地，其冲击接地电阻不应大于 10Ω。详见【民电标 19】11.3.5 条	对电缆进出线，应在进出端将电缆的金属外皮、金属导管等与电气设备接地相连 对低压架空进出线，应在进出处装设电涌保护器，并应与绝缘子铁脚、金具连在一起接到电气设备的接地装置上；当多回路进出线时，可仅在母线或总配电箱处装设电涌保护器，但绝缘子铁脚、金具仍应接到接地装置上。详见【民电标 19】11.4.4 条

（续）

类别	第一类防雷建筑物	第二类防雷建筑物	第三类防雷建筑物
防侧击雷	从 30m 起每隔不大于 6m 沿建筑物四周设环形避雷带，并与引下线相连；30m 及以上外墙上的栏杆、门窗等较大的金属物与防雷装置连接	当建筑物高度>45m、<250m 时，应采取防侧击雷措施： 1. 建筑物内钢构架和钢筋混凝土的钢筋应相互连接 2. 应利用钢柱或钢筋混凝土柱子内钢筋作为防雷装置引下线；结构圈梁中的钢筋应每 3 层连成闭合环路作为均压环，并应同防雷装置引下线连接。详见【民电标 19】11.3.3 条	当建筑物高度超过 60m 时，应采取下列防侧击雷措施： 1. 建筑物内钢构架和钢筋混凝土中的钢筋及金属管道等的连接措施，应符合【民电标 19】11.3.3 条的规定 2. 应将 60m 及以上外墙上的栏杆、门窗等较大的金属物与防雷装置相连。详见【民电标 19】11.4.3 条

7.3.3 接闪器的保护范围及计算

接闪器的保护范围以它能防护直击雷的空间来表示，【防雷规 10】中规定采用滚球法来确定。滚球法是将一个以雷击距为半径的滚球，沿需要防直接雷击的区域滚动，利用这一滚球与避雷针及地面的接触位来限定保护范围的一种方法。

1. 单支接闪杆的保护范围确定方法

单支接闪杆的保护范围如图 7-2 所示。

1）当接闪杆高度 h 小于或等于 h_r 时：

① 距地面 h_r 处作一平行于地面的平行线。

② 以杆尖为圆心，h_r 为半径作弧线交于平行线的 A、B 两点。

③ 以 A、B 为圆心，h_r 为半径作弧线，弧线与杆尖相交并与地面相切。弧线到地面为其保护范围。保护范围为一个对称的锥体。

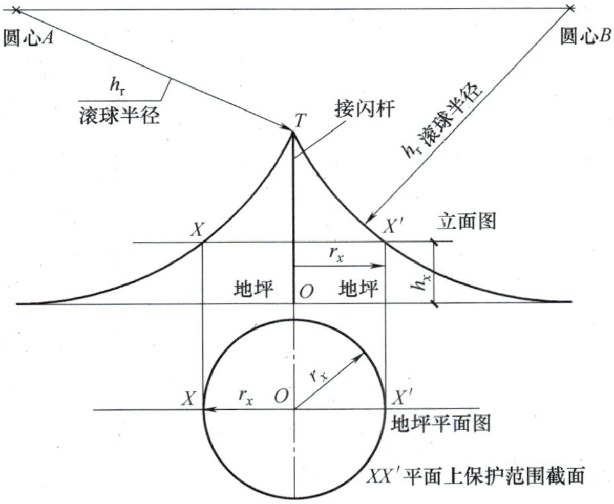

图 7-2 单支接闪杆的保护范围

④ 接闪杆在 h_x 高度的 xx'平面上和地面上的保护半径，应按下列公式计算：

$$r_x = \sqrt{h(2h_r - h)} - \sqrt{h_x(2h_r - h_x)} \tag{7-6}$$

$$r_0 = \sqrt{h(2h_r - h)} \tag{7-7}$$

式中 r_x——接闪杆在 h_x 高度的 xx'平面上的保护半径（m）；

h_r——滚球半径，按表 7-2 的规定取值（m）；

h_x——被保护物的高度（m）；

r_0——接闪杆在地面上的保护半径（m）。

表 7-2 各类防雷建筑物的滚球半径及防雷网格

建筑物的防雷类别	滚球半径 h_r/m	接闪网网格尺寸
第一类防雷建筑物	30	≤5m×5m 或≤6m×4m
第二类防雷建筑物	45	≤10m×10m 或≤12m×8m
第三类防雷建筑物	60	≤20m×20m 或≤24m×16m

2）当接闪杆高度 h 大于 h_r 时，在接闪杆上取高度等于 h_r 的一点代替单支接闪杆杆尖作为圆心。其余的做法应符合上述 1）的规定。式（7-6）和式（7-7）中的 h 用 h_r 代入。

2. 两支不等高接闪杆的保护范围及确定

详见【防雷规 10】附录 D 及【电手册】第 13.9.2 节。

【例 7-1】 某厂一座 30m 高的水塔旁边建有一水泵房（属第三类防雷建筑物），尺寸如图 7-3 所示，泵房长 10m、宽 6m、高 6m，最近边缘离塔中心 12m。水塔上装有一支高 2m 的接闪杆，试问此接闪杆能否保护这一水泵房不遭受雷击。

解： 查表 7-2 得滚球半径 h_r=60m，而 h=30m+2m=32m，h_x=6m，因此得

$$r_x=\sqrt{h(2h_r-h)}-\sqrt{h_x(2h_r-h_x)}=[\sqrt{32\times(2\times60-32)}-\sqrt{6\times(2\times60-6)}]\text{m}=26.9\text{m}$$

现水泵房在 h_x=6m 高度上最远一角距离接闪杆的水平距离为

$$r=\sqrt{(12+6)^2+5^2}\text{m}=18.7\text{m}<r_x$$

由此可见，水塔上的接闪杆完全能保护这一水泵房。

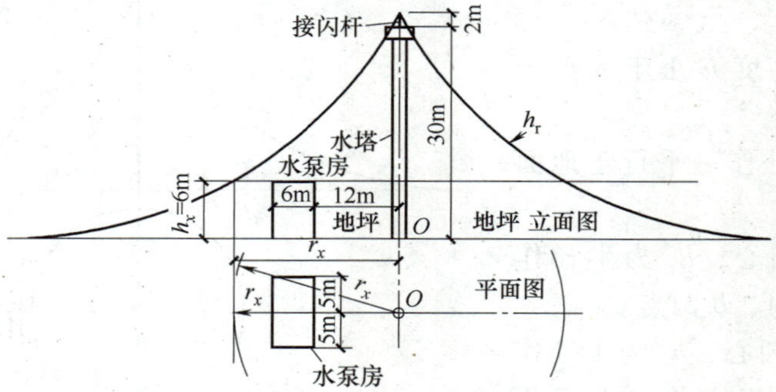

图 7-3 水塔接闪杆保护范围

7.4 低压配电系统的接地方式和作用

用金属把电气设备的某一部分与地做良好的连接，称为接地。埋入地中并直接与大地接触的金属导体称为接地体（或接地极）。兼作接地用的直接与大地接触的各种金属构件、金属井管、钢筋混凝土建筑物的基础、金属管道和设备等称为自然接地体；为了接地埋入地中的接地体称为人工接地体。连接设备接地部位与接地体的金属导线称为接地线。接地线在正常情况下是不载流的。接地体和接地线的总和称为接地装置；由若干接地体在大地中互相连接而组成的总体称为接地网。

7.4.1　接地概述

1. 接地电阻和接地电流

接地电阻是指电流从埋入地中的接地体流向周围土壤时，接地体与大地远处的电位差与该电流之比，而不是接地体的表面电阻。当电气设备发生接地故障时，电流就通过接地体向大地做半球形散开，如图 7-4 所示，这一电流称为接地电流。图 7-4 中曲线代表接地电流在接地体周围地面上形成的电位分布。试验证明，接地电流在大地中散逸时，在各点有不同的电位梯度和电位；电位分布的范围只需考虑距单根接地体或接地故障点 20m 左右的半球范围。因为距接地点 20m，呈半球形的球面已经很大，20m 处电位与无穷远处的电位几乎相等，实际上已没有什么电位梯度存在。电位梯度或电位为零的地方称为电气上的“地”或大地。

2. 对地电压、接触电压和跨步电压

电气设备从接地外壳及接地体到 20m 以外的零电位之间的电位差称为接地时的对地电压；表示接地体及其周围各点的对地电压的曲线称为对地电压曲线。单根接地体有电流流过时的电位分布如图 7-4 所示。接地电阻越小，则对地电压越小。人站在发生接地故障的电气设备旁边，手触及设备的外露可导电部分，则人所接触的两点（如手和脚）之间所呈现的电位差，称为接触电压；人在接地故障点周围行走，两脚之间所呈现的电位差称为跨步电压。显然跨步电压与跨步大小有关，步距越大，跨步电压越大。计算跨步电压时，人的跨距一般取 0.8m。可见，距接地体越近，跨步电压越大，离开接地体 20m 以外时，跨步电压为零。

7.4.2　工作接地的类型和作用

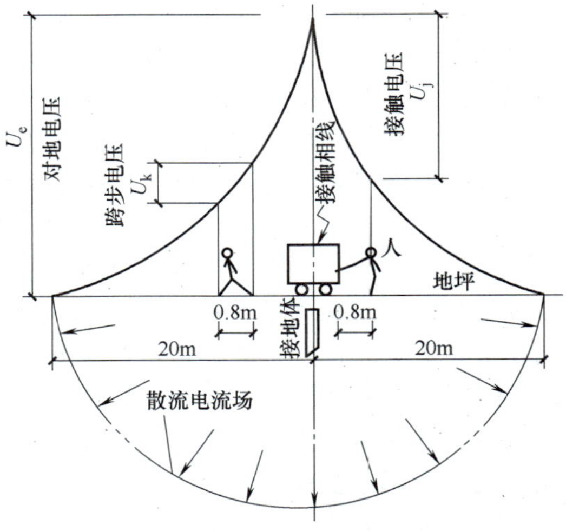

图 7-4　接触电压、跨步电压

电力系统和电气设备的接地是指电力系统和电气装置的中性点、电气设备的外露导电部分和装置外导电部分经由导体与大地相连。电力系统和电气设备的接地可以分为工作接地、防雷接地和保护接地。

为保证电力系统和电气设备在正常和事故情况下可靠运行，人为地将电力系统的中性点（如发电机和变压器的中性点）及电气设备的某一部分（如接闪杆和接闪线的接地引下线）直接或经消弧线圈、电阻、击穿熔断器等与地做金属连接，称为工作接地。防雷接地在前面的章节中已介绍过，本小节主要介绍电源中性点的工作接地。

在三相交流电力系统中，作为供电电源的发电机和变压器的中性点有三种运行方式：电源中性点不接地；电源中性点经消弧线圈接地；电源中性点直接接地。前两种也可合称为中性点非有效接地或小电流接地，后一种中性点直接接地称为中性点有效接地或大电流接地。

电源中性点不同的运行方式对电力系统的运行，特别是在发生单相接地时有明显的影响，并且影响到电力系统二次侧的保护装置及监察测量系统的选择与运行。

当电源中性点不接地的电力系统中发生一相接地时，三相用电设备的正常工作并未受到影响，三相用电设备仍然照常运行。但是这种线路如果另一相又发生接地故障时，就形成两相接地短路，将产生很大的短路电流，可能损坏线路设备。因此在电源中性点不接地的系统中，不允许在一相接地的情况下长期运行（允许暂时运行 2h），应该装设专门的单相接地保护或绝缘监察装置，在一相接地时，给予报警信号，以提醒值班人员及时处理。同时，一相接地时，其他两相对地电压也要升高到线电压，所以电源中性点不接地的系统，应增加对地绝缘的要求。我国 3~63kV 系统大多采取电源中性点不接地的运行方式。

电源中性点不接地的电力系统中，有一种情况是比较危险的，即在一相接地时如果接地电流较大，将出现断续电弧，这就可能使线路发生电压谐振现象，出现危险的过电压，导致线路上绝缘薄弱地点的绝缘击穿。因此有关规程规定，在单相接地电容电流大于一定值（3~10kV 电网中接地电流大于 30A、20kV 及以上电网中接地电流大于 10A）时，必须采取经消弧线圈接地的运行方式。与中性点不接地的系统一样，允许在发生一相接地故障时暂时继续运行 2h。在此时间内，应积极查找故障，在暂时无法消除故障时，应设法将负荷转移到备用线路上去。电源中性点经消弧线圈接地的系统，在一相接地时，其他两相对地电压也要升高到线电压，即升高为原对地电压的$\sqrt{3}$倍；电源中性点经消弧线圈的接地，主要优点是能在单相接地时消除接地点的断续电弧，防止系统出现过电压。

110kV 及以上的系统和 220V/380V 的低压配电系统，一般采取电源中性点直接接地的运行方式。对 110kV 以上的超高压系统，采用直接接地的方式，一相接地，其余两相对地电压不会升高，能在运行中维持三相系统中相线对地电压不变，设备绝缘只需要按相电压考虑，降低了造价也改善了高压电器的性能。而对 220V/380V 低压配电系统来说，电源中性点直接接地，方便引出中性线（N 线）和保护线（PE 线）。通过公共 PE 线，将设备的外露可导电部分（金属外壳、金属构架等）连接到电源的接地点，当系统中设备发生一相接地故障时，就可以形成单相短路，使设备或系统的过电流保护装置（熔断器或低压断路器）动作，自动切除故障设备。只要导线截面及开关保护装置选择恰当，就能够保证将故障设备脱离电源，保障安全。这是我国低压配电系统中广泛采用的方式。

7.4.3 低压配电系统的接地方式

电气设备的金属外壳可能因绝缘损坏而带电，为防止这种电压危及人身安全而人为地将电气设备的金属外壳与大地做的金属连接称为保护接地。保护接地的形式有两种：一种是设备的外露可导电部分经各自的 PE 线分别直接接地，我国过去称为保护接地；另一种是设备的外露可导电部分经公共的 PE 线或 PEN 线（三相四线制系统中的 N 线与 PE 线共用一根导线）接地，我国过去称为保护接零。

按国际电工委员会（IEC）的规定，低压电网主要有 TN、TT 和 IT 三种接地方式，其中 TN 又分为 TN-S、TN-C 和 TN-C-S。

第一个字母（T 或 I）表示电源中性点的对地关系，即 7.4.2 节中的工作接地类型；T（Terre，大地）表示电力网的中性点（发电机、变压器的星形联结的中间结点）是直接接地系统；I（Isolation，隔离）表示电力变压器的中性点不做工作接地或经过高阻抗接地。

第二个字母（N 或 T）表示装置的外露导电部分的对地关系。T 表示直接接地；N（Neutral，中性点）表示电气设备正常运行时不带电的金属外露部分与电力网的中性点采取直接接地，即保护接零系统。横线后面的字母 S（Separate），C（Combine）或 C-S 表示保护线与中性线的结合情况。

1. TN-S 系统

TN-S 系统即五线制系统，三根相线分别为 L1、L2、L3，一根零线（N 线），一根保护线（PE 线），仅电力系统中性点一点接地，用电设备的外露可导电部分直接连接到 PE 线上，如图 7-5 所示。

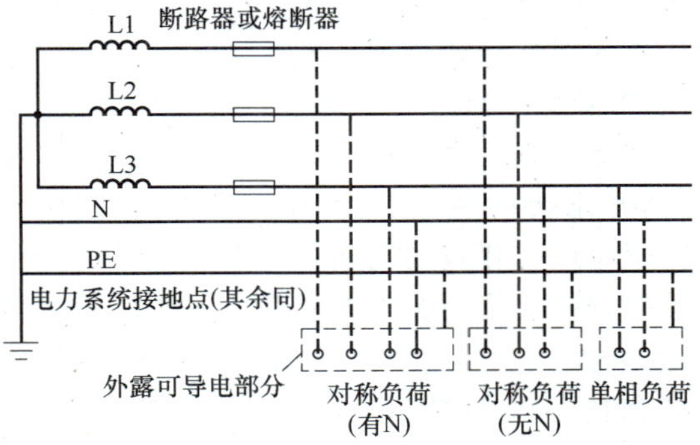

图 7-5　TN-S 系统示意图

TN-S 系统中的 PE 线在正常工作时无电流，设备的外露可导电部分无对地电压，以保证操作人员的人身安全；在发生事故时，PE 线中有电流通过，使保护装置迅速动作，切断故障。N 线（工作零线）在接有单相负荷时，可能会产生不平衡电流。PE 线与 N 线的区别在于：PE 线平时无电流，而 N 线在三相负荷不平衡时有电流；PE 线是专用保护接地线，N 线是工作零线；PE 线不允许断线也不允许接入剩余电流断路器，但 N 线可以。

TN-S 系统因 PE 导体正常不通过工作电流，其电位接近地电位，不会对信息技术设备造成干扰，能大大降低电击或火灾危险。TN-S 系统适用于工业与民用建筑等低压供电系统，是目前我国在低压系统中普遍采用的接地方式，特别适用于设有对低压电气装置供电的配电变压器的下列工业与民用建筑：

1）对供电连续性或防电击要求较高的公共建筑、医院、住宅等民用建筑。

2）单相负荷较大或非线性负荷较多的工业厂房。

3）有较多信息技术系统以及电磁兼容性（EMC）要求较高的通信局站、计算机站房、微电子厂房及科研、办公、金融楼等场所。

4）有爆炸、火灾危险的场所。

2. TN-C 系统

TN-C 系统即四线制系统，三根相线分别为 L1、L2、L3，一根中性线与保护线合并的 PEN 线，将用电设备的外露可导电部分接到 PEN 线上，如图 7-6 所示。

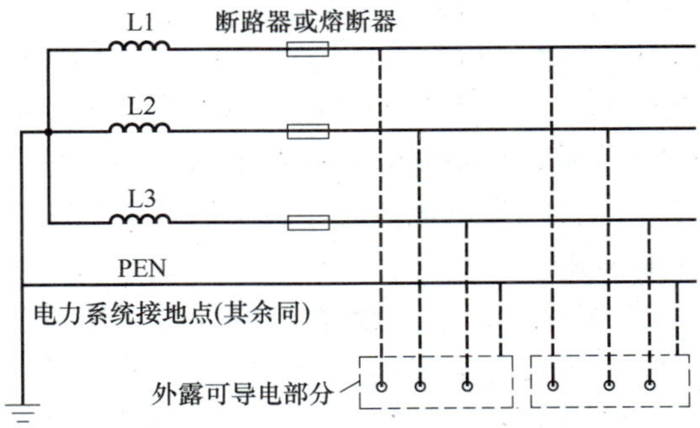

图 7-6　TN-C 系统示意图

在 TN-C 系统中接线，当存在三相负荷不平衡和有单相负荷时，PEN 线上出现不平衡电流，设备的外露可导电部分有对地电压的存在。由于 N 线不得断线，所以在进入建筑物之前，N 线或 PE 线应加做重复接地。

TN-C 系统适用于三相负荷基本平衡的情况，同时也适用于有单相 220V 的便携式移动式的用电设备。

TN-C 系统的 N 导体和 PE 导体是合一的，虽然节省一根导体但其安全水平较低。如果单相回路的 PEN 线中断或导电不良时，设备金属外壳对地将带 220V 的故障电压，电击致死的危险很大；不能装用 RCD 来防电击和接地电弧火灾；PEN 导体不允许被切断，检修设备时不安全；PEN 导体通过中性电流，对信息系统和电子设备易产生干扰等。由于上述原因，TN-C 系统不宜采用。

3. TN-C-S 系统

TN-C-S 系统是指在 TN-C 系统的末端将 PEN 线分为 PE 线和 N 线，分开后不允许再合并，不能再接地，如图 7-7 所示。

TN-C-S 系统的前半部分具有 TN-C 系统的特点，系统的后半部分却具有 TN-S 系统的特点。TN-C-S 系统在独立变电所与建筑物之间采用 PEN 导体，但进入建筑物总配电箱后 N 导体与 PE 导体分开，其安全水平与 TN-S 系统相仿，因此 TN-C-S 系统宜用于未附设配电变压器的建筑和场所的电气装置。

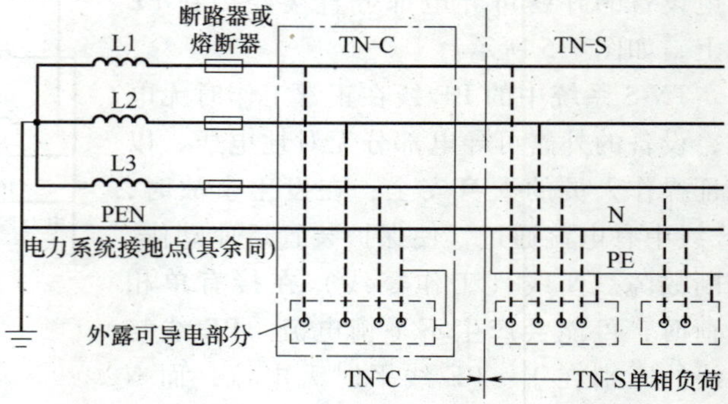

图 7-7 TN-C-S 系统示意图

4. 重复接地

在 TN 系统中，为提高安全程度应当采用重复接地。重复接地就是在中性点直接接地的系统中，将零线上的一点或多点再次与大地做金属性连接。在没有重复接地的情况下，在 PE 线或 PEN 线发生断线并有设备发生一相接地故障时，接在断线后面的所有设备的外露可导电部分都将呈现接近于相电压的对地电压，这是很危险的。采用重复接地，系统发生碰壳短路时，可以降低零线的对地电压；当零线断裂时，或当零线与相线交叉连接时，都可以减轻触电的危险。

TN 系统的下列位置应设置重复接地：

1）在低压架空线末端及沿线每 1km 处。

2）高低压线路共杆架设时，在共杆架设段的两端终端杆上，低压线路的零线要接地。

3）没有专用线芯作零线，或利用电缆金属外皮作零线的低压电缆线路。

4）电缆和架空线在引入车间或大型建筑物处。所以建筑总配电箱处通常都要做重复接地，并与防雷接地系统共用。

5. TT 系统

TT 系统的中性点直接接地，电气设备外露可导电部分（金属外壳）通过与系统接地点（此接地点通常指中性点）无关的接地体直接接地，如图 7-8 所示。在 TT 系统中，当电气设备的金属外壳带电（相线碰壳或漏电）时，接地保护可以降低触电概率，但低压断路器不一定会跳闸，设备外壳的对地电压可能超过安全电压。当漏电电流较小时，需加设剩余电流保护器。

TT 系统是适用于供给小负荷的接地系统。该系统接地装置的接地电阻应满足单相接地发生故障时，在规定的时间内能够切断供电线路的要求，或将接地电压限制在 50V 以下。

TT 系统因电气装置外露可导电部分与电源端系统接地分开单独接地，装置外壳为地电位且不会导入电源侧接地故障电压，防

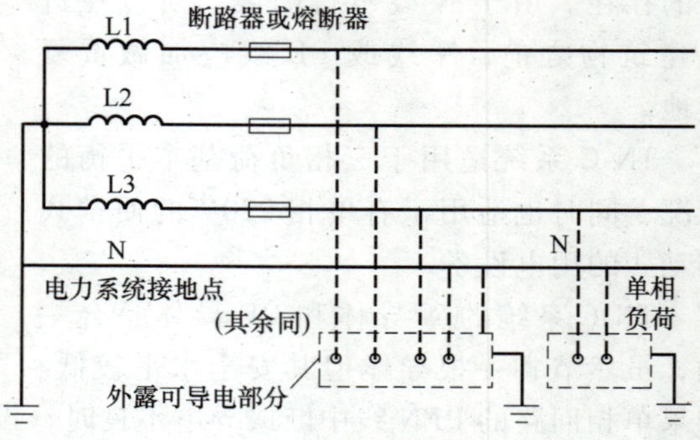

图 7-8 TT 系统示意图

电击安全性优于 TN-S 系统，但需装用 RCD。故同样适用于未附设配电变压器的建筑和场所的电气装置，尤其适用于无等电位联结的户外场所，如户外照明、户外演出场地、户外集贸市场等场所的电气装置。图 7-9 所示为 TT 光彩路灯照明系统图（扫二维码看图），采用 TT 系统，部分回路供光彩照明、部分供庭院路灯照明，电源来的线缆没有专用的 PE 线，线路首末端均设置接地体，作为 PE 线接地线，中间线路每隔 30m 设置一个接地体。路灯照明的 TT 系统的优点是发生接地故障时可以减少故障电压的蔓延；其缺点是接地故障电流小，熔断器或断路器的瞬时过电流脱扣器不能兼作间接接触防护，必须采用剩余电流保护器才能满足切断电源的时间要求。

图 7-9　TT 光彩路灯照明系统图

6. IT 系统

IT 系统是指电力系统不接地或经过高阻抗接地，为三线制系统，三根相线分别为 L1、L2、L3，用电设备的外露可导电部分采用各自的 PE 线接地，如图 7-10 所示。

IT 系统任何一相接地发生故障时，由于大地可作为相线继续工作，所以系统可以继续运行。因此在线路中需加单相接地检测装置，以便发生故障时报警。IT 系统一般适用于矿井、游泳池等场所。

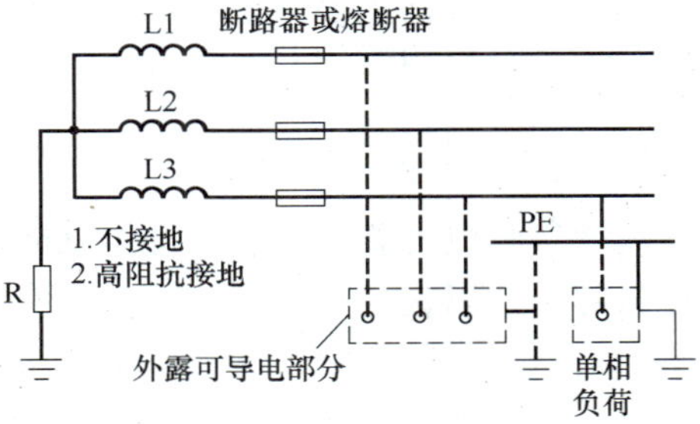

图 7-10　IT 系统示意图

IT 系统因其接地故障电流很小，故障电压很低，不致引发电击、火灾、爆炸等危险，供电连续性和安全性最高。因此适用于不间断供电要求较高和对接地故障电压有严格限制的场所，如应急电源装置、消防、矿井下电气装置、医院手术室以及有防火防爆要求的场所。但因一般不引出 N 导体，不便于对照明、控制系统等单相负荷供电，且其接地故障防护和维护管理较复杂而限制了在其他场所的应用。

IT 系统保护措施见【民电标 19】7.7.9 条，可以采用下列监视器和保护电器：绝缘监视器、剩余电流监视器、绝缘故障定位系统、过电流保护器及剩余电流保护器（RCD），其中绝缘监测器用以监测第一次接地故障，通常不等发生接地故障，当电气装置的绝缘水平降到整定值以下时它即动作并发出信号；过电流保护器用以在发生第二次接地故障时按过电流防护要求切断电源；RCD 用以在发生第二次接地故障时按接地故障防护要求切断电源。

图 7-11（扫二维码看图）展示了 IT 系统在急诊手术室配电的应用，电源来的线缆为 TN 系统，经过隔离变压器之后变为手术室所需 IT 系统，图中外接报警显示和测试仪、仪器专用电源、绝缘监视装置、绝缘故障测试仪以及故障定位仪均连通，以便发生故障时报警。

图 7-11　TN-IT 系统手术室配电系统

7. TN、TT及IT系统的兼容性

(1) TN系统与TT系统的兼容性

1) 同一电源供电的不同建筑物，可分别采用TN系统和TT系统。各建筑物应分别实施总等电位联结。

2) 同一建筑物内宜采用TN系统或TT系统中的一种。这是因为TT系统需要分设接地体，在同一建筑物内难以实施。

3) TN系统可以向总等电位联结作用区以外的局部TT系统（如室外照明）供电。

(2) IT系统与TN或TT系统的兼容性

1) 同一电源供电范围内，IT系统不能与TN系统或TT系统兼容。同一电源供电范围是指由同一变压器或发电机供电的有直接电气联系的系统。

2) 同一建筑物内IT系统可以与TN系统或TT系统兼容，只要IT系统与TN系统或TT系统不并联运行。

7.5 建筑物等电位联结

在建筑电气工程中，常见的等电位联结措施有总等电位联结、辅助等电位联结和局部等电位联结三种，其中局部等电位联结是辅助等电位联结的一种扩展。这三者在原理上都是相同的，但是在作用范围和工程做法上则有所不同。

7.5.1 等电位联结的作用

将建筑物电气装置内外露可导电部分、电气装置外可导电部分、人工或自然接地体用导体连接起来，以达到减少电位差的目的，称为等电位联结。等电位联结对用电安全、防雷以及电子信息设备的正常工作和安全使用都是十分必要的。根据理论分析，等电位联结作用范围越小，电气上越安全。实际上，安全接地也是等电位联结，它是以大地电位为参考电位的大范围的等电位联结。

7.5.2 等电位联结的分类

等电位联结一般分为总等电位联结（MEB）、局部等电位联结（LEB）和辅助等电位联结（SEB）。

1. 总等电位联结（MEB）

总等电位联结作用于全建筑物，在一定程度上能够降低建筑物内间接接触电击的接触电压和不同金属部件之间的电位差，并能消除来自建筑物外经电气线路和各种金属管道引入的危险故障电压的危害。总等电位联结要设置总的联结端子箱，将建筑物内的保护干线、煤气、给水总管、通风管道等各种公用设施的金属管道及建筑物金属构件等导体汇接到箱的端子板上进行连接，如图7-12a所示。

总等电位联结主母线的截面面积不应小于装置最大保护线截面面积的一半，但不小于$6mm^2$，如果是采用铜导线，其截面面积可不超过$25mm^2$，如果是其他金属，其截面应能承受与之相当的载流量。

2. 局部等电位联结（LEB）

局部等电位联结是指在一局部场所范围内将各可导电部分连通，如图7-12b所示。当电源网络阻抗过大，使自动切断电源的时间过长，不能满足防电击要求时；TN系统内自同一

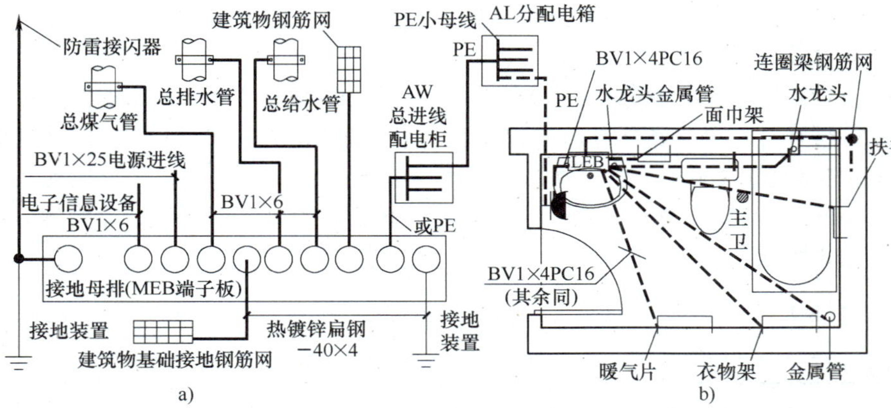

图 7-12　总等电位联结与局部等电位联结图

a）总等电位联结图　b）局部等电位联结图

配电箱供电给固定式和移动式两种电气设备，而固定式设备保护电器切断电源时间不能满足移动式设备防电击要求时；为满足浴室、游泳池、医院手术室、农牧业等场所对移动设备防电击要求时；为满足防雷和信息系统抗干扰的要求时，应做局部等电位联结。将 PE 母线或 PE 干线、公用设施的金属管道以及建筑物的金属结构互相连通，以便能够简单地实现该局部范围内的多个辅助等电位联结，称为局部等电位联结。

为避免浴室内触电事故的发生，在设计和施工安装中，必须尽量降低浴室内各金属管道、构件间的电压差，最好都限制在 12V 以下。具体做法就是在卫生间（浴室）必须实施局部等电位联结。将卫生间（浴室）底板钢筋，卫生间内部的所有金属构件如冷热给水管、水暖、金属配件、地漏、建筑金属装饰件（如浴巾架、手纸盒等），金属窗及所有非带电金属外壳连接在一起。

如果浴室内无 PE 线，浴室内的局部等电位联结不得与浴室外的 PE 线相连，因 PE 线有可能因别处的故障而带电，反而能引入别处的电位。如果浴室内有 PE 线，浴室内的局部等电位联结必须与该 PE 线相连。

3. 辅助等电位联结（SEB）

将两导电部分用导线直接进行等电位联结，使故障接触电压降低至接触电压限值以下，称为辅助等电位联结。在建筑物已做总等电位联结后，在伸臂范围内的某些外露可导电部分与装置外可导电部分之间再用导线附加连接，以使其间的电位相等或接近。

下列情况需进行辅助等电位联结：

1）电源网络阻抗过大，使自动切断电源的时间过长，不能满足防电击要求时。

2）自 TN 系统同一配电箱供给固定式和移动式两种电气设备，而固定式设备保护电器切断电源时间不能满足移动式设备防电击要求时。

3）为满足浴室、游泳池、医院手术室等场所对防电击的特殊要求时。当需要在局部场所范围内进行多个辅助等电位联结时，可通过局部等电位联结端子板将各部分互相连通。

7.6　防雷接地工程实例

本书 4.6 节案例的高层办公楼，共 11 层，高 51.2m，一层地下室为设备房，建有一座变配电房及柴油发电机房，分析该建筑的防雷接地及配电房接地设计。

7.6.1 屋顶防雷工程

项目工程的屋面长 50m，宽 18m，高 49m。查【19D 数据】表 9.22 知成都年平均雷暴日 T_d 为 32.5 天/年，$k=1$，经计算本工程年预计雷击次数为 $N=0.132$ 次/年。民用建筑高度超过 20m，且不高于 100m 的建筑物，按【电与智能通用 22】7.1.1 条，但为人员密集场所，该建筑以第二类防雷标准设计防雷装置，主要包括接闪带、引下线、避雷针。屋面防雷平面图如图 7-13 所示。

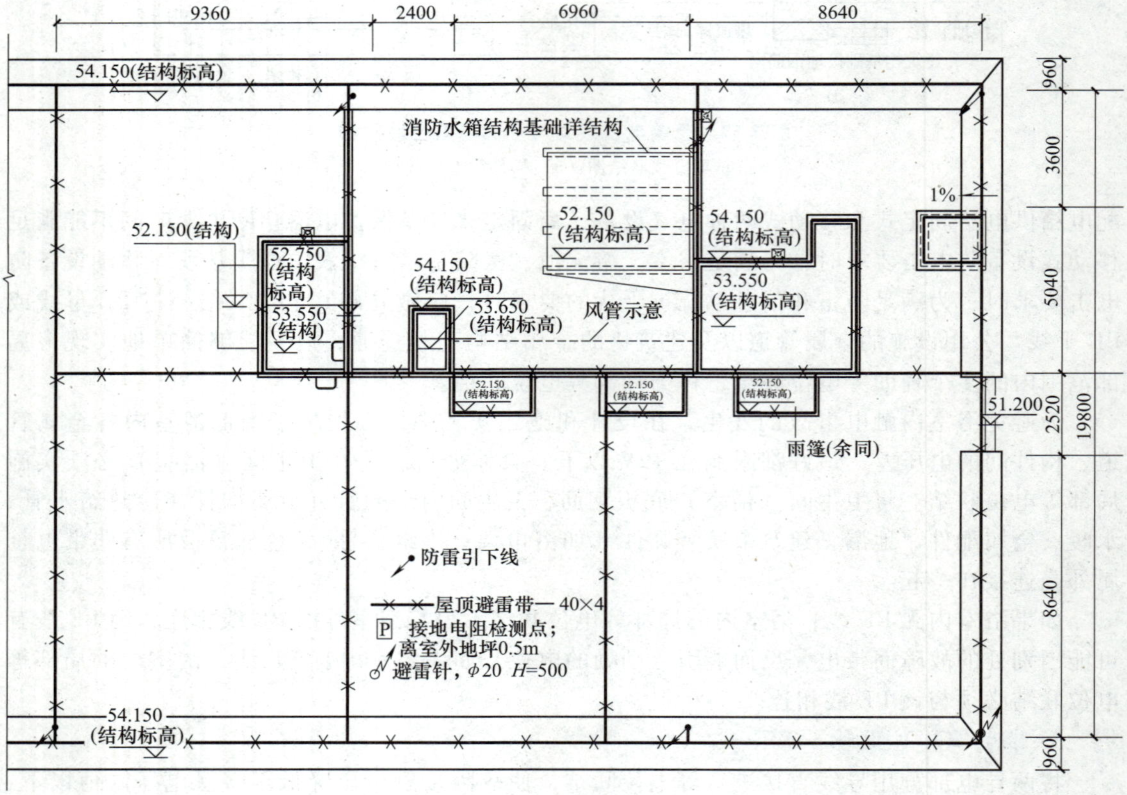

图 7-13 屋面防雷平面图

为防直击雷，在屋顶设网格不大于 10m×10m 或 12m×8m 的接闪带，屋面上沿女儿墙压顶暗敷— 40×4 热镀锌扁钢，用水泥砂浆暗敷；中间屋面网格敷设在屋面找平层内。女儿墙上扁钢、屋顶扁钢、楼梯及电梯屋顶扁钢有高差，采用— 40×4 热镀锌扁钢将同一位置不同标高处的接闪带做连接，形成可靠电气连接；所有凸出屋面的金属物体均采用镀锌圆钢与接闪带焊接连通。垂直敷设的金属管道及金属物的顶端与底端均应与防雷接地装置连接。各接闪器之间的连通和跨接均采用 ϕ12mm 热镀锌圆钢或者— 40×4 热镀锌扁钢。屋顶接闪带按照实际平面水平及竖向长度（高差）计算值，加 3.9% 的附加长度，作为施工中折减、搭接及损耗的工程补偿量，计量单位为米。实际工程中因接闪带暗敷，故在边角凸出屋面的楼梯及电梯顶设置避雷针（又称为防雷针、接闪杆），作为接闪雷电之用，采用直径为 20mm 的热镀锌圆钢，高度设置为 500mm。

图 7-13、图 7-14 视频讲解

为防侧击雷，建筑物地下一层或地面层、顶层的结构圈梁钢筋应连成闭合环路，中间层应在每间隔不超过 20m 的楼层连成闭合环路，实际每隔 6m 设一均压环，便于将 6m 高度内上下两层的金属门、窗与均压环连接。闭合环路应与本楼层结构钢筋和所有专用引下线连接。应将高度 45m 及以上外墙上的栏杆、门窗等较大金属物直接或通过预埋件与防雷装置相连，高度 45m 及以上水平凸出的墙体应设置接闪器并与防雷装置相连。

利用建筑物钢筋混凝土柱子或剪力墙内四根 ϕ12mm（或两根 ϕ16mm）以上主筋通长焊接作为引下线，引下线间距不大于 18m（二类防雷），引下线的箍筋与钢筋、钢筋与钢筋应采用土建施工的绑扎法、螺钉、对焊或搭焊连接，上端与接闪器可靠连通，中间与每层的均压环可靠连通，下端与基础接地网可靠连通，长度从女儿墙起算到混凝土柱子基础结构接地钢筋为止，计量单位为米，不得单算主材工程量。

7.6.2　基础接地工程

图 7-14 所示为地下室及变配电房接地大样图（扫二维码看图）。其利用建筑物地下室底板基础钢筋混凝土两根 ϕ16mm 以上主筋通长焊接通长敷设作为基础接地干线，计量时按照均压环清单条目考虑。

配电房设置总等电位箱，设备房设置局部等电位联结端子箱。防雷引下线利用柱内主筋，上部与避雷带焊接，下部与基础接地钢筋焊接，电梯井道的接地线采用−40×4 的热镀锌扁钢沿井道通长明敷；强弱电井道的接地线采用−40×4 的热镀锌扁钢沿井道通长明敷，且在各层均与建筑物钢筋做局部等电位联结。

建筑物对角（两点）的外墙引下线在距室外地面上 0.5m 处设测试盒，即在外墙侧利用作为引下线的柱子主钢筋引出扁钢−40×4 做测量端子及测试盒，该测试端子与整个防雷接地钢筋网形成一个整体，方便测试电阻以验收。具体做法可参见 15D500《防雷与接地设计施工要点》及 14D504《接地装置安装》。

基础接地网、人工接地体或等电位联结线工程量在平面图中按长度（米）计算。

图 7-14　地下室及变配电房接地大样图

7.6.3　高低压配电室接地

由变压器直接引出 4 芯母线 L1、L2、L3、PEN 至低压配电屏，从变压器中性点引出的 PEN 线在低压配电柜内通过 PE 母排与 MEB 一点可靠连接实现系统接地，基础接地装置应在不同位置至少引出两根连接导体与室内总等电位接地端子板相连。

变电所墙上预埋接地连接板与墙内或柱内主筋焊连引至基础接地网，变电所内四周墙上明设的热镀锌扁钢−50×5（接地干线）与接地连接板可靠连接，接地干线距地 0.3m，但在门口、高低压配电柜、变压器等设备的基础槽钢处采用暗敷。沿电缆沟通长敷设−50×5 热镀锌扁钢作电缆支架接地，电缆沟与配电柜的位置关系如图 7-14 中 *A—A* 所示。在有电缆槽盒引出地沟之处采用−40×4 热镀锌扁钢接地线沿电缆槽盒敷设，首端与墙上明敷的接地干线可靠连接，接地线沿电缆槽盒的安装详见 14D504《接地装置安装》48 页。

图 7-14 中，配电室内设备安装处、构架、支架、预埋件及电缆沟接地带等均应敷设接地引线与接地干线可靠焊接，室内外电缆沟内的预埋件应多处（每条电缆沟至少 3 点）与接地干线相接。设备接地引线不得直接连接到电缆沟内的接地带上。电缆沟与配电柜的位置关系及接地干线敷设如图 7-14 中 *A*—*A* 剖面图所示。配电房接地做法详见 14D504《接地装置安装》。

高低压配电室接地材料工程量包括总等电位联结端子箱、接地连接板、电缆沟内接地扁钢及沿墙接地干线扁钢、临时接地柱等。其中临时接地柱也称为试验接地端子，在电气试验时接试验设备接地线；接地连接板是高低压配电室接地系统中引出的一处连接口。

习　题

1. 什么是过电压？过电压按产生原因分为哪些？雷电过电压的基本形式有哪些？

2. 什么是滚球法、滚球半径？建筑物防雷等级与滚球半径有何关系？为什么？

3. 建筑物的防雷等级如何分类？各级的防雷措施主要是什么？

4. 什么是接地？低压配电系统的接地方式分为哪些？各自的特点是什么？

5. 建筑物等电位联结分为哪些？它们各自的特点和作用是什么？

6. 四川攀枝花市某学校教学楼，建筑物长 30.9m，宽 9.6m，高 11.7m，共 3 层，面积为 929m^2。试计算本工程建筑物年预计雷击次数，确定防雷等级，简述本工程的防雷接地设计方法。

7. 根据图 7-13、图 7-14 回答：

（1）该建筑的年雷击次数和防雷等级可能是多少？

（2）算工程量时计附加长度多少？其作用是什么？工程量如何计算？

（3）引下线做法是什么？

（4）基础接地做法是什么？

（5）图中有几处总等电位联结和局部等电位联结？

（6）电缆沟内接地扁钢做法及材料是什么？

（7）配电柜基础槽钢如何与接地扁钢相连？

（8）变压器出线如何接地？

（9）沿女儿墙面敷设扁钢材料是什么？避雷短针如何设置？

第 8 章 8

建筑照明系统及实例

本章概要

本章介绍电气照明的相关基础知识，照明系统中常见的一些灯具及其选型，照明平面图中灯具的布置方式与照度计算，照明系统的设计与配电控制、智能照明控制系统、应急照明系统设计等相关知识。读者应熟悉并掌握建筑电气照明的灯具选用与布置，照明及其供配电系统设计。学会识读实际照明工程图等知识和技能。

8.1 照明技术的基本知识

8.1.1 照明的光学特性

光是一种电磁波，可见光是电磁波波谱中很小的一部分。人眼对黄光、绿光最敏感，在辐射功率相同的条件下会感到黄光、绿光最亮，而蓝光、紫光和红光很暗。电气照明常用的光学物理量包括以下几种：

1. 光通量

光通量表示光源在单位时间内向四周发射的引起人体视觉感应的辐射能量，用符号 Φ 表示，单位为 lm（流明）。光通量大小描述了光源的发光能力。40W 的荧光灯光通量约为 2400lm，40W 的白炽灯光通量约为 350lm，虽然都是 40W，但荧光灯的发光能力比白炽灯强。

2. 光强

光强是发光强度的简称，表示光源向空间某一给定方向的单位立体角 Ω 内所传播的辐射光通量，描述了光源发出的光通量在空间的分布情况。立体角单位为球面度（sr）；光强用符号 I 表示，单位为 cd（坎德拉）。

$$I=\frac{\mathrm{d}\Phi}{\mathrm{d}\Omega} \tag{8-1}$$

光源光通量一定时，光强大小只与光通量在空间的分布密度有关。光源不变，调整光强在各个方向上的分布，可改善光强。

3. 配光曲线

光强各方向的分布曲线称为配光曲线，是用来进行照度计算的一种基本技术资料。不同灯具的配光曲线不同，多以极坐标表示，聚光很强的投光灯也可以绘在直角坐标上。

4. 照度

照度是物体被照亮的程度，表示被照物体表面单位面积 ds（m^2）上获得的辐射光通量，用符号 E 表示，单位为 lx（勒克斯）。

$$E=\frac{\mathrm{d}\Phi}{\mathrm{d}s} \tag{8-2}$$

投射到物体表面的光通量越多，照度越高，越容易看清楚物体。1lx 仅能辨别物体轮廓，5~50lx 时看书阅读还比较困难，白天采光良好的室内照度为 100~500lx，正常办公、阅读工作时照度约为 300lx。不同场所根据照明需求，国家规定了相应的照度值。光源一定时，照度与被照物体表面的位置有关。照明工程的主要任务之一是使照明具有足够的照度以满足人体视觉的要求。

5. 亮度

亮度是发光体（既指光源，又指被光照射产生反射光的物体）在视觉方向上的单位投影面上的发光强度，用符号 L 表示，单位为 $\mathrm{cd/m^2}$。发光体的光强一定时，发光体面积 S 越大，亮度越小。利用这一特性，可以采用加大发光体的面积来减小发光体对眼睛的刺激，改善眩光。

亮度是用来描述发光体表面光亮程度的物理量，照度是描述看清物体程度的物理量。作为照明用途，应选用光通量大（照度高）的光源，例如教室照明，多选用荧光灯；作为标识用途，应选用亮度高的光源，例如疏散指示照明，以往常选用白炽灯，便于远距离发现标识。由于白炽灯寿命短，耗电大，在应急照明中目前基本已被淘汰。

6. 光源的发光效能

光源的发光效能是指光源发出的光通量与光源功率之比，简称光效，用符号 η_G 表示，单位为 lm/W。光效高，照明光源的电能利用率就高。光效是评价光源的重要参数，表示为

$$\eta_G=\frac{\Phi}{P} \tag{8-3}$$

7. 灯具效率

灯具效率定义为灯具发出的光通量 Φ_F 与灯具内的光源发出的总光通量 Φ_0 之比。灯具效率是描述灯具对入射光反射能力强弱的无量纲参量。灯具效率 η_D 表示为

$$\eta_D=\frac{\Phi_F}{\Phi_0} \tag{8-4}$$

8. 眩光

视野中由于不适宜亮度分布，或在空间或时间上存在极端的亮度对比，以致引起视觉不舒适和降低物体可见度的视觉现象，称为眩光。眩光是评价照明质量的指标之一，照明设计时要采取措施，降低这种不舒服的视觉现象。眩光分为直接眩光和反射眩光。眩光与照明空间的背景亮度、灯具亮度、视觉方向等因素有关。

公共建筑和工业建筑内房间或场所的不舒适眩光应采用统一眩光值（UGR）评价，根据【照明标准 24】，其最大允许值宜符合照度标准表内的规定。

室外体育场所和其他室外场地照明装置引起的不舒适眩光应采用眩光值（GR）评价，其最大允许值同样应符合【照明标准 24】的规定。

9. 光源的色温与显色性

光可以分解为按波长排列的由单一频率的单色光所形成的图像，称为光谱。以黑体在某一温度下所辐射的光的颜色作基准，以 K 为计算单位表达光源色品的数值称为色温，也称为色度。通过选择不同色温的光源，可以营造与环境相适应的视觉效果。色温大于 5300K 的光源，光色偏白，称为冷色光，冷饮室、教室、计算机房等场所可以用 6500K 白色荧光灯等冷色光源，营造凉爽清醒的效果；色温在 3300~5000K 之间，光色白中略偏红，称为中

间色，人体视觉会产生温和的感觉，车站、商场等场所常采用金属卤化物灯等中间色照明光源，营造轻松活跃的效果；色温小于 3300K，光色偏红，称为暖色光，宾馆的大堂、酒吧等场所适宜采用暖色照明光源，营造亲切温暖、宾至如归的效果。

光的显色性是指与参考标准光源相比较，光源显现物体颜色的特性。光的显色性是评价照明质量的指标，以显色指数度量，符号是 R_a。显色指数最大值为 100，表示色样在该照明光源照射下，色样与其真实的颜色完全一致。显色指数低于 100，表示在该照明光源照射下，物体会产生色差。显色指数高，色差小，对颜色的分辨能力高。不同光源显色指数不同，如白炽灯显色指数为 95 以上，荧光灯的显色指数为 50～93，高压钠灯的显色指数为 21。照明工程中在选用光源时，应根据照明空间的性质，考虑光源的显色性影响。不同场所显色指数的要求在【照明标准 24】中也有具体规定。

照度、显色指数、色温是现代照明工程中选用光源的三要素，三者配合质量是现代照明工程的重要指标。

8.1.2　照明方式与种类

1. 照明方式

按【照明标准 24】的规定，照明的基本方式分为一般照明、分区一般照明、局部照明、混合照明及重点照明五种方式。

（1）一般照明　为照亮整个场所而设置的均匀照明。各场所均应采用一般照明，并应满足场所视觉活动性质的需求。

（2）分区一般照明　为照亮工作场所中某一特定区域而设置的均匀照明。同一场所的不同区域有不同的照度要求时应采用分区一般照明。

（3）局部照明　为特定视觉工作用的、为照亮某个局部用的照明方式。对于部分作业面照度要求高，但作业面密度又不大的场所，若只采用一般照明，会大大增加安装功率，增加局部照明来提高局部作业面照度，在技术经济方面更合理。局部照明是为照亮某个局部用，只设局部照明会形成亮度分布不均匀，因此在一个工作场所内不应只设局部照明。

（4）混合照明　由一般照明与局部照明组成的照明方式。采用混合照明的空间，要求一般照明与局部照明的照度相差不能过大，否则会影响视觉效果。

（5）重点照明　为提高指定区域或目标的照度，使其比周围区域突出的照明。商业建筑和展览建筑内常根据展示要求设置重点照明，重点照明区域的照度与其周围背景的照度比不宜小于 3∶1。

2. 照明种类

按照明的功能将照明分为正常照明、应急照明、值班照明、警卫照明、障碍照明五种基本类型。不同种类的照明对照明配电要求不同，在配电设计时应注意区分。

（1）正常照明　在正常情况下使用的室内外照明。正常照明是以工作和生活为目的的选择照度标准而永久安装的照明，一般场所均应设置正常照明。

（2）应急照明　因正常照明的电源失效而启用的照明。应急照明包括备用照明、安全照明和疏散照明。三种照明类型的功能有所不同，照明设计的要求也不同。

1）备用照明是用于确保正常活动继续或暂时继续进行的应急照明。例如，消防中心、监控中心、变电所等场所，要有保证正常照明的电源失效后继续工作的照明。

2）安全照明是用于确保处于潜在危险之中的人员安全的应急照明。例如，宾馆、影剧院等人员集中的建筑，应设置安全照明，以避免在正常照明失效后造成混乱和拥挤，导致人员伤亡。

3）疏散照明是用于确保疏散通道被有效地辨认和使用的应急照明。疏散照明分为用于指示出口位置和方向的疏散指示标志灯和为照亮疏散通道而设置的照明。作为疏散标志用的光源应选择高亮度的光源以确保标志醒目，作为照明用的光源应满足基本的照度要求以确保疏散的视觉需要。

应急照明直接影响建筑和人身安全，在因意外导致正常照明的电源失效后，应急照明要保证建筑内人员的安全疏散、维持必须继续工作的各种照明空间的照明要求。按负荷分级的原则，应急照明应属于一级或二级负荷，因此，应急照明与正常照明对供电的要求有所不同，应急照明应有备用电源，且能在正常电源故障后自动切换到备用电源供电。在供配电系统设计时要保证应急照明的供电和控制要求。

（3）值班照明　非工作时间，为需要值班的场所而设置的照明。通常在大面积场所和重要的场所宜设值班照明。例如，商场、银行、仓库等场所宜设置值班照明。值班照明可根据具体情况选用正常照明配电回路或应急照明配电回路供电，并能够单独控制。

（4）警卫照明　用于警戒而设置的照明。有警戒要求的场所，应根据警戒范围的要求设置警卫照明。例如，建筑小区、厂区、校区、仓库区域等的周边界限都可考虑设置警卫照明；对一些特殊的建筑物（如金库、监狱）等的警卫照明应按一级负荷供电要求设计，其余警卫照明可根据具体情况选用二级或三级负荷供电要求设计。

（5）障碍照明　在可能危及航行安全的建筑物或构筑物上安装的标志灯。例如，在飞机场附近的高层建筑、烟囱、水塔等建筑物，可能对飞机起降构成威胁，应按当地民航及交通部门的规定设置障碍标志灯；位于船只航道两侧或中间的建筑物或其他障碍物，可能危及航行安全，也应按当地航运部门的要求设置障碍标志灯。障碍标志通常采用专用的障碍照明设备，以一定的频率闪动，以提示存在障碍物。障碍照明不允许在夜间中断标志显示，属于一级或二级负荷，应按建筑物的最高负荷类别设计。

除以上五种基本照明类型外，照明设计中还有为观赏建筑物设置的景观照明，为营造艺术效果设置的装饰性光彩照明等类型。这类照明光源的选择注重营造视觉效果和衬托建筑主体，一般对供电无特别要求，但其配电回路应能够单独控制。

8.1.3　照明质量与照度设计的一般要求

在照明设计时应根据视觉要求、作业性质和环境条件，通过对光源、灯具的选择和配置，使工作区或空间具备合理的照度、显色性和适宜的亮度分布以及舒适的视觉环境。在评价照明质量时，通常应考虑以下几个指标能否满足国家标准的要求：

1. 照度及均匀度要求

照度是照明设计最基本的要求。【照明标准 24】第 5 章规定了各类建筑场所不同功能与用途的照明空间一般照明的照度及照度均匀度标准，照明设计时要满足照度标准的要求。各类视觉工作对应的照度范围宜按【民电标 19】表 10.3.2 选取。

除了合理的照度外，为了减轻因频繁适应照度变化较大的环境而对人眼所产生的视觉疲劳，室内照度的分布应该具有一定的均匀度。照度均匀度是指工作面上的最低照度与平均照度之比值（U_0），一般不应低于【照明标准 24】第 5 章的规定。

2. 眩光限制

在建筑照明设计中，室内一般照明直接眩光的限制，应根据光源亮度、光源和灯具的表观面积、背景亮度以及灯具位置等因素进行综合确定。通常采取下列措施：

1）眩光限制首先应从直接性灯具的保护角或遮光角来加以限制。长期工作或停留的房间或场所，保护角应限制在 10°~30°之间，详见【照明标准 24】表 4.3.1-1。

2）灯具安装应选用合理的距高比。

3）对于要求统一眩光值 UGR≤22 的照明场所，可采取：将灯具安装在不易形成眩光的区域；限制光源的亮度，降低灯具的表面亮度；房间各表面采用低光泽度的装饰材料；在视线方向采用特殊配光灯具或采取间接照明方式；照亮顶棚和墙面以减小亮度比，并应避免出现光斑等多种措施来降低眩光值。

4）对于长时间视觉工作场所内照度分布，当照明灯具采用嵌入式安装时，顶棚的反射系数宜大于 0.6，且顶棚的照度不宜小于工作区照度的 1/10；作业面照度、作业面邻近区照度和作业面背景区域一般照明照度之间的比值应符合【照明标准 24】的规定。

3. 绿色照明和节能要求

节能是社会可持续发展的要求，在照明设计和评价中，要始终贯彻节能要求。照明功率密度（LPD）值是指单位面积的照明安装功率（含镇流器，变压器的功耗），单位为 W/m^2。【照明标准 24】第 6 章规定了各类建筑的照明功率密度值，且大部分照明功率密度值属于强制性标准，必须严格执行。选择绿色、高效、节能的光源和灯具，必须满足照度和照明功率密度的要求。

4. 光源颜色及显色性要求

除上述的基本指标外，在评价照明质量时，还要考虑光源的显色指数、色温等与环境相适应，考虑灯具的造型与建筑空间和照明要求相协调。对长期工作或停留的房间或场所，照明光源的显色指数不宜低于 80，在灯具安装高度大于 6m 的工业建筑场所，显色指数可低于 80，但必须能够辨别安全色。照明光源色表适用场所宜按【民电标 19】表 10.3.4 选取；【照明标准 24】对各种场所的显色指数有具体规定。

表 8-1 列出了教育建筑部分常见场所的照度标准值、显色指数、眩光值、照明功率密度等。更多建筑类别重点场所的照明标准值及节能标准可查阅【照明标准 24】第 5 章、第 6 章的规定。规范规定了两种照明功率密度值，即现行值和目标值。现行值是根据对国内各类建筑的照明能耗现状调研结果、我国建筑照明设计标准及光源、灯具等照明产品的现有水平并参考国内外有关照明节能标准，经综合分析研究后制定的，是必须执行的。而目标值则是预测到几年后随着照明科学技术的进步、光源灯具等照明产品能效水平的提高，照明能耗会有一定程度的下降而制定的。目标值比现行值降低 10%~20%。各类建筑更多其他场所的照明可以查阅对应的现行行业标准，如教育建筑照明设计可查阅【教育电规 13】等。

表 8-1　教育建筑照度标准值、功率密度与显色指数

房间或场所	照明功率密度/(W/m^2)		照度标准值/lx	参考平面及高度	显色指数 R_a	UGR	U_0
	现行值≤	目标值≤					
教室、阅览室	9	8	300	课桌面	80	19	0.6
实验室	9	8	300	试验桌面	80	19	0.6
美术教室	15	13.5	500	桌面	90	19	0.6
多媒体教室	9	8	300	0.75m 水平面	80	19	0.6
电子信息机房	9	8	300	0.75m 水平面	80	19	0.6
计算机教室、电子阅览室	15	13.5	500	0.75m 水平面	80	19	0.6
楼梯间	4	3.5	100	地面	80	22	0.4

（续）

房间或场所	照明功率密度/(W/m²)		照度标准值/lx	参考平面及高度	显色指数 R_a	UGR	U_0
	现行值≤	目标值≤					
教室黑板	15	13.5	500	黑板面	80	—	0.7
宿舍	5	4.5	150	地面	80	22	0.4
车库	2.5	2	75	地面	80	—	0.6

装10个灯具以上的照明场所，设计照度与照度标准值可以有不超过±10%的偏差；当小于或等于10个灯具时，允许适当超过此偏差，以表8-1中教育建筑为例，说明了设计值与现行值的差异。表中的照明功率密度LPD值为强制性指标，设计时必须满足要求。对于标准规定有统一眩光值UGR或眩光值GR值要求的场所，应进行UGR或GR值计算。UGR和GR的计算方法和要求可参考【照明标准24】附录A和附录B的计算公式，眩光限制等级宜符合【民电标19】表10.3.6的规定。因计算较为复杂，故通常采用计算软件完成。

5. 照明方式要求

照明设计应考虑建筑对照明的特殊要求，选择合理的照明方式，处理好照明及自然采光的关系，正确选用灯光控制方案，在满足照度基本要求的前提下，减少电能损耗，达到经济和节能的目的。

6. 照度的稳定性要求

照度的不稳定主要是由于光通量的变化所致，而光通量变化主要是电源波动引起的。照明设计时要采取措施保证照明供电电压的质量。一般情况下，对照明配电线路，允许有±5%的电压偏移，在难以满足时，允许有-10%～5%的电压偏移；对应急照明，允许有-10%～5%的电压偏移。光源摆动、光源照度会随使用时间而减少也会影响视觉。一般可以通过照度补偿、控制电压波动和灯具摆动等来实现照度的稳定性。

7. 频闪效应的消除

对于交流电源供电的电源，光通量会发生周期性的变化，当最大光通量与最小光通量差别很大时，会使人眼产生明显的闪烁感觉或产生视觉误差，这称为频闪效应。一般光通量波动深度在25%以下时，可以避免频闪效应。因此在采用可能产生频闪效应的气体放电灯照明的场所，可以采用相邻的灯分相接入、将单相供电的两根荧光灯管移相接入的方式、改用直流供电或使用电子镇流器等方式消除频闪效应影响。

8.2 照明光源与灯具选择

电气照明装置主要包括电光源、控制开关、插座、保护器和照明灯具。照明灯具是指具有配光特性的光源支架，照明光源与灯具应配合使用，相互协调。

8.2.1 常用照明光源的分类

1. 光源的分类

常用照明光源按光源的发光原理分为热辐射光源、气体放电光源和半导体光源三大类。

（1）热辐射光源　热辐射光源是指利用电流将特殊的物体加热到白炽状态而发光的光源。热辐射光源主要有白炽灯、卤钨灯两种光源，以钨丝为辐射体，以热辐射方式产生可见光。因其发光原理，热辐射光源工作时表面会有明显的温升现象，光效一般较低，但显色指数较高，功率因数高。

（2）气体放电光源　气体放电光源是指利用电流在流过特殊的气体时，使气体放电而发光的光源，以原子辐射方式产生可见光。荧光灯、高压汞灯、高压钠灯、金属卤化物灯、氙灯等都是常见的气体放电光源，这类光源一般有明显的频闪效应。气体放电光源按放电方式的不同，又可分为辉光放电光源和弧光放电光源两种类型。

辉光放电光源放电电流小，不需要专用的启动器件以及启动线路便可工作，冷阴极灯、霓虹灯等属于辉光放电光源。辉光放电光源一般用于装饰性照明。弧光放电光源放电电流大，通常需要专用的启动器件以及启动线路才能工作。弧光放电光源按灯管内的气体压力又分为低压弧光放电光源和高压弧光放电光源。低压弧光放电光源主要是荧光灯、低压钠灯等。目前，荧光灯普遍采用电子镇流器替代了传统电感镇流器和辉光启动器，可以快速启动和再启动，同时可以消除频闪效应。高压弧光放电光源包括高压汞灯、高压钠灯、金属卤化物灯等。高压弧光放电光源功率大，但外表面积却较小。高压气体放电仍有较多产品需要电感式镇流器，启动和再启动时间较长，功率因数也较低，需要配备补充电容。气体放电光源的显色指数通常比热辐射光源低，功率因数也较低，但发光效率高，使用寿命长，在照明工程中得到了广泛应用。

（3）半导体光源　半导体光源的发光原理是利用半导体材料的特性，向半导体二极管的 PN 结施加正向电压，使 N 区电子越过 PN 结注入 P 区，与 P 区空穴复合，以光子的形式释放能量而产生可见光。发光二极管是半导体照明光源的雏形，由于发光二极管不可能产生具有连续谱线的白光，而且产生的光通量小，不足以提供足够的照度，最初仅限于作为标志使用。随着技术进步，半导体光源具有体积小、质量轻、耗电低、寿命长、亮度高、响应快等普通光源无法相比的优点，被称为绿色光源。照明设计及选型时参见【19D 数据】第 8 章：电光源分类及应用场所、光源色温及显色性选择、常用光源主要性能参数、LED 灯具替代其他灯具对照表、各类型灯具效率及光源发光效能、各种灯能效等级。常用照明光源分类及其基本特性见表 8-2。

表 8-2　常用照明光源分类及其基本特性

<table>
<tr><th colspan="3">光源分类</th><th>主要形式</th><th>发光原理</th><th>一般特性</th></tr>
<tr><td colspan="3">热辐射光源</td><td>白炽灯、卤钨灯</td><td>热辐射</td><td>显色指数较高，功率因数高，光效较低</td></tr>
<tr><td rowspan="3">气体放电光源</td><td colspan="2">辉光放电光源</td><td>冷阴极灯、霓虹灯</td><td rowspan="3">原子辐射方式</td><td rowspan="3">有明显的频闪效应，显色指数低，光效较高；辉光放电光源不需要专用的启动器件
弧光放电光源需要专用的启动器件，高压弧光放电光源功率大，但外表面积却较小；弧光放电光源在建筑照明中广泛采用</td></tr>
<tr><td rowspan="2">弧光放电光源</td><td>低压弧光放电光源</td><td>荧光灯、低压钠灯</td></tr>
<tr><td>高压弧光放电光源</td><td>高压汞灯、高压钠灯、金属卤化物灯</td></tr>
<tr><td colspan="3">半导体光源</td><td>LED 灯</td><td>光子形式</td><td>光效高、体积小、耗电低、寿命长、响应快</td></tr>
</table>

2. 常用照明光源应用场合

白炽灯结构简单，显色性好，价格低廉，安装使用方便，适应范围大，曾在建筑照明中较广泛应用。但白炽灯光效低、寿命短、能耗大、发热量及安全性方面均不能与荧光节能灯和 LED 灯相比，已退出历史舞台。

卤钨灯的功率通常较大，不适宜办公和生产场所的照明，主要用于大空间照明，如体育馆、大会堂等照明，其高显色性和色温范围特别适宜于演播室和舞台照明。

荧光灯广泛用于办公和生产照明，按【照明标准 24】的规定，高度较低的房间，如办公室、教室、会议室、电子等生产车间宜采用直管型荧光灯；商店的营业厅宜采用直管型或紧凑型荧光灯。

高压钠灯结构也与高压汞灯相似，但其光效是三种高压弧光放电光源中最高的；高压钠灯体积较小、亮度高、透雾性强，适合于交通道路、航运、机场跑道等需要高亮度和高可见性的场所，一般较少用作室内照明。

金属卤化物灯是在高压汞灯基础上发展起来的照明光源，其放电管内填充了金属卤化物。金属卤化物灯的外形和结构与高压汞灯相似，但光效更高，光源的显色性等性能更好，适用于各种照明场所，但由于其启动设备复杂，启动需要较长时间才能稳定，且价格较高，目前主要应用于机场、体育场的探照灯，影视摄像设备的光源和影剧院的装饰照明等。

LED 灯是半导体二极管的一种，可以把电能转化成光能，且工作电压很低（有的仅一点几伏）；工作电流很小；抗冲击和抗震性能好，可靠性高，寿命长；通过调制通过的电流强弱可以方便地调制发光的强弱。由于有这些特点，发光二极管在一些光电控制设备中用作光源，在许多电子设备中用作信号显示器。发光二极管光谱几乎不含红外与紫外光谱，具有很好的显色性，而且调光性能出色，其光亮几乎可以随输入电压成线性比例变化。与现在的所有照明光源相比，LED 灯的综合性能是最好的。采用半导体光源为主要照明光源是当今照明光源的发展主流，同时 LED 显示屏应用已非常广泛与普遍，目前 LED 显示屏在体育场馆、广场、会场甚至街道、商场都已广泛应用。LED 灯的特点非常明显，寿命长、光效高、无辐射与低消耗。发光二极管的光谱几乎全部集中于可见光频段，其发光效率可达 80%～90%，是国家倡导的绿色光源，具有广阔的发展前景，尤其当大功率的发光二极管研制出来而成为照明光源时，LED 灯已经广泛用作建筑室内照明、道路交通指示标志、障碍标志、疏散指示标志和装饰性彩灯，越来越多的 LED 节能灯已经进入平常百姓家。LED 灯具有使用低压电源、耗能少、适用性强、稳定性高、响应时间短、对环境无污染、多色发光等的优点，虽然价格较现有照明器材昂贵，但它将不可避免地替代现有照明器件。

8.2.2 照明灯具

照明灯具具有以下作用：一是作为光源支架，支撑和固定光源；二是改变光源的配光曲线，利用灯具的反射和遮光特性，改变光源的光强在空间各个方向上的分布，进而改变照明效果，防止直接眩光；三是具有装饰、美化环境的特性；四是可以保护光源，防止意外事故。

从功能和用途上，照明灯具和光源是不同概念的照明设施，但在选择照明产品时，光源和灯具往往配套出售和使用，在工程应用中不要混淆了这两个概念。照明灯具涉及的内容较为广泛，选择时考虑的因素也较多，在本章内容中，只介绍照明灯具的基本分类和选择要点。

1. 按照明灯具光通量分布分类

根据 CIE（国际照明委员会）的建议，按光通量在灯具上下两个半球空间的分布比例，可将照明灯具分为直接型、半直接型、全漫射型、半间接型和间接型五类。其分类和特征见表 8-3。

表 8-3 按光通量在空间上下部分的分配比例分类

类型	直接型	半直接型	全漫射型	半间接型	间接型
配光曲线		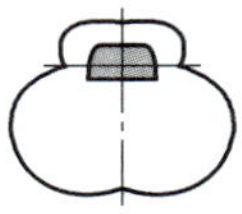	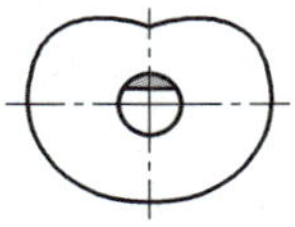	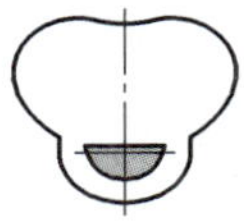	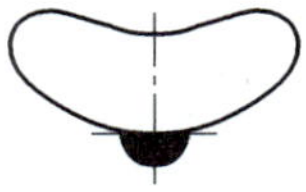
光通量分布	上半球：0~10% 下半球：100%~90%	上半球：10%~40% 下半球：90%~60%	上半球：40%~60% 下半球：60%~40%	上半球：60%~90% 下半球：40%~10%	上半球：90%~100% 下半球：10%~0
灯罩材料	不透光材料	半透光材料	漫射透光材料	半透光材料	不透光材料

1）直接型灯具一般采用非透明且反射性好的材料制造，灯具下方敞开，光源的光通量基本集中在灯具的下半球空间。嵌入式格栅日光灯、防潮吸顶灯、镜面灯等为典型的直接型灯具。

2）半直接型灯具一般采用半透明材料制造，灯具下方敞开，光源上射的光通量增加，使照明空间的光照比较柔和，同时保持光源下方的工作面仍可获得较大的照度，减少了灯具与顶棚间的强烈对比，可以产生一定的环境氛围。花式吊灯、筒式荧光灯、下方敞口灯具、方型吸顶灯、具有透光作用的灯罩等均属于半直接型灯具。

3）全漫射型灯具又称为直接-间接型灯具，一般采用具有漫射透光特性的材料制造，通常为封闭式灯罩，直接眩光小，但光通量利用率较低。全漫射型灯具造型美观，可以产生一定的环境氛围，有装饰性效果，多用于公共场所。单吊灯、乳白玻璃球罩灯具是典型的全漫射型灯具。

4）半间接型灯具与半直接型灯具相比，光源上射的光通量大，增加了室内的间接光，光线更加柔和。但光通量的利用率低，上半部容易积灰尘，一般在照明要求不高、以产生环境氛围为主的公共场所。伞型罩单吊灯、反射型吊灯、反射型壁灯等属于半间接型灯具。

5）间接型灯具的特性与直接型灯具相反，光通量基本集中在灯具的上半球空间，空间照明基本靠屋顶或其他物体的反射，可以在很大程度上减小眩光和阴影，光照柔和，但光通量利用率最低，不经济。反射型吊灯、反射型壁灯等均属于间接型灯具。

2. 按外壳防护等级分类

照明灯具具有保护光源、防止意外事故的特性。按我国国家标准对外壳防护等级的分类原则，其形式为“IP××”，IP 为外壳防护等级分类的特征字符，后面的××为特征数字，第一个特征数字表示防止人体触及或接近外壳内部带电部分、防止固体异物进入外壳内部的防护等级，分为 0~6 级，数字越大，要求越高；第二个特征数字表示防止水进入外壳内部的防护等级，分为 0~8 级，数字越大，要求越高。

例如，防护等级 IP44 的灯具，第一个数字“4”表示灯具可防止大于 1mm 的固体异物进入外壳内部，第二个数字“4”表示灯具具有防溅水的保护，具体的防护等级说明可查阅相关手册获取。

对外壳防护有要求的场所，在照明设计时，应按外壳防护等级分类注明灯具的防护等级。

3. 按防触电保护分类

灯具的人体可接触部分应该都是绝缘的，但不同的使用场所，对防止触电的要求不同。

我国国家标准按防触电保护要求，将其分为 0 类、Ⅰ类、Ⅱ类、Ⅲ类共四类。每一类灯具的主要性能及其应用情况见表 8-4。

表 8-4 灯具的防触电保护分类

灯具等级	灯具主要性能	应用说明
0 类	保护依赖基本绝缘——在易触及外壳和带电体间的绝缘	适用环境好的场合，且灯具安装维护方便，如空气干燥、尘埃少、木地板等条件下的吊灯等
Ⅰ类	除基本绝缘外，易触及的部分及外壳有接地装置，一旦基本绝缘失效时不致有危险	用于金属外壳灯具，如投光灯、路灯、庭院灯等，提高了安全程度
Ⅱ类	除基本绝缘外，还有附加绝缘措施，(也称为双重绝缘或外层绝缘)，可以防止间接触电	绝缘性好，安全程度高，适用于环境差、人经常触摸的灯具，如台灯、手提灯等
Ⅲ类	采用特低安全电压(交流有效值<50V)，且灯内不会产生高于此值的电压，不存在触电危险	灯具安全程度最高，用于恶劣环境，如机床工作台灯、水下照明灯、儿童用灯

4. 其他分类方式

灯具按其结构特点分类，可分为开启型、闭合型、封闭型、密闭型、防爆型、防腐型等；按安装方式分类，可分为吸顶式、嵌入顶棚式（镶嵌式）、嵌入墙壁式、悬挂式、壁式（壁灯）、移动式等；按灯具外形分类，则种类繁多，常见的有筒灯、金属格栅灯、壁灯、吸顶灯、吊灯等。

5. 照明灯具选择的基本原则

在照明工程与设计中，光源与灯具要统一考虑，使灯具、光源、使用环境相互配合，既保证照明质量，又实现美化装饰的效果。安全、节能是建筑照明设计的主题，确保安全使用、选择高效的灯具、提高光源的利用率是基本原则。

在具体选用过程中，通常应先考虑灯具的使用环境与安全要求、配光特性，再考虑灯具的经济性和装饰性。根据照明空间的功能要求，考虑节能要求，选择高效的光源与灯具，选择相适宜的显色指数、色温的光源；具有安全隐患的特殊场所，应按照使用条件，选择满足外壳防护等级要求的灯具；有防触电要求的场所，应选择能满足相应的防触电保护分类条件的灯具。正规的灯具，在其产品手册中会标注产品的外壳防护等级和防触电保护分类。

灯具的配光特性要求主要指应根据照明空间的功能要求选择具有合适的光通量分布的灯具。例如，对一般的办公室、教室等，既要保证整个空间有一定的亮度，又要保证工作面的基本照度，可以选用半直接型灯具；如果需要限制眩光，可以选用格栅式荧光灯具等，降低光源表面亮度；对工业厂房等对上部空间照明要求不高的场所，则可以考虑选用光通量利用率高，下方的工作面可以获得较大照度的直接型灯具；对于局部照度要求高的场所，可选用筒灯、射灯等；对于照度要求不高的公共场所，可以选用全漫射型灯具，以求光线柔和，营造温馨的环境氛围，全漫射型灯具还具有装饰性的效果。

灯具的经济性主要指在满足照明质量和安全条件的前提下，降低灯具初期投资费用和考虑运行维护费用。初期投资费用一般要进行方案比较和产品选型，运行费用要考虑使用周期和灯具清洁等费用。通常造型复杂的灯具安装维护不便，灯具清洁不容易。

灯具的装饰性主要涉及美学艺术，灯具价格高、材料好，并不一定有美的效果，灯具与环境的协调才是最基本的因素。考虑建筑的结构与平面，确定灯具的安装方式和布局。

另外，【照明标准 24】对荧光灯和高强度气体放电灯灯具的效率有具体要求，开敞式荧光灯和高强度气体放电灯灯具的效率不应低于 75%，格栅式的效率不应低于 60%。

8.3 照明布置选择及照度计算

照明设计要求根据照明空间的环境与使用性质，选择合适的光源、灯具等照明设备，并通过对照明设备的合理布局，满足照明空间的使用功能要求，使照明设备与照明环境相适宜，视觉清晰，亮度均匀，让使用者在照明空间内工作或生活时感到舒适和轻松。

8.3.1 光源与灯具布置

光源与灯具布置包括光源与灯具的悬挂高度和平面布置方案，光源与灯具布置影响照明质量，不合理的布置方案会影响照度的均匀性、阴影、亮度的分布、产生眩光等。灯具布置还要考虑安全与维护的要求，考虑与照明空间协调美观的要求等因素。

1. 光源与灯具的悬挂高度

光源与灯具的悬挂高度是指光源与灯具到照明空间地面的垂直高度。对于灯具的悬挂高度主要根据使用场所的层高，考虑防眩光的要求、防触电安全的要求以及灯具防碰撞的要求等来确定。室内照明灯具的高度一般不得低于 2.4m，当低于此值时，要采用封闭式灯罩或带有保护网的光源。

光源与灯具的悬挂高度还与光源类别、电功率大小、灯具的特性等因素有关。一般而言，光源电功率大，要求悬挂高度高，利于安全与降低眩光；灯具的反射性能好时，可以适当提高悬挂高度，以利于降低眩光；灯具的反射性能差时，可以适当降低悬挂高度，以利于保证照度要求。对于室内一般照明，灯具有最低悬挂高度的要求，在设计和安装照明灯具时，要满足有关标准和规范规定的最低悬挂高度的要求。对于无反射罩的荧光灯，其功率不高于 36W 时，最低悬挂高度要求为 2.0m；其功率高于 36W 时，最低悬挂高度要求为 3.0m。对于带反射罩的高压汞灯、金属卤化物灯等，最低悬挂高度要求为 4.0~8.0m；对于带反射罩且带格栅的高压汞灯、金属卤化物灯等，最低悬挂高度要求为 4.5~9.0m。

2. 光源与灯具布置

(1) 灯具的平面布置　光源与灯具布置主要考虑照明方式。室内灯具平面布置的方式可分为均匀布置和选择性布置两种。均匀布置是采用同类型灯具按固定的几何图形均匀排列，可使整个区域有均匀的照度。选择性布置是根据环境对灯光的不同要求，选择布灯的方式和位置。一般只有在需要局部照明或定向照明时，根据情况才考虑用选择性布置。

室内灯具作为一般照明使用时通常采用均匀布置方式，使照明空间获得均匀的照度分布。为了保持整个场所的照度均匀度，靠边的灯具不能离墙太远，一般在（0.25~0.5）L 之间（L 为灯具间距），当靠墙有视觉工作要求时，灯具与墙的距离不应大于 0.75m。

布置线状光源时，光带一般与窗平行，光线从侧面投向工作桌，灯管的长度方向与工作桌长度方向垂直，这样可以减少光幕反射引起的视觉功能下降。靠墙光带与墙之间的距离一般取 $L/2$，若靠墙有工作台可取 $L/4$~$L/3$。对荧光灯等非均匀结构尺寸的光源或灯具，在布置时，要考虑其光通量的均匀性，在教室等环境布置荧光灯，要将荧光灯与讲台黑板平面垂直布置，灯具距墙面的距离不宜超过灯具之间距离的一半。

(2) 距高比要求　为获得均匀的照度分布，灯具到工作面的垂直距离 h 和灯具之间的水平距离 L 要满足一定的限制条件，用灯具的“距高比 L/h”来描述这种限制条件，对同一种光源和灯具，距高比不变时，照度的均匀性也相同。常见的灯具平面布局方案有长方形、正方形、菱形等，不同布局方案中，灯具之间的水平距离有所区别，图 8-1 所示是三种布局的灯具之间的水平距离示意图。图 8-2 展示了灯具的悬挂高度 H_x 与距高比中 L 及 h 的取值关系。

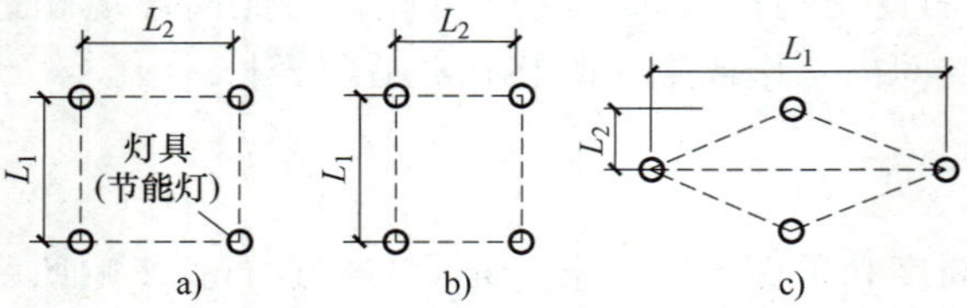

图 8-1 点光源均匀布灯平面图

a）正方形布置 b）矩形布置 c）菱形布置

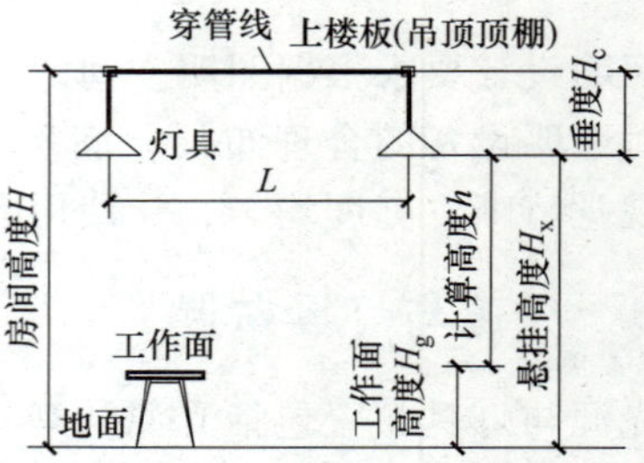

图 8-2 灯具布置的立面图

灯具布置的实际距高比小于或等于最大允许距高比时，可以获得均匀的照度分布。在 h 一定的条件下，L/h 值小，照度的均匀度就好，但由于布置的灯具较多，经济性差；L/h 值过大，则不能保证照度的均匀度。每种灯具均有一个最佳的距高比，只要实际采用的 L/h 值在此范围之内，就能够满足照度均匀度的要求，并且具有较小的电能消耗。根据研究，各种灯具最佳距高比见表 8-5。

表 8-5 灯具最佳距高比

灯具种类	距高比 L/h		宜采用单行布置的房间高度 H
	多行布置	单行布置	
乳白玻璃圆球灯、散照型防水防尘灯、顶棚灯	2.3~3.2	1.9~2.5	1.3h
无漫透射罩的配照型灯	1.8~2.5	1.8~2.0	1.2h
搪瓷深照型灯	1.6~1.8	1.5~1.8	1.0h
镜面深照型灯	1.2~1.4	1.2~1.4	0.75h
有反射罩无格栅的荧光灯	1.4~1.5		
有反射罩带格栅的荧光灯	1.2~1.4		

8.3.2 照明计算

从供配电的角度，电气照明的一个基本任务是确定照明空间的光源与灯具数量、布局、所需电功率，进而完成照明配电设计，实现这一任务的过程称为照明计算。

照明计算的基本方法主要有点照度计算和平均照度计算两类。点照度计算是在光源灯具的形式和布局确定后，计算被照平面上某个工作点的照度。点照度也称为逐点计算法，计算过程较复杂，一般用于验算局部的照度要求或工作面的照度均匀度。平均照度计算以被照平面为对象，计算被照工作面的平均照度，建筑照明的大多数场所都要求被照工作面具有均匀的照度，因而平均照度计算比较适合照明工程设计。

平均照度计算主要采用利用系数法，考虑了照明空间形状和表面对光源光通量的反射等影响，比较接近均匀照度空间的实际情况。基于利用系数法的估算方法——单位容量法，由于表格编制时间较早，其中的数据不适应现在新型光源和新型灯具的需要，需要进行多种修正，具体内容可以参阅【照明手册】，在此不再赘述。

1. 照明计算中的利用系数 U

照明空间的室空间形状、表面材料、灯具配光特性和灯具的效率等会对光源的光通量分布产生影响，引入利用系数来描述这种影响，利用系数 U 定义为投射到工作面的光通量 Φ_f 和所有光源发出的总光通量 Φ_s 之比。

$$U=\frac{\Phi_f}{\Phi_s} \tag{8-5}$$

类似于负荷计算时引入的需要系数，在工程应用中，按一定的条件和理论分析，预先将不同灯具的利用系数编制为表格，在照明计算时，查表得出相应的利用系数，然后根据式（8-5）可得到投射到工作面的光通量。采用利用系数进行照明计算的方法称为利用系数法。

2. 室形指数

照明空间的形状会对光源的光通量分布产生影响，照明空间的高矮、表面积的大小等都会影响利用系数，在编制利用系数表格时，需要考虑照明空间形状的影响。通过灯具所处的水平面和水平工作面，房间被划分成顶棚空间、室空间和地板空间三部分。室形指数实际上是描述照明空间的屋面、地面和墙面构成的漫射表面的几何形状的参数，室形指数 RI 为室空间上下面积与墙围护面积的比值，是一个无量纲参数。RI 值越大，表示房间越大，高度相对较矮；反之，RI 值越小，表示房间越小，高度相对较高。一般的室内空间，其室形指数在 0.6~5.0 之间，为方便计算，灯具的利用系数表通常将室形指数分为 10 个等级进行查阅。类似地，也可以室空间系数 RCR 来代表房间空间尺寸。

$$\mathrm{RI}=\frac{lw}{h(l+w)} \tag{8-6}$$

$$\mathrm{RCR}=\frac{5}{\mathrm{RI}}=\frac{5h(l+w)}{lw} \tag{8-7}$$

式中　RI——室形指数；

RCR——室空间系数；

l——房间长度；

w——房间宽度；

h——灯具的计算高度（灯具平面到工作面的垂直距离）。

3. 有效空间反射比

照明空间的表面材料会对光源的光通量分布产生影响。一般而言，照明空间表面的颜色深，则对入射的光通量吸收多，反射的光通量少；照明空间表面的颜色浅，则对入射的光通量吸收少，反射的光通量多。显然，利用系数与照明空间的表面对光通量的反射性能也有关。反射比小，表示空间表面反射的光通量较少，被表面吸收的光通量多；反射比太高，则容易产生眩光，影响照明质量。对长时间工作的房间，对照明空间表面的反射比有要求，即在选择屋顶面、地面、墙面的装饰材料时，要满足国家标准的要求。

在编制利用系数表格时，引入有效空间反射比来描述照明空间表面及材料对光通量的反射性能。有效空间反射比的数值与室空间的实际面积、总面积和内表面平均反射比等因素有关，相应地，有效空间反射比包含顶棚有效反射比、地面有效反射比、墙面有效反射比三个基本参数，也有具体的计算表达式，在查表求利用系数 U 时，要考虑有效空间反射比的影响。【照明标准 24】中对长时间工作的房间内表面反射比的要求见表 8-6。选择长时间工作的房间的表面装饰材料时，要考虑表面反射比的限制条件，不宜采用深色、反射系数小的装饰材料。

表 8-6　长时间工作的房间内表面反射比

表面名称	反射比	表面名称	反射比
顶棚	0.6～0.9	地面	0.1～0.5
墙面	0.3～0.8		

4. 维护系数

照明设备在使用一定周期后，由于环境、灰尘等因素的影响，照度会下降，为保持要求的照度，需要对光源与灯具进行擦拭维护。在照明计算中，引入维护系数 K 描述这种影响。维护系数定义为在规定表面上的平均照度与该装置在相同条件下新装在同一表面上的平均照度之比。维护系数 K 是一个小于 1 的无量纲参数，其取值主要考虑环境条件。在查表求利用系数 U 时，要考虑维护系数的影响，见表 8-7。

表 8-7　维护系数 K

环境污染特征		工作房间或场所举例	维护系数 K	灯具擦洗次数/(次/年)
室内	清洁	卧室、办公室、影院、剧场、餐厅、阅览室、教室、病房、客房、检验室、商店、营业厅、体育馆、体育场等	0.80	2
	一般	机场候机厅、候车室、机械加工装配车间、农贸市场等	0.70	2
	污染严重	公用厨房、锻工车间、铸工车间、水泥车间等	0.60	3
室外开敞空间		雨篷、站台、道路、广场、活动场地等	0.65	2

5. 利用系数法

照明空间工作面的平均照度 E_{av}，考虑维护系数 K 后，由式（8-5）可知，

$$E_{av}=\frac{N\Phi UK}{A} \tag{8-8}$$

或

$$N=\frac{E_{av}A}{\Phi UK} \tag{8-9}$$

式中　E_{av}——工作面平均照度（lx）；

N——照明器具数量（具）；

A——工作面面积（m^2）；

K——维护系数；

U——利用系数；

Φ——光源灯具的光通量（lm）。

利用系数法计算的步骤：

1）确定工作面平均照度（标准）E_{av}：按照【照明标准 24】预选定。

2）计算 RCR 或 RI。

3）取灯具维护系数：根据相应的建筑类型选取符合标准的维护系数值。

4）确定利用系数：根据【照明手册】中不同灯具的利用系数表，根据不同房间条件查取利用系数。影响因素有顶棚反射比、墙面反射比、地面反射比、室形指数等值。

5）根据式（8-9）计算灯具安装数量（即设计计算）。

6）校核照度及功率密度 LPD 是否满足要求（即校核计算）。考虑到照明设计时布灯的需要和光源功率及光通量的变化不是连续的，根据我国国情，规定了设计照度值与照度标准

值比较，装 10 个灯具以上的照明场所可以有±10%的偏差；当少于或等于 10 个灯具时，允许适当超过此偏差。

【例 8-1】 已知某高校教室长 18m，宽 10.4m，净高 3.6m，课桌离地面高 0.7m，吊顶层预计高度为 0.5m，嵌顶安装型号为 FAC42651P 的双管荧光灯，其单管光通量为 3200lm，灯管功率为 36W；顶棚反射比、墙面反射比、地面反射比分别为 0.7、0.5、0.1，使用环境比较干净，求吊顶上装灯数量并校核是否满足照度及节能要求。

解：1）查表 8-1 或【照明标准 24】，教育建筑普通教室照度标准 E_{av} 为 300lx，参考工作面为课桌面。

2）计算室空间系数 RCR：室内计算高度 $h=(3.6-0.5-0.7)\text{m}=2.4\text{m}$

$$\text{RCR}=\frac{5h(l+w)}{lw}=\frac{5\times2.4\times(18+10.4)}{18\times10.4}=1.82$$

3）选取维护系数：根据表 8-7，$K=0.8$。

4）根据 $\rho_c=0.7$、$\rho_w=0.5$、$\rho_f=0.1$ 以及室形指数 $\text{RI}=\frac{5}{\text{RCR}}=2.75$，用内插法查灯具利用系数表（见表 8-8），得 $U=0.58$。

5）由式（8-9）：

$$N=\frac{E_{av}A}{\Phi UK}=\frac{300\times18\times10.4}{2\times3200\times0.58\times0.8}\text{具}=18.9\text{具}$$

根据房间几何尺寸及灯具布置美观性取整，该教室布置 20 盏灯。

$$E_{av}=\frac{N\Phi UK}{A}=\frac{20\times2\times3200\times0.58\times0.8}{18\times10.4}\text{lx}=317.3\text{lx}$$

校核最终设计照度，误差小于 10%，满足要求。

6）教室照明选择双管节能日光灯，矩形线状均匀布置 4 排 5 列，如图 8-3 所示。

灯具垂直黑板面减少眩光，X 方向灯具 $L_1=3.48\text{m}$；Y 方向 $L_2=2.6\text{m}$；灯具分别离边墙距离大于 0.75m，在 $(0.25\sim0.5)L$ 之间，符合要求。

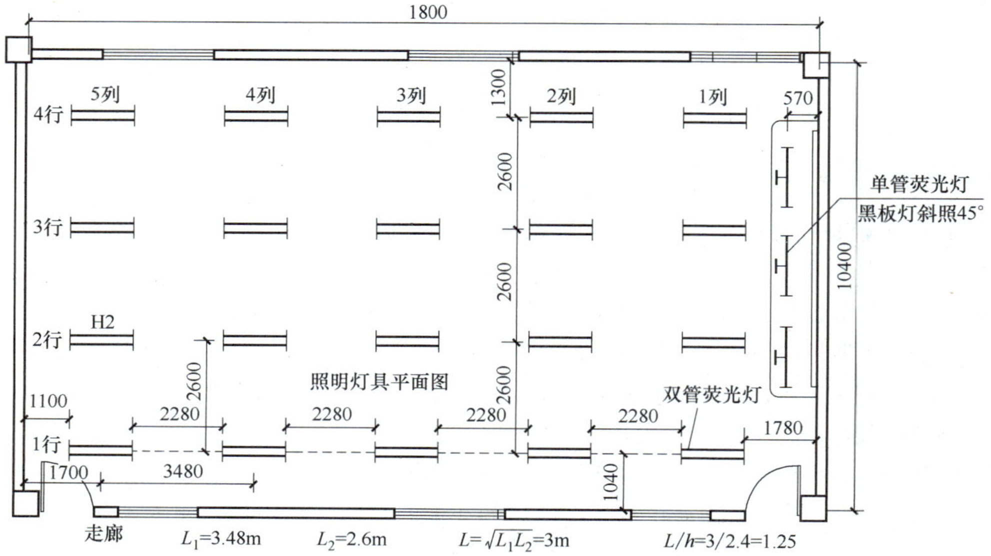

图 8-3　高校教室照明平面图

$$L=\sqrt{L_1 \times L_2}=3\text{m}$$

$L/h=3/2.4=1.25$，满足均匀度，基本符合要求。

黑板灯为斜45°照射黑板，为局部照明，注意所发光不作为教室水平工作面积上的光通量。

$$\text{LPD}=\frac{20\times2\times36}{18\times10.4}\text{W/m}^2=7.69\text{W/m}^2\leqslant \text{现行值 }8\text{W/m}^2$$，故设计满足要求。

表 8-8　灯具利用系数表（$L/h=1.25$）

顶棚反射比(%)		70				50				30		
墙反射比(%)		70	50	30	10	70	50	30	10	50	30	10
地面反射比(%)		10				10				10		
RCR/RI	8.33/0.6	0.38	0.28	0.22	0.18	0.35	0.27	0.21	0.17	0.25	0.20	0.17
	6.25/0.8	0.47	0.37	0.30	0.26	0.45	0.36	0.30	0.25	0.31	0.27	0.23
	5.0/1.0	0.50	0.41	0.35	0.30	0.46	0.38	0.33	0.29	0.36	0.31	0.28
	4/1.25	0.54	0.46	0.4	0.36	0.5	0.43	0.38	0.34	0.44	0.40	0.36
	1.66/3.0	0.66	0.60	0.60	0.54	0.54	0.52	0.51	0.49	0.48	0.47	0.43
	1.25/4.0	0.7	0.66	0.62	0.59	0.62	0.59	0.56	0.61	0.58	0.56	0.53
	1/5.0	0.72	0.68	0.65	0.62	0.67	0.64	0.62	0.59	0.60	0.58	0.56

8.4　照明设计

8.4.1　照明设计的目的

电气照明设计主要是根据建筑专业提供的建筑平面图、立面图和剖面图及总平面图，结合建设方及用户使用要求，按照有关设计规范进行合理设计，满足实用、经济、安全、美观原则。根据视觉要求、作业性质和环境条件，使工作区或空间获得良好的视觉功效、合理的照度和显色性，处理好人工照明与天然照明之间的关系，采用节能优质高效灯具及节能控制技术，合理采用智能照明控制系统等，设计创造适宜的亮度分布以及舒适的视觉环境。

8.4.2　照明设计的内容

电气照明设计一般由照明供电设计和照明灯具设计两部分组成。

电气照明供电设计包括确定电源负荷等级和供电方式，选择照明配电网络形式，选择电气设备、导线和敷设方式，确定照明配电及控制箱。照明灯具设计包括选择照明方式，选择电光源，确定照度标准，选择照明电器并进行布置，进行照度计算，确定电光源的安装功率。最终以照明施工图的形式来表达。

1）在制订设计计划之前，要认真调查照明场所的面积、顶棚高度、周围装修状况、所在场所的作业性质、配线和器具安装以及维修的难易程度等。

2）根据国家照明标准决定建筑各功能房间、公共房间等所需的照度及功率密度。

3）照明方式包括一般照明、一般照明与局部照明并用、局部照明或直接照明，半直接照明、全面扩散照明、半间接照明、间接照明以及多种形式并用的照明方式等。设计时，可从中选择最佳的照明方式。

4）照明灯具的选择：选择适宜的节能优质高效灯具。

5）根据条件进行照度计算，确定光源位置、灯具数量和排列方法。

8.4.3　照明设计的程序及要点

1）根据建筑使用性质及策划定位，了解建设单位的使用要求，如投资水平、豪华程度、工种分布情况、视觉要求、对颜色分辨要求、照明标准、规模大小、对灾害时疏散人员要求等，并以此明确设计方向。

2）收集有关技术资料和技术标准。了解土建等专业情况，如建筑平面图、立面图及建筑周围环境状况（需要建筑夜景照明时）、电源进线的方位、结构情况、空间环境、潮湿情况、灯具样本、设备及有无易燃易爆物品、建筑内装饰情况等。

3）确定照度标准。

4）根据建设单位和工程的要求，选择各种电光源设备、照明方式，确定灯具种类、安装方式、灯具部位。

5）进行照度计算、眩光计算，校核节能指标，确定灯具的功率，调整平面布局。计算照明设备总容量，以便选择电能表及各种控制设备和保护设备。

6）复杂的大型工程需要进行方案比较，评价技术和经济情况，最终确定最佳方案。

7）确定供电电压，进行配电线路设计，进行功率统计和负荷计算，分配三相负荷，使其尽量平衡。确定干线的截面、型号及敷设部位，选择变压器、配电箱、配电柜及各种高低压电器的规格容量。

8）绘制照明平面图和配电及控制系统图，标注型号规格及尺寸。

9）绘制设备材料总表，提供资料给造价专业编制工程概算或预算。

10）与土建等专业协调沟通并相互提交资料。

11）编写设计说明书，主要内容包括进线方式、主要设备、材料的规格型号及做法等。

12）设计时需要的注意事项：各种类型建筑物不同功能房间均有不同的照度标准和功率密度及其他指标要求，参见【照明标准 24】。

13）建筑物照明通常分为工作房间照明（普通负荷），公共走道楼梯间等公共照明（保障负荷），消防应急疏散及备用照明（消防负荷）。三种不同功能的照明系统相互配合，共同为人们提供安全、舒适、节能、便捷的光照环境。

14）对于详细功能不确定，将来存在二次分隔装修设计时，工作房间照明（普通负荷）设计到配电箱即可（并注明二次装修确定配电箱），避免重复建设浪费，但各项照明指标必须注明（如照度 E、照明功率密度 LPD 等）；应急照明及疏散指示系统则必须设计到位，便于审图及施工验收。

8.4.4　照明供电与节能智能控制

1. 照明供电与智能控制的主要设计依据

1）【民电标 19】第 10 章：10.2 照明方式与种类；10.5 照明光源与灯具；10.6 照明供电与控制；10.7 景观照明（室内外光彩照明），一般重要公共建筑都需要设计。

2）【照明标准 24】第 7 章：7.1 照明电压；7.2 照明配电；7.3 照明控制。

3）【电与智能通用 22】第 4.5 节有最新的要求：室外照明配电终端回路还应设置剩余电流动作保护电器作为附加防护；当正常照明灯具安装高度在 2.5m 及以下，且灯具采用交流低压供电时，应设置剩余电流动作保护电器作为附加防护。

4)【电手册】第 4.2 节照明及控制。

2. 照明节能设计

照明节能设计体现以人为本，注重舒适、健康的环境，包括个性化、智能化、健康化、艺术化。在满足规定的照度和照明质量要求的前提下，通过采用高效节能照明产品，提高质量，优化照明设计。

照明节能是一项系统工程，主要是提高系统（光源、灯具、启动设备等）的总效率；综合考虑照明方式、控制、自然光利用以及加强维护管理等。照明节能是建筑节能的一部分，其内容包括自然光及新能源利用；选用高光效光源、高效灯具和节能器材、节能光源；选择合理的照明方式，将一般照明、重点照明、装饰照明及混合照明相结合；选用多种控灯方式，如分区控制，适当增加开关点和各类节电开关等管理措施；在公共场所与室外照明中，采用集中控制、遥控或自动控光装置，并按不同的工作区域确定适宜的照度等。有条件时宜利用太阳能作为照明能源。

大型公共建筑、大空间建筑、人员密集场所的公共大厅和主要走道的照明宜按使用需求采用适宜的自动（含智能）照明控制系统。

3. 智能照明控制

照明控制的发展经历了手动控制、自动控制和智能化控制三个阶段。

传统的手动控制一般用翘板开关，让使用者能根据需要手动开启照明电器，但不能自动开启与关闭。

利用声、光、电技术，照明控制进入了自动控制阶段。住宅、公寓楼梯间的照明多采用延时开关和声光控开关控制。采用数字集成电路制作而成的触摸式延迟灯，采用二线接线方法，可以直接取代普通照明开关，而不必更改室内原有布线。采用红外移动探测加光控电路，当有人走近该电路时，由于人体对红外光的反射，控制电路启动，照明灯点亮，为行人照明。该电路包括红外发射电路、红外接收电路、单稳态定时电路、继电控制电路和变流降压整流电路等。自动控制方式的缺点是与人的互动较少，局限于单组灯具的控制，难以完成网络化的监控任务。

智能化照明控制系统以计算机和网络技术为核心，利用微处理器技术将来自传感器的关于建筑物照明状况的信息进行处理后，通过一定的程序指令控制照明电路中的设备，调用不同的程序，执行不同的功能，就可以达到不同的照明水平，营造出不同的氛围和环境。智能化照明控制系统用于照明系统的最大化能源节省，满足建筑规范或遵守绿色建筑和节能计划。智能化照明控制系统是全数字、模块化、分布式的控制系统。各模块中含有微处理器和存储器，也可仅含存储器，系统的每个功能都存储于某个模块中。系统网络连接通过总线连接，可以是一般的五类通信电缆，或是通过无线网络方式进行通信。

智能照明控制见【19X 设备管理】中的 KNX 总线智能照明控制系统、C-Bus 总线智能照明控制系统、RS-485 总线智能照明控制系统、智能照明控制系统接线图等内容。有线系统包括基于 DALI 的系统、基于 DSI 的系统、基于 DMX512 的系统（通常简称 DMX）、基于 KNX 的系统等。还有一些基于某些标准协议的无线智能照明控制系统。

4. 智能照明系统设计实例

电气照明包括各功能房间用电，公共走道照明。应急照明由专用消防控制，不在智能照明范畴内。

(1) KNX 总线智能照明控制系统　以某高层办公楼为例，公共走道及楼梯间照明

ALzd*n*. *m* 通常为一级负荷（即保障负荷），建筑物其余室内普通照明配电箱 AL*n*. *m* 一般为普通负荷。KNX 总线智能照明控制系统实例如图 8-4、图 8-5 所示。

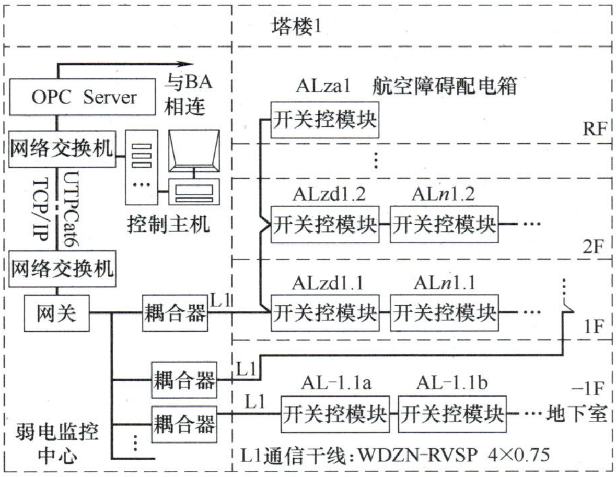

智能照明设备及图例

图例	说明	型号
耦合器	支线耦合器（网关）	A1-MBH-0222
智能控制模块	智能开关控制模块	A1-MLC-1348/16
时钟控制器	时钟控制器	A1-CTL-0802
ZKB	智能控制面板	A1-86LD-2748
I/O	多功能输入模块	A1-MAD-1744
网关	智能网关	A8-SPW
	照度传感器	ZD-6VBM
	微波移动探测器	A2-M2100
网络交换机	24口网络交换机	
—·—	网络线	UTP5类线

图 8-4　智能照明拓扑图及图例

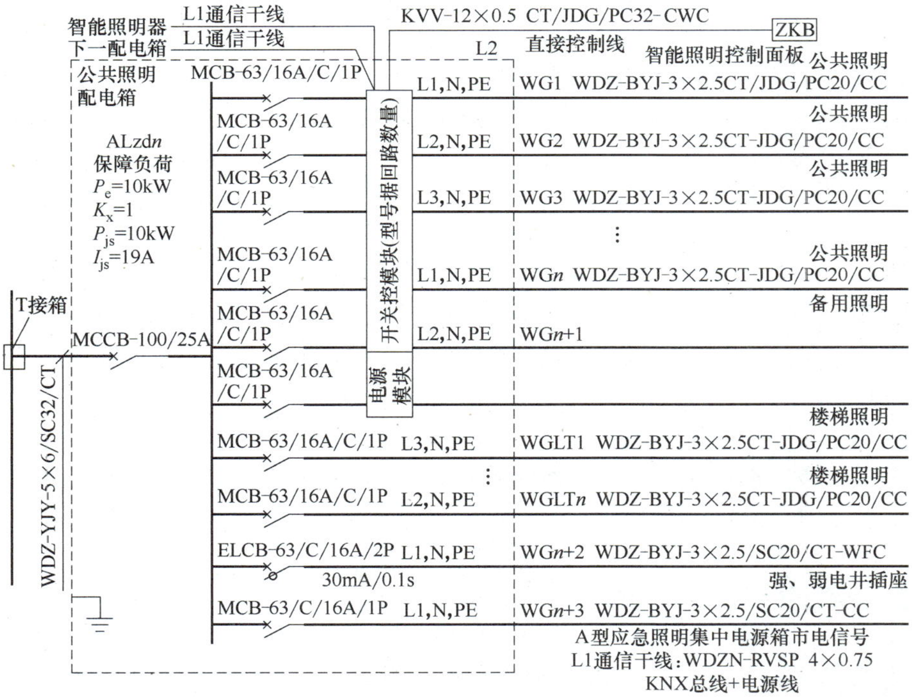

图 8-5　智能照明系统图

（2）智能照明系统控制方式

1）采用智能照明控制系统对公共通道、电梯厅、车道、景观等的照明进行现场控制和集中控制，针对不同区域进行开闭、调光控制，并预留室外绿化、建筑物立面照明的控制接口。

2）照明控制系统的控制方式：

① 自动方式。红外传感器控制：探测人体的移动来自动地打开或关闭灯光。当有人通过时灯光会自动打开，人员离开后自动关闭。照度传感器控制：探测外部光线亮度值来自动地打开或关闭灯光。如把照度传感器设定一个值，当外界光线的亮度低于这个值时，灯光会依次自动打开；反之，灯光会依次自动关闭。定时控制：通过时钟控制器设定时间或特殊日期对灯光进行控制。

② 手动方式。安装在各楼层的智能控制面板也能对各种灯光进行控制，并且能选择不同场景模式。例如，晚上临时加班，可以通过面板开启相应灯光场景。

③ 可视化软件控制。在控制室里的 PC 上安装系统的实时监控软件，通过专用接口可以在软件上实时显示灯光的当前状态，也可在 PC 上对整个系统的灯光进行各种控制。

3）照明控制系统的控制方案：

① 电梯厅：采用红外传感器自动控制，人来灯亮，人走灯灭，能达到很好的节能效果。延时范围为 0~12min，可在范围内按要求调制延时，当灯亮时再次触动红外传感器则自动跳转至下一延时周期，能有效避免高峰期灯具频繁开关造成的灯具损害。

② 公用卫生间：采用中央集中控制，并结合营业时间进行定时自动控制。例如，营业前、营业后强行关闭照明；营业期间可根据自然光情况对白天、夜间分别开启相应照明。

③ 楼梯间、内部过道：采用集中控制，营业期间开启普通照明，应急照明自动关闭且与消防联动，一旦接收消防信号立即强启；也可加入红外传感器自动控制，实现“人来灯亮，人走延时灯灭”。也可采用集中控制，并结合营业时间进行定时自动控制。例如，营业前、营业后强行关闭普通照明，开启应急照明。

④ 商业区：采用中央集中控制、现场面板控制的结合控制方式，设定各种场景，并针对相应区域进行调光，如可预设营业前、营业后、低峰、高峰、清扫、盘点、促销、欢庆、假日等各种场景，不同场景针对不同区域进行相应开闭及调光。如有特殊情况可使用现场智能面板进行控制，如某区域（餐厅）有特殊灯光要求的调光、小区域场景。

⑤ 景观、广告灯、泛光等室外照明：采用中央集中控制，结合时钟控制器、照度传感器，通过预设场景自动进行，如通过预设的假日、白天、凌晨、深夜、傍晚等场景达到相应时间段烘托大楼的照明效果；通过照度传感器自动控制，根据自然光可自动调节开闭相应景观、泛光照明。

⑥ 地下车库：采用中央集中自动控制，例如，在车流量大的时段和车流量小的时段分别定时控制不同数量的灯光；与消防系统联动，出现消防报警时，关闭正常照明，启动紧急照明控制，显示逃生路线。

8.5 应急照明设计及实例

应急照明包括应急照明及疏散指示、备用照明等。主要设计依据为【民电标 19】第 10.4 节、13.6 节，【应急标准 18】【19D 应急】【防火通用 22】【防火规 18】【消防通用 22】。

8.5.1 设置场所及要求

1. 消防应急照明设置场所及要求

根据【防火规 18】第 10.3 节规定：

1）除建筑高度小于 27m 的住宅建筑外，民用建筑、厂房和丙类仓库的下列部位应设置疏散照明。

① 封闭楼梯间、防烟楼梯间及其前室、消防电梯间的前室或合用前室、避难走道、避难层（间）。

② 观众厅、展览厅、多功能厅和建筑面积大于 200m^2 的营业厅、餐厅、演播室等人员密集的场所。

③ 建筑面积大于 100m^2 的地下或半地下公共活动场所。

④ 公共建筑内的疏散走道。

⑤ 人员密集的厂房内的生产场所及疏散走道。

2）建筑内疏散照明的地面最低水平照度应符合下列规定：

① 对于疏散走道，不应低于 1.0lx。

② 对于人员密集场所、避难层（间），不应低于 3.0lx；对于老年人照料设施、病房楼或手术部的避难间，不应低于 10.0lx。

③ 对于楼梯间、前室或合用前室、避难走道，不应低于 5.0lx；对于人员密集场所、老年人照料设施、病房楼或手术部内的楼梯间、前室或合用前室、避难走道，不应低于 10.0lx。疏散照明灯具应设置在出口的顶部、墙面的上部或顶棚上；备用照明灯具应设置在墙面的上部或顶棚上。

3）疏散照明、备用照明供电要求。应急照明和灯光疏散指示标志的备用电源的连续供电时间应符合下列规定：

① 建筑高度大于 100m 的民用建筑，不应小于 1.5h。

② 医疗建筑、老年人照料设施建筑、总建筑面积大于 10 万 m^2 的公共建筑和总建筑面积大于 2 万 m^2 的地下、半地下建筑，不应少于 1.0h。

③ 其他建筑，不应少于 0.5h。

2. 备用照明的设置场所及要求

根据【民电标 19】第 10.4 节、【应急标准 18】，下列场所应设置备用照明：

1）消防控制室、消防水泵房、自备发电机房、配电室、防排烟机房以及发生火灾时仍需正常工作的消防设备房，其作业面的最低照度不应低于正常照明的照度。

2）避难间（层）及配电室、消防控制室、自备发电机房等发生火灾时仍需工作、值守的区域应同时设置备用照明、疏散照明和疏散指示标志。

3）系统备用照明的设计应符合下列规定：

① 要充分利用正常照明的一部分或全部作为备用照明，尽量减少另外装设过多的灯具。消防设备间照明灯具可采用正常照明灯具，在火灾时应保持正常的照度。

② 备用照明灯具应由正常照明电源和消防备用电源末端切换供电。

8.5.2　应急照明及疏散

新建或改建建筑应急照明及疏散应按照【应急标准 18】【19D 应急】【民电标 19】第 13.6 节要求执行，应满足如下设置及控制要求：

1）按照规范，疏散照明应在消防控制室集中手动、自动控制，不得利用切断消防电源的方式直接强启疏散照明灯。

2）应急照明灯具的配接：根据【民电标 19】的要求，灯具在地面设置时，每个回路不超过 64 盏灯；灯具在墙壁或顶棚设置时，每个回路不宜超过 25 盏灯。

3）疏散照明配电箱的供电范围：根据【民电标 19】的要求，当疏散照明配电箱在配电小间或电缆竖井内安装，竖向供电时，每个配电箱可为多个楼层的疏散照明灯供电；同一防火分区内的备用照明和疏散照明，不应由应急照明配电箱的同一分支回路供电；疏散照明灯和疏散标志灯可共管敷设，严禁在应急照明灯具供电的分支回路上连接插座。【应急标准 18】规定沿电气竖井垂直方向不同楼层的灯具供电时，应急照明配电箱的每个输出回路在公共建筑中的供电范围不宜超过 8 层，在住宅建筑的供电范围不宜超过 18 层。

高层住宅公共走道、前室及楼梯间应急照明及疏散指示如图 8-6～图 8-8 所示。

图 8-6～图 8-8
视频讲解

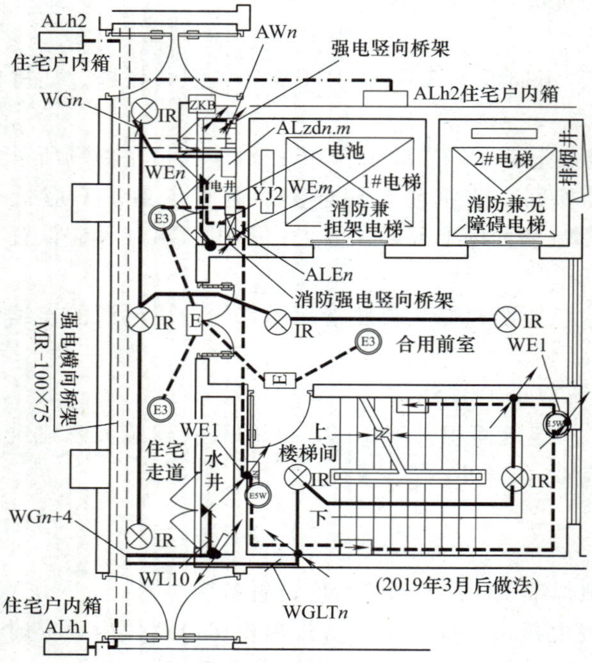

图 8-6 公共照明及应急照明平面图

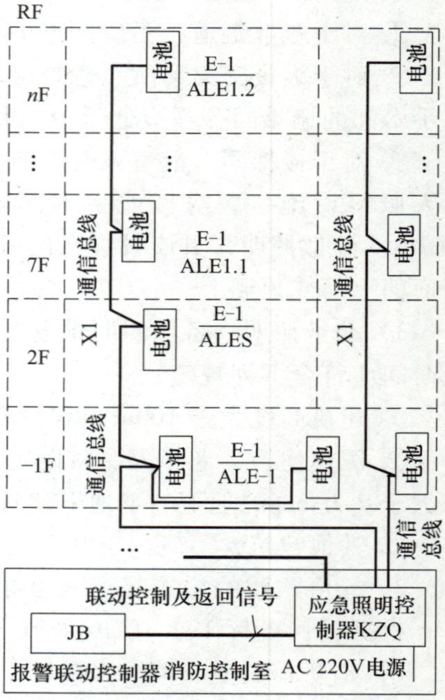

图 8-7 应急照明通信控制系统图

图 8-8 中应急照明配电箱 ALEn. m 的单相回路 YJ1 经过集中蓄电池电源，将 220V 交流变成 24V 或 36V 直流安全电源，接出线回路 WEn 供电。A 型集中电源为单相直流集中电源，通常不超过 1kVA；ALEn. m 的其余出线 YJ2、YJ3 可接其余直流集中电源或者接备用照明回路（220V）。

回路 WEn 既是直流电源又是通信总线，方便检测、控制每个应急灯具。ALEn. m 不再直接受控于火灾报警联动系统和智能照明系统；通过市电（公共正常照明箱引来）是否停电触发启动电池。A 型集中电源通过通信总线与应急照明控制器相连通信，受控于消防控制室的火灾报警联动系统。

按照现行规范要求，走道、前室、楼梯间的公共照明必须和应急照明分开设置，除住宅外应急照明回路一般不宜穿越楼层和防火分区。应急照明由专用回路 WEn 供电，一回路可供几层楼应急照明，楼梯间应急照明一般由专用回路竖向贯通配电，楼梯间每层都应设置楼层显示应急灯。图 8-6 中走道照明来自 ALzdn. m（保障负荷）回路，一般每层一回路 WGn 供电，见前述智能控制，火灾时通过火灾报警联动强切配电箱，即分励脱扣断路器动作断电。

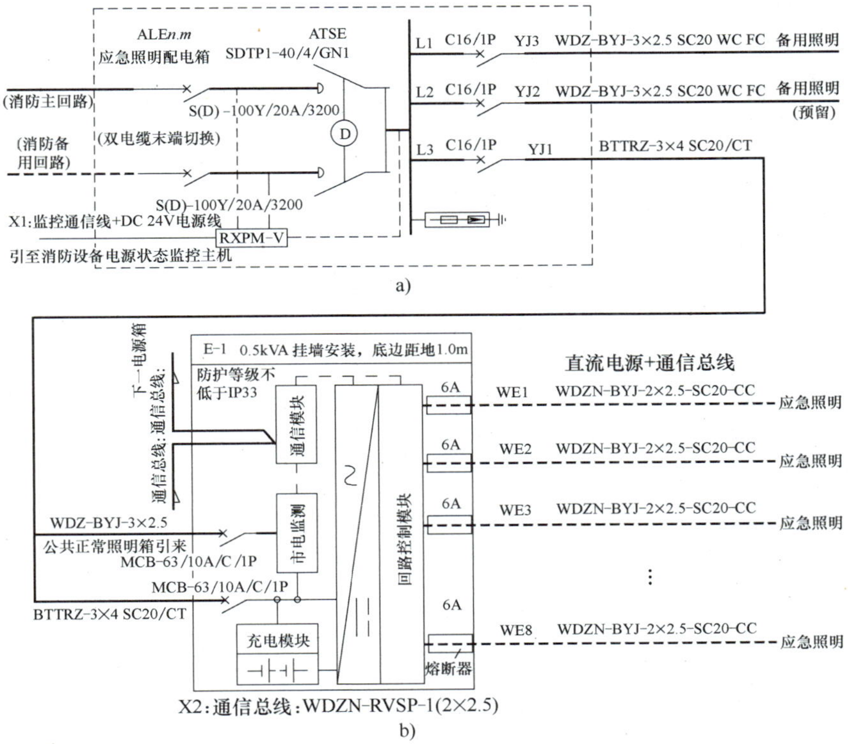

图 8-8　应急照明配电箱及电池系统图

a）应急照明配电箱系统图　b）应急照明电池系统图

8.5.3　疏散指示标志灯的设置

疏散照明按其功能可以分为两类：一是指示出口方向及位置的疏散指示灯；二是为疏散通道提供照明的应急疏散照明灯。其中，疏散指示灯又可以分为疏散标志灯、出口标志灯、方向标志灯（灯罩上均有用箭头或图形文字指示）等。

公共建筑、建筑高度大于 54m 的住宅建筑、高层厂房（库房）和甲、乙、丙类单、多层厂房，应设置灯光疏散指示标志，做法见【民电标 19】第 13.6 节，并应符合下列规定：

1）在建筑物内，疏散走道上或公共厅堂内的任何位置的人员，都能看到疏散标志或疏散指示标志，一直到达出口。

2）疏散指向标志灯宜设置在疏散走道及其转角处距地面高度 1.0m 以下的墙面上、柱上或地面上。疏散指示标志的间距不应大于 20m；对于袋形走道，不应大于 10m；在走道转角区，不应大于 1.0m。

3）当厅室面积太大，疏散指示标志灯必须在顶棚安装时，不应采用嵌入式安装方式，应明装，且底边距地宜为 2.0~2.5m，悬挂安装。安全出口标志灯，应安装在安全出口和人员密集的场所的疏散门的内侧上方，底边距地不宜低于 2.0m。

4）下列建筑或场所应在疏散走道和主要疏散路径的地面上增设能保持视觉连续的灯光疏散指示标志或蓄光疏散指示标志：

① 总建筑面积大于 $8000m^2$ 的展览建筑。

② 总建筑面积大于 $5000m^2$ 的地上商店。

③ 总建筑面积大于 500m^2 的地下或半地下商店。

④ 歌舞娱乐放映游艺场所。

⑤ 座位数超过 1500 个的电影院、剧场，座位数超过 3000 个的体育馆、会堂或礼堂。

⑥ 车站、码头建筑和民用机场航站楼中建筑面积大于 3000m^2 的候车厅、候船厅和航站楼的公共区。

5）交叉通道及转角处宜在正对疏散走道的中心的垂直视觉范围内安装，在转角处安装时距角边不应大于 1m。

6）设在地面上的连续视觉疏散指示标志灯具之间的间距不宜大于 3m，方向标志灯设置在疏散走道、疏散通道的中心位置。

7）一个防火分区中，标志灯形成的疏散指示方向应满足最短距离疏散原则，标志灯设计形成的疏散途径不应循环转圈而找不到安全出口。

8）装设在地面上的疏散标志灯、地面标志灯不应采用内置蓄电池灯具，应达到 IP67 的防护等级要求。

图 8-9、图 8-10 视频讲解

某商业建筑疏散走道、楼梯间及前室的疏散指示标志灯及应急照明设计如图 8-9 所示（可参考【民电标 19】图 13.6-5）。

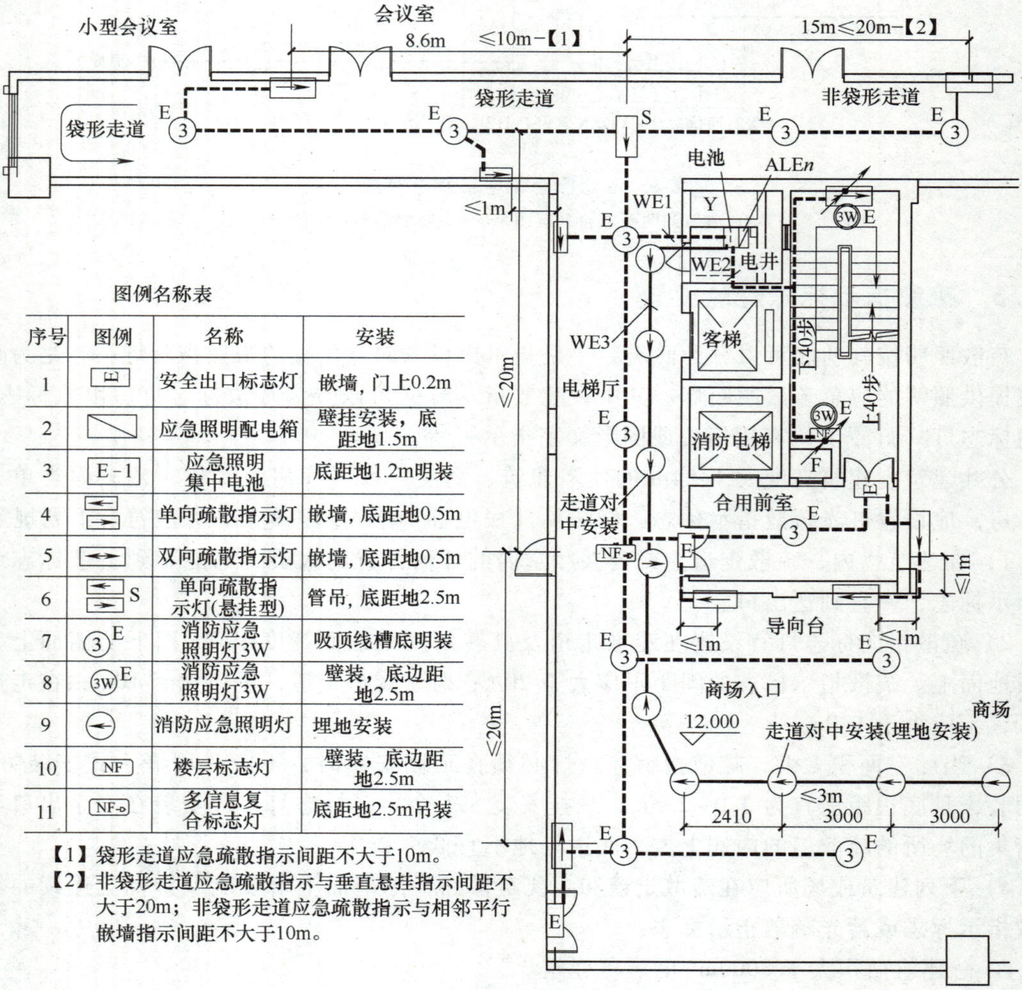

图例名称表

序号	图例	名称	安装
1	E	安全出口标志灯	嵌墙，门上0.2m
2		应急照明配电箱	壁挂安装，底距地1.5m
3	E-1	应急照明集中电池	底距地1.2m明装
4		单向疏散指示灯	嵌墙，底距地0.5m
5		双向疏散指示灯	嵌墙，底距地0.5m
6	S	单向疏散指示灯(悬挂型)	管吊，底距地2.5m
7	3 E	消防应急照明灯3W	吸顶线槽底明装
8	3W E	消防应急照明灯3W	壁装，底边距地2.5m
9		消防应急照明灯	埋地安装
10	NF	楼层标志灯	壁装，底边距地2.5m
11	NF	多信息复合标志灯	底距地2.5m吊装

【1】袋形走道应急疏散指示间距不大于10m。

【2】非袋形走道应急疏散指示与垂直悬挂指示间距不大于20m；非袋形走道应急疏散指示与相邻平行嵌墙指示间距不大于10m。

图 8-9 典型应急照明及疏散指示布置图

8.5.4　备用照明设计

消防控制室、高低压配电房、消防水泵房、发电机房、避难间（层）等在发生火灾时仍需工作、值守的区域，应同时设置备用照明、疏散照明和疏散指示标志。备用照明灯具可采用正常照明灯具，在火灾时应保持正常工作所需的照度要求。备用照明灯具应由正常照明电源和备用应急回路，双回路末端切换供电，在正常照明电源切断后转入消防电源应急回路供电。如图 8-10 所示，消防控制室备用照明回路 YJn 可引自 ALEXK 箱，满足正常供电和备用应急电源双回路末端切换要求。其消防电源应急照明回路 WEn 可以由就近的同一防火分区的 ALE：E-1 应急蓄电池引出。备用照明与应急照明及疏散指示由不同电压、不同来源回路供电。根据规范，消防水泵房、高低压配电房、发电机房做法与消防控制室照明相似，而防排烟风机房只设置备用照明，从防排烟风机配电箱引出回路供电即可，没有应急照明及疏散指示要求。

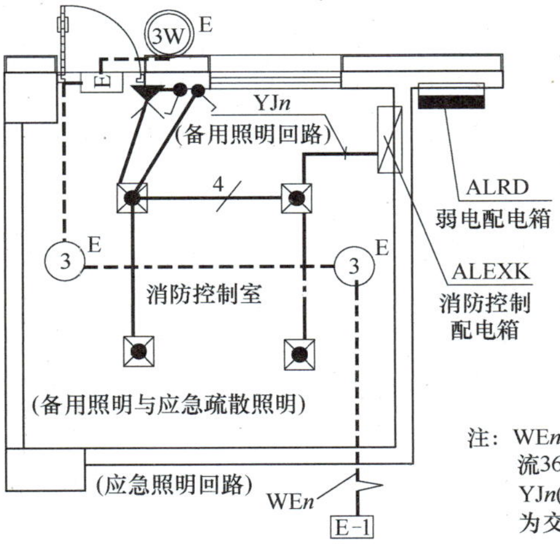

图例名称表

序号	图例	名称	安装
1	E	安全出口标志灯	嵌墙，门上0.2m
2	E-1	应急照明集中电池	底距地1.2m明装
3	③E	消防应急照明灯3W	吸顶线槽底明装
4	(3W)E	消防应急照明灯3W	壁装，底边距地2.5m
5	▲	备用照明应急壁灯	底边距门框上沿0.2m
6	⊠	备用照明应急灯	底边距地2.7m

注：WEn(应急照明回路)来自所在防火分区集中电池，电压为直流36V或24V；保证火灾时规范要求的应急照度。
YJn(备用照明回路)来自就近消防配电箱中分支回路，电压为交流220V；保证火灾时与正常工作照明相同照度。

图 8-10　应急照明及备用照明平面图

习　题

1. 光通量、光强、亮度、照度的含义分别是什么？
2. 什么是色温、显色性和显色指数？
3. 常见的电光源种类有哪些？
4. 什么是灯具的配光曲线？什么是光效？
5. 照明设计的内容包括什么？
6. 计算机教室面积为 $20\times10m^2$，教室前后设置两入户门，顶棚距地面 3m，工作面距地面 0.8m，墙壁刷白，窗户装有白色窗帘，木制顶棚（利用系数为 0.6），反射比为顶棚 70%、墙面 50%、地面 10%，清洁环境，建设方要求选择采用双管节能日光灯（所选的灯具光通量为每只 3800lm，每支灯管功率为 40W）；设置平行于自然采光面（长边）；2 盏斜照黑板灯斜射黑板，由讲台教师直接单独控制；保持工作面照度达到要求。试设计灯具布置草图、电气布线图（由一个照明配电回路供电）及开关设置图（在教室两入户门分散设置分组控制，左边三极开关竖向分组，右边双极开关水平分组控制，黑板在右边墙上），并校核利用系数、照度和功率密度能否满足要求。
7. 智能化控制原理及设计方法是什么？

8. 根据图 8-4、图 8-5，识图回答：

（1）通信干线线型是什么？

（2）接主机的网线是什么？

（3）智能控制面板到控制模块的控制线是什么？

9. 根据图 8-6~图 8-8，识图回答：

（1）备用照明回路和应急照明回路线型及电压是什么？

（2）应急照明通信总线是什么？

10. 根据图 8-6~图 8-8 解释应急照明控制及其工作原理。

11. 图 8-5 中公共照明及应急照明的区别、联系是什么？

12. 根据图 8-9，识图回答：

（1）疏散指示灯具在袋形走道平行布置最大间距是多少？

（2）疏散指示灯具与垂直方向疏散标识布置最大间距是多少？

（3）地面连续疏散指示灯具布置最大间距是多少？

13. 图 8-10 中消防控制室等消防设备房应急照明及备用照明的区别、联系是什么？

第9章 火灾报警及电气防火

本章概要

火灾自动报警与消防联动系统是建筑电气系统的一个极其重要的组成部分。本章主要介绍消防系统的基本知识，火灾自动报警系统的组成、形式、选择及设置，火灾探测器的分类与选择，消防控制系统的设计，电气火灾监控系统的设计，消防电源监控系统的设计，防火门监控系统的设计，并着重介绍工程案例设计绘图及识图。

9.1 消防过程及区域划分

9.1.1 火灾消防过程及报警联动系统作用

在“以人为本、生命第一”的今天，建筑内设置消防系统的第一任务就是保障人身及财产安全，这是设计消防系统最基本的理念。尽早发现火灾，及时报警，启动有关消防预警报警设施，引导人员疏散，启动相应的自动灭火设施，扑灭初期火灾，防止火灾蔓延，进行消防救援，即“预防为主、防消结合”。火灾及消防过程示意图如图9-1所示。

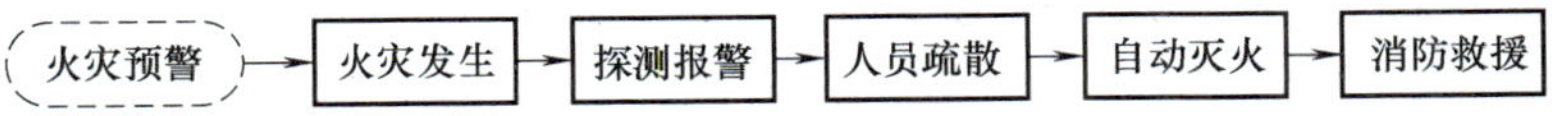

图9-1 火灾及消防过程示意图

火灾自动报警系统用于监测建筑物火情。当大火燃烧冒烟或造成环境温度升高时，火灾自动报警系统发出报警信号，以通知消防控制中心及时处理并执行消防前期准备工作。根据火情位置及时输出联动控制信号，启动相应的消防设施，进行灭火，火灾自动报警系统被视为建筑设备管理系统的一个极其重要的独立子系统。

消防联动控制系统是火灾自动报警系统的重要组成部分。当建筑物发生火灾时，消防联动控制系统能够根据火灾发展、蔓延情况，按照预设逻辑和时序联动控制火灾警报和消防应急广播系统、消防应急照明和疏散指示系统及防排烟系统，为滞留在建筑物内的人员提供有效的疏散引导信息；联动消火栓、自动喷淋、气体灭火等灭火系统启动，对初期火灾实施有效扑灭；联动控制防火卷帘、防火门监控系统动作，形成有效的防火分隔，控制火灾蔓延。消防联动控制系统是建筑消防系统的控制核心，发生火灾时，系统能够可靠、有效地动作，可以最大限度地确保人员生命安全和减少财产损失。

火灾自动报警及联动系统直接影响着人身、建筑、设备的安全，本章重点介绍此系统的组成、设计及识图。

9.1.2 各类消防区域划分

1. 防火分区

防火分区是指根据建筑物的特点采用相应耐火性能的建筑物构件或防火分隔物，将建筑物人为地划分为能在一定时间内防止火灾向同一建筑物的其他部分蔓延的局部空间。防火分区按结构一般可以分为水平防火分区和垂直防火分区。

水平防火分区是指用防火材料（耐火墙、防火门、防火卷帘、水幕等）将面积大的建筑在水平方向上分隔为几个防火单元；垂直防火分区是指将上下层分别用具有足够耐火极限的楼板及其他分隔物进行防火分隔。

防火分区关乎消防设施设备及其供配电照明设置、火灾时火灾报警及联动控制，防火分区划分设置参见【防火规 18】。

2. 防烟分区

火灾时，烟气对人的危害比火的危害更为严重，故迅速有效地防排烟极为重要。在设置排烟系统的防火分区内设置隔烟、阻烟措施，将防火分区划分为更小的分区，更能保证有效排烟。下垂高度超过规定值的防烟墙、挡烟垂壁、结构梁等可起挡烟作用。防烟分区的最大允许面积及设置可查阅【防排烟规 17】；车库的防烟分区划分应符合【车防火规 14】的相关规定。

建筑内上下层连通的走廊、敞开的楼梯间、自动扶梯、传送带等开口部位，应按上下连通层作为一个防火分区，并在上下层连通的开口部位装设防火卷帘门或挡烟垂壁等分隔设施，将上下连通空间划分为不同的防火分区或防烟分区。

3. 报警区域

报警区域是指将火灾自动报警系统的警戒范围按防火分区或楼层等划分的单元。报警区域的划分应符合下列规定：

1）报警区域应根据防火分区或楼层划分；可将一个防火分区或一个楼层划分为一个报警区域，也可将发生火灾时需要同时联动消防设备的相邻几个防火分区或楼层划分为一个报警区域。

2）电缆隧道的一个报警区域宜由一个封闭长度区间组成，一个报警区域不应超过相连的 3 个封闭长度区间；道路隧道的报警区域应根据排烟系统或灭火系统的联动需要确定，且不宜超过 150m。

3）甲、乙、丙类液体储罐区的报警区域应由一个储罐区组成，每个 5 万 m^3 及以上的外浮顶储罐应单独划分为一个报警区域。

4）列车的报警区域应按车厢划分，每节车厢应划分为一个报警区域。

4. 探测区域

探测区域是指将报警区域按探测火灾的部位而划分的单元。探测区域的划分应符合下列规定：

1）探测区域应按独立房（套）间划分。一个探测区域的面积不宜超过 $500m^2$。从主要出入口能看清其内部，且面积不超过 $1000m^2$ 的房间，也可划为一个探测区域。

2）红外光束感烟火灾探测器和缆式线型感温火灾探测器的探测区域的长度不宜超过 100m；空气管差温火灾探测器的探测区域长度宜为 20~100m。

3）下列场所应单独划分探测区域：

① 敞开或封闭的楼梯间、防烟楼梯间。

② 防烟楼梯间前室、消防电梯前室、消防电梯与防烟楼梯间的合用前室、走道、坡道。

③ 电气管道井、通信管道井、电缆隧道。

④ 建筑物闷顶、夹层。

9.2　火灾自动报警系统的组成与形式

火灾自动报警系统是探测火灾早期特征、发出火灾报警信号，为人员疏散、防止火灾蔓延和启动自动灭火设备提供控制与指示的消防系统。

9.2.1　火灾自动报警系统的组成

火灾自动报警系统一般由火灾触发器件、火灾报警控制器、火灾显示盘、火灾警报器、消防联动控制系统等组成。

1. 火灾触发器件

火灾触发器件是通过探测周围使用环境与火灾相关的物理或化学现象的变化，向火灾报警控制器传送火灾报警信号的器件，包括火灾探测器、手动火灾报警按钮、水流指示器等。

火灾发展过程大致可分为初期阶段、发展阶段和衰减熄灭阶段。火灾探测器是火灾自动探测系统的传感部分，能在现场发出火灾报警信号或向控制和指示设备发出现场火灾状态信号的装置。

手动火灾报警按钮是火灾报警系统中的一种触发器件、设备类型。当发生火灾时，各种人员发现了火灾时，就近手动按下手动火灾报警按钮，报告火灾信号。正常情况下，当人工手动报警时，火灾发生的概率比火灾探测器报警要大得多，几乎没有误报的可能。按下手动火灾报警按钮 3~5s 后，手动火灾报警按钮上的火警确认灯会点亮，这个状态灯表示火灾报警控制器已经收到火警信号，并且向控制器发出火灾报警信号，控制器接收到报警信号后，显示出报警按钮的编号或位置并发出警报声。

2. 火灾报警控制器

火灾报警控制器作为火灾自动报警系统的控制中心，是能够接收并发出火灾报警信号和故障信号，同时完成相应的显示和控制功能的设备。

3. 火灾显示盘（区域显示器）

火灾显示盘是接收火灾报警控制器发出的信号，显示发出火警部位或区域，并能发出声光火灾信号的装置。

4. 火灾警报器

火灾警报器是与火灾报警控制器分开设置，在火灾情况下能够发出声（和/或）光火灾警报信号的装置，又称为火灾声光警报器。

5. 消防联动控制系统

消防联动控制系统是火灾自动报警系统中接收火灾报警控制器发出的火灾报警信号，完成各项消防功能的控制系统。其通常由消防联动控制器、模块、气体灭火控制器、消防电气控制装置、消防设备应急电源、消防应急广播设备、消防专用电话、传输设备、消防控制中心图形显示装置、消防电动装置、消防泵、防排烟风机控制器等设备组成。

消防联动控制器是接收火灾报警控制器或其他火灾触发器件发出的火灾报警信号，根据设定的控制逻辑发出控制信号，控制各类消防设备，实现相应功能的控制设备。

消防应急广播设备是火灾情况下专用的广播设备。

消防专用电话是用于消防控制中心（室）与建筑物中各部位之间通话的电话系统，由消防专用电话总机、消防专用电话分机和传输介质构成。

模块是用于联动控制器和其所连接的受控设备部件之间信号传输的设备。

消防控制中心图形显示装置用于收集、处理和显示消防系统的实时信息，以便更好地控制和管理消防系统。它可以提供实时的消防系统状态，帮助消防管理人员更快地发现火灾隐患，从而更有效地控制和管理火情。

9.2.2 火灾自动报警系统的基本形式

火灾自动报警系统的基本形式有三种，即区域报警系统、集中报警系统和控制中心报警系统。

工程中常见的集中报警系统应由火灾探测器、手动火灾报警按钮、火灾声光警报器、消防应急广播、消防专用电话、消防控制室图形显示装置、火灾报警控制器、消防联动控制器等组成；具体参考规范【报警规 13】、图集【14X 报警规】第 3.2 节进行选择设计。

9.3 火灾自动报警系统的选择与设备设置

9.3.1 系统选择与设置

应根据【防火规 18】8.4.1 条、【民电标 19】第 13.2~13.3 节、【防火通用 22】第 8.3 节及【消防通用 22】第 12 章的相关规定，确定火灾自动报警系统的设置场所及要求。

1. 设置场所

1）下列工业建筑或场所应设置火灾自动报警系统（除散装粮食仓库、原煤仓库可不设置火灾自动报警系统外）：

① 丙类高层厂房。

② 地下、半地下且建筑面积大于 $1000m^2$ 的丙类生产场所。

③ 地下、半地下且建筑面积大于 $1000m^2$ 的丙类仓库。

④ 丙类高层仓库或丙类高架仓库。

2）下列民用建筑或场所应设置火灾自动报警系统：

① 商店建筑、展览建筑、财贸金融建筑、客运和货运建筑等类似用途建筑。

② 旅馆建筑。

③ 建筑高度大于 100m 的住宅建筑。

④ 图书或文物的珍藏库、每座藏书超过 50 万册的图书馆、重要的档案馆。

⑤ 地市级及以上广播电视建筑、邮政建筑、电信建筑，城市或区域性电力、交通和防灾等指挥调度建筑。

⑥ 特等、甲等剧场，座位数超过 1500 个的其他等级的剧场或电影院，座位数超过 2000 个的会堂或礼堂，座位数超过 3000 个的体育馆。

⑦ 疗养院的病房楼，床位数不少于 100 张的医院的门诊楼、病房楼、手术部等。

⑧ 托儿所、幼儿园，老年人照料设施，任一层建筑面积大于 $500m^2$ 或总建筑面积大于 $1000m^2$ 的其他儿童活动场所。

⑨ 歌舞娱乐放映游艺场所。

⑩ 其他二类高层公共建筑内建筑面积大于 $50m^2$ 的可燃物品库房和建筑面积大于 $500m^2$ 的商店营业厅，以及其他一类高层公共建筑。

3）除住宅建筑的燃气用气部位外，建筑内可能散发可燃气体或蒸汽的场所应设置可燃气体探测报警装置，并且独立成系统。

2. 设置要求

1）火灾自动报警系统应设置自动和手动触发报警装置，系统应具有火灾自动探测报警或人工辅助报警、控制相关系统设备应急启动并接收其动作反馈信号的功能。

2）火灾自动报警系统各设备之间应具有兼容的通信接口和通信协议。

3）火灾报警区域的划分应满足相关受控系统联动控制的工作要求，火灾探测区域的划分应满足确定火灾报警部位的工作要求。

4）火灾自动报警系统总线上应设置总线短路隔离器，每只总线短路隔离器保护的火灾探测器、手动火灾报警按钮和模块等设备的总数≤32 点。总线在穿越防火分区处应设置总线短路隔离器，这说明必要时可以跨越防火分区设置火灾报警及联动系统。

5）火灾自动报警系统应设置火灾声光警报器，并应符合下列规定：

① 火灾声光警报器的设置应满足人员及时接收火警信号的要求，每个报警区域内的火灾声光警报器的声压级应高于背景噪声 15dB，且不应低于 60dB。

② 在确认火灾后，系统应能启动所有火灾声光警报器。

③ 系统应同时启动、停止所有火灾声警报器。

④ 具有语音提示功能的火灾声警报器应具有语音同步的功能。

6）火灾探测器的选择应满足设置场所火灾初期特征参数的探测报警要求。

7）手动火灾报警按钮的设置应满足人员快速报警的要求，每个防火分区或楼层应至少设置 1 个手动火灾报警按钮。

8）除消防控制室设置的火灾报警控制器和消防联动控制器外，每台控制器直接连接的火灾探测器、手动火灾报警按钮和模块等设备不应跨越避难层。

9）集中报警系统和控制中心报警系统应设置消防应急广播，具有消防应急广播功能的多用途公共广播系统应具有强制切入消防应急广播的功能。

10）消防控制室内应设置消防专用电话总机和可直接报火警的外线电话，消防专用电话网络应为独立的消防通信系统。

9.3.2 火灾探测器

1. 火灾探测器的分类

火灾探测器因在火灾报警系统中用量最大，同时又是整个系统中最早发现火情的设备，故地位非常重要，种类多、科技含量高。按照使用环境、安装方式、动作时间、操作能否复位等进行分类。在此，仅介绍按警戒范围和火灾特征参数的分类法。

根据探测器的警戒范围，可分为点型和线型两种形式。点型火灾探测器是目前采用最为普遍的探测器，设置于被保护区域的某“点”。线型火灾探测器常设置于某些特定环境区域，如电缆隧道等狭长区域，它可以是管状的线管式火灾探测器，也可以是不可见的红外光束线型火灾探测器。根据被保护区域内初期火灾的形成和发展特点，选择具有相应特点和功能的火灾探测器。

按火灾特征参数可分为以下几种：

（1）感烟探测器　这类火灾探测器对燃烧或热解产生的固体或液体微粒予以响应，可以探测物质初期燃烧所产生的气溶胶或烟雾粒子浓度。因为气溶胶或烟雾粒子可以改变光强，减小探测器电离室的离子电流，改变空气电容器的介电常数或改变半导体的某些性质，故感烟探测器又可分为离子型、光电型、电容式或半导体型等类型。其中光电型火灾探测器还包括减光型（烟雾遮挡减少光通量）和散光型（烟雾对光的散射）两种。

(2) 感温探测器　这种火灾探测器可以响应异常温度、温升速率和温差等火灾信号，是使用面广、品种多、价格较低的一类火灾探测器。其结构简单，很少配用电子电路，与其他种类比较，可靠性高，但灵敏度较低。常用的有定温型（环境温度达到或超过预定值时响应）、差温型（环境温升速率超过预定值时响应）、差定温型（兼有差温、定温两种功能）。

(3) 火焰探测器　火焰探测器又称为感光火灾探测器，主要对火焰辐射出的红外、紫外、可见光予以响应。常用的有红外火焰型和紫外火焰型两种。

(4) 吸气式感烟探测器　对于一些具有高速气流的场所，如通信机房、计算机房、无尘室等任何通过空气调节作用而保持正压的场所，烟雾通常被室内流动气流高度稀释，这给点型感烟探测器的可靠探测带来了困难。而吸气式感烟探测器由于采用主动的吸气式采样方式，并且系统通常具有很高的灵敏度，加之布管灵活，所以成功地解决了气流对于烟雾探测的影响。

(5) 气体火灾探测器　气体火灾探测器是指对探测区域某一点周围的特殊气体参数敏感响应的探测器，其探测的主要气体种类有天然气、液化气、酒精、一氧化碳等。气体火灾探测器目前主要用于厨房或燃料气储备间、汽车库、压气机站、过滤车间、溶剂库、炼油厂、燃油电厂等存在可燃气体的场所。

(6) 复合火灾探测器　复合火灾探测器是指可以响应两种及以上火灾参数的火灾探测器，主要有感温感烟型、感光感烟型、感光感温型。

2. 火灾探测器的选择

火灾探测器的选择应满足设置场所火灾初期特征参数的探测报警要求。需要布置探测器的具体位置及种类可以查阅【报警规 13】第 5 章及附录 D。例如，火灾初期有阴燃阶段，产生大量的烟和少量的热，很少或没有火焰辐射的场所，应选择感烟探测器。饭店、旅馆、教学楼、办公楼的厅堂、卧室、办公室、商场、列车载客车厢等，计算机房、通信机房、电影或电视放映室等，楼梯、走道、电梯机房、车库等，书库、档案库等场所宜选择点型感烟探测器。

9.3.3 系统设备的设置

1. 火灾报警控制器和消防联动控制器的设置

1）火灾报警控制器和消防联动控制器应设置在消防控制室内或有人值班的房间和场所。

① 火灾报警控制器和消防联动控制器等在消防控制室内的布置，应符合消防控制室内设备的布置的相关规定。

② 火灾报警控制器和消防联动控制器安装在墙上时，其主显示屏高度宜为 1.5~1.8m，其靠近门轴的侧面距墙不应小于 0.5m，正面操作距离不应小于 1.2m。

2）集中报警系统和控制中心报警系统中的区域火灾报警控制器在满足下列条件时，可设置在无人值班的场所：

① 本区域内不需要手动控制的消防联动设备。

② 本火灾报警控制器的所有信息在集中火灾报警控制器上均有显示，且能接收集中控制功能的火灾报警控制器的联动控制信号，并自动启动相应的消防设备。

③ 设置的场所只有值班人员可以进入。

2. 点型火灾探测器的设置

（1）火灾探测器的保护面积和保护半径　保护面积 A 是指一只火灾探测器有效探测的面积。保护半径 R 是指一只火灾探测器能有效探测的单向最大水平距离。

火灾探测器的保护面积 A 和保护半径 R 见表 9-1，其中感温探测器为动作温度小于 85℃ 时的值。动作温度大于 85℃ 的感温探测器的保护面积和保护半径应根据生产企业设计说明书确定，但不应超过表 9-1 的规定。

表 9-1　感烟探测器和 A1、A2、B 型感温探测器的保护面积和保护半径

火灾探测器的种类	地面面积 S/m^2	房间高度 h/m	火灾探测器的保护面积 A 和保护半径 R					
			房间坡度 θ					
			$\theta<15°$		$15°\leqslant\theta\leqslant30°$		$\theta>30°$	
			A/m^2	R/m	A/m^2	R/m	A/m^2	R/m
感烟探测器	$S\leqslant80$	$h\leqslant6$	80	6.7	80	7.2	80	8.0
	$S>80$	$6<h\leqslant12$	80	6.7	100	8.0	120	9.9
		$h\leqslant6$	60	5.8	80	7.2	100	9.0
感温探测器	$S\leqslant30$	$h\leqslant6$	30	4.4	30	4.9	30	5.5
	$S>30$	$h\leqslant8$	20	3.6	30	4.9	40	6.3

（2）火灾探测器的设置数量　探测区域的每个房间应至少设置一只火灾探测器。一个探测区域内所设置火灾探测器的数量应按下式计算：

$$N\geqslant\frac{S}{KA} \tag{9-1}$$

式中　N——火灾探测器数量（只），应取整数；

S——该探测区域面积（m^2）；

K——修正系数，容纳人数超过 1 万人的公共场所宜取 0.7~0.8，容纳人数为 2000~1 万人的公共场所宜取 0.8~0.9，容纳人数为 500~2000 人的公共场所宜取 0.9~1.0，其他场所可取 1.0；

A——火灾探测器的保护面积（m^2）。

【例 9-1】 某化纤及其织物生产车间，长 40m，宽 30m，高 8m，平顶，采用感烟探测器进行保护。试求需要的火灾探测器数量。

解： 由式（9-1）可知，K 取 1，地面面积 $S=40m\times30m=1200m^2>80m^2$，房间高度 $h=8m$，即 $6m<h\leqslant12m$，平顶 $\theta=0$，查表 9-1 得保护面积 $A=80m^2$，保护半径 $R=6.7m$，则

$$N=\frac{1200}{1\times80}\text{只}=15\text{ 只}$$

（3）点型火灾探测器设计的其他规定

1）在有梁的顶棚上设置点型感烟探测器、感温探测器时，应符合下列规定：

① 当梁凸出顶棚的高度小于 200mm 时，可不计梁对火灾探测器保护面积的影响。

② 当梁凸出顶棚的高度为 200~600mm 时，应按【报警规 13】附录 F 来确定梁对火灾

探测器保护面积的影响。不同类别火灾探测器的选择同时受到房间高度和梁高度的影响，例如，当房间高度为6m、梁高为225mm时，达到B类感温探测器的极限值。

③ 当梁凸出顶棚的高度超过600mm时，被梁隔断的每个梁间区域应至少设置一只探测器。

④ 当被梁隔断的区域面积超过一只火灾探测器的保护面积时，被隔断的区域应按式(9-1)计算火灾探测器的设置数量。

⑤ 当梁间净距小于1m时，可不计梁对火灾探测器保护面积的影响。

⑥ 一只火灾探测器能保护的梁间区域的数量可以查阅【报警规13】附录G。如当感温探测器的保护面积为$20m^2$、梁隔断的梁间区域面积$Q>12m^2$时，一只火灾探测器保护1个梁间区间；当梁隔断的梁间区域面积$Q\leqslant 4m^2$时，一只火灾探测器保护5个梁间区间。

2）在宽度小于3m的内走道顶棚上设置点型火灾探测器时，宜居中布置。感温探测器的安装间距不应超过10m；感烟探测器的安装间距不应超过15m；火灾探测器至端墙的距离不应大于火灾探测器安装间距的1/2。

3）点型火灾探测器至墙壁、梁边的水平距离不应小于0.5m。

4）点型火灾探测器周围0.5m内不应有遮挡物。

5）房间被书架、设备或隔断等分隔，其顶部至顶棚或梁的距离小于房间净高的5%时，每个被隔开的部分应至少安装一只点型火灾探测器。

6）点型火灾探测器至空调送风口边的水平距离不应小于1.5m，并宜接近回风口安装。火灾探测器至多孔送风顶棚孔口的水平距离不应小于0.5m。

3. 手动火灾报警按钮的设置

1）每个防火分区应至少设置一只手动火灾报警按钮，防火分区内任何位置到最近的手动火灾报警按钮的步行距离不应大于30m，手动火灾报警按钮宜设置在疏散通道或出入口处。列车上设置的手动火灾报警按钮应设置在每节车厢的出入口和中间部位。

2）手动火灾报警按钮应设置在明显和便于操作的部位。当采用壁挂方式安装时，其底边距地高度宜为1.3~1.5m，且应有明显的标志。

4. 区域显示器的设置

1）每个报警区域宜设置一台区域显示器（火灾显示盘），宾馆、饭店等场所应在每个报警区域设置一台区域显示器。当一个报警区域包括多个楼层时，宜在每个楼层设置一台仅显示本楼层的区域显示器。

2）区域显示器应设置在出入口等明显便于操作的部位。当采用壁挂方式安装时，其底边距地高度宜为1.3~1.5m。

5. 火灾警报器的设置

1）火灾警报器应设置在每个楼层的楼梯口、消防电梯前室、建筑内部拐角等处的明显部位，且不宜与安全出口指示标志灯具设置在同一面墙上。每个报警区域内应均匀设置火灾警报器，其声压级不应小于60dB；在环境噪声大于60dB的场所，其声压级应高于背景噪声15dB。

2）当火灾警报器采用壁挂方式安装时，其底边距地面高度应大于2.2m。

6. 消防应急广播的设置

1）消防应急广播扬声器的设置应符合下列规定：

① 民用建筑内扬声器应设置在走道和大厅等公共场所。每个扬声器的额定功率不应小于3W，其数量应能保证从一个防火分区内的任何部位到最近一个扬声器的直线距离不大于

25m，走道末端距最近的扬声器距离不应大于 12.5m。电梯前室、疏散楼梯间内应设置应急广播扬声器。

② 在环境噪声大于 60dB 的场所设置的扬声器，在其播放范围内最远点的播放声压级应高于背景噪声 15dB。

③ 客房设置专用扬声器时，其功率不宜小于 1W。

2）壁挂扬声器的底边距地面高度应大于 2.2m。

7. 消防专用电话的设置

1）消防专用电话网络应为独立的消防通信系统。

2）消防控制室应设置消防专用电话总机。

3）多线制消防专用电话系统中的每个电话分机应与总机单独连接。

8. 模块的设置

1）每个报警区域内的模块宜相对集中设置在本报警区域内的金属模块箱中。

2）联动控制模块严禁设置在配电柜（箱）内，一个报警区域内的模块不应控制其他报警区域的设备。

3）未集中设置的模块附近应有尺寸不小于 100mm×100mm 的标志。

9. 消防控制室图形显示装置的设置

1）消防控制室图形显示装置应设置在消防控制室内，并应符合火灾报警控制器的安装设置要求。

2）消防控制室图形显示装置与火灾报警控制器、消防联动控制器、电气火灾监控器、可燃气体报警控制器等消防设备之间，应采用专用线路连接。

9.4 消防控制系统

9.4.1 消防控制方式

消防控制常见方式包括消防自动控制（联动控制）和远程手动控制、现场手动控制、联锁控制等方式。

1. 火灾报警与消防联动控制

建筑内的火灾报警与消防联动控制应集中于消防控制室，被控制设备一般分散在其他位置，各种设备的操作信号都应能够及时反馈到消防控制室。消防控制室的联动控制是消防联动控制器的基本功能。消防联动控制器应能以自动和手动两种方式完成控制功能，即可以通过消防控制室实现对现场消防设备或系统的自动控制（联动控制）或远程手动控制。消防控制室作为消防设备监视及操作的中枢，其功能如图 9-2 所示，主要控制设备及消防联动系统可参见规范【报警规 13】【民电标 19】、16D303《常用风机控制电路图》及【14X 报警规】等。消防联动控制设备对现场设备的控制可分为总线控制盘和多线控制盘两种操作方式。不同的系统或功能设备，联动控制功能的要求不同，详见 9.4 节后续各小节。

（1）总线控制　对分散于各层的数量大的装置，如各种阀等，为使线路简单，宜采用总线模块化控制；各类火灾探测器、手动按钮的动作信号，直接由总线传输到火灾报警控制盘，水流指示器、压力开关、防火阀及其他开关信号，通过输入模块，将报警点的报警信号及位置编码信号，经总线传输到火灾报警控制盘。各类报警信号在消防控制中心处理后，由消防联动控制盘发出各类联动信号，联动信号由总线传输到各联动设备。对排烟风机、送风

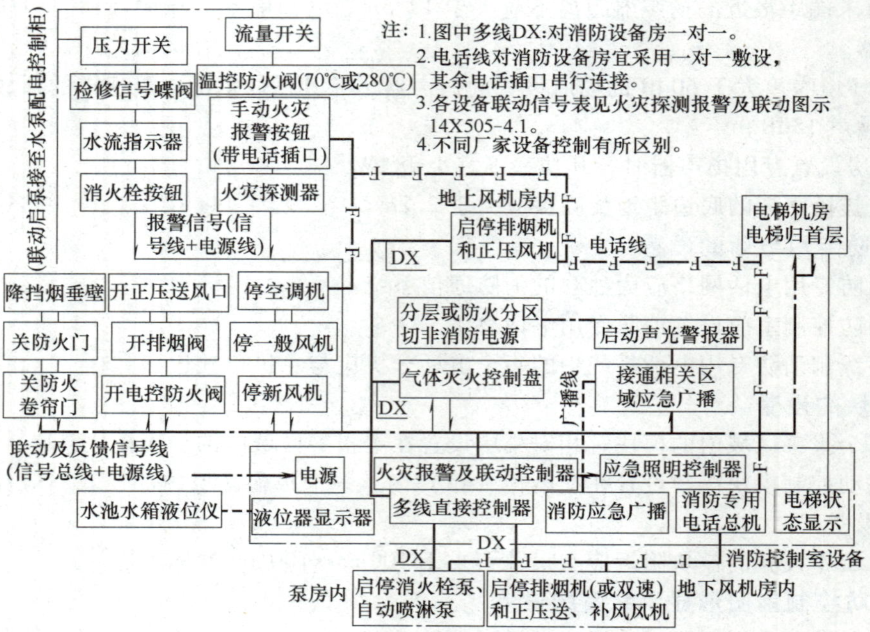

图 9-2 火灾报警及联动逻辑图

机、消火栓泵、喷淋泵、气体灭火、空调机、应急照明、电梯、防火卷帘等均由输入输出模块接收动作信号，直接或通过各类继电器启动相应的设备，各类设备启动后，将动作状态信号传到输入输出模块，经总线传回消防联动控制盘，在消防控制中心显示该设备的动作信号。对应急广播和火灾警报装置，只需将信号由总线传输到相应的输出模块，启动应急广播和火灾警报装置即可。

总线控制盘通过预先编程设计来实现一对多的控制功能。总线控制盘为启动和停止总线（控制）设备提供了一种便捷的手动操作方式，可代替烦琐的菜单操作。消防联动控制器的自动和手动控制功能，采用同一通信线路传输（通常为二总线）。这样，一些需要及时操作的多个受控设备，如防排烟系统，通过预先编程的方式，设置总线控制盘的按键，就可以实现一键启动同一防烟分区的所有排烟口（阀）；也可编程设置一键启动同一防火分区所有前室的加压送风口。

（2）多线控制　多线控制也称为直接控制，是利用多线模块从手动控制盘直接一对一放线至控制设备的。采用多线控制，与现场设备相连，只要供电正常就能控制现场设备。总线控制盘不能满足手动控制的要求，需要通过消防联动控制器的多线控制盘（也称为直接手动控制单元、直接手动控制盘）来实现。多线控制盘的启、停按钮应通过专用线路与消防水泵、防烟风机、排烟风机的现场控制柜连接。

2. 现场手动控制

现场手动控制主要通过设置在现场的手动控制按钮实现。现场手动控制需要反馈末端设备的状态信号到消防控制室的联动控制盘上。

1）设置在保护对象或防护区附近的现场手动控制：一些特殊的自动灭火系统，如气体灭火等，在现场防护区的外面设置紧急启动和紧急停止按钮，可实现现场紧急启动和紧急停止的功能。

2）消防设备的现场手动控制：主要指消防水泵、防烟风机、排烟风机等设备的现场启动柜，应具备手动启动和手动停止功能。

3. 联锁控制

联动控制以消防联动控制器为中心，必须依靠消防联动控制器实现，适应各类逻辑关系，但受系统故障和手动/自动状态的影响，易受干扰。联锁控制强调点对点的直接控制，不依赖中间设备，简单直接，可靠性高。联锁控制不仅有电气联锁，也有机械联锁，与联动控制互为补充，具体根据各专业系统末端控制需求来考虑，不再赘述。

9.4.2 湿式自动喷水灭火系统的联动控制设计

1）联动控制方式：应由湿式报警阀压力开关的动作信号或高位消防水箱出水管上设置的流量开关作为触发信号，直接控制启动喷淋泵，联动控制不应受消防联动控制器处于自动或手动状态影响。

2）手动控制方式：应将喷淋泵控制箱（柜）的启动、停止按钮用专用线路直接连接至设置在消防控制室内的消防联动控制器的手动控制盘，直接远程手动控制喷淋泵的启动、停止。

3）水流指示器、信号阀、压力开关、喷淋泵的启动和停止的动作信号应反馈至消防联动控制器。水流指示器的动作作用于报警，确定起火楼层或防火分区。信号阀在检修维护时需要开关，在正常工作时检测其必须处于打开状态，否则整个喷淋系统无法工作。

9.4.3 消火栓系统的联动控制设计

1. 联动控制方式

应由消火栓系统出水干管上设置的低压压力开关、高位消防水箱出水管上设置的流量开关或报警阀压力开关等信号作为触发信号，直接控制启动消火栓泵，联动控制不应受消防联动控制器处于自动或手动状态影响。

2. 手动控制方式

应将消火栓泵控制箱（柜）的启动、停止按钮用专用线路直接连接至设置在消防控制室内的消防联动控制器的手动控制盘，并应直接手动控制消火栓泵的启动、停止。在【报警规 13】执行前，消火栓箱按钮动作信号直接启动消火栓泵；为防止误操作，该规范执行后，消火栓按钮的动作信号应作为报警信号及启动消火栓泵的联动触发信号，由消防联动控制器联动控制消火栓泵的启动。

3. 显示功能

消火栓泵的动作信号应反馈至消防联动控制器。

9.4.4 防烟排烟系统的联动控制设计

1）防烟系统的联动控制方式应符合下列规定：

① 应由加压送风口所在防火分区内的两只独立的火灾探测器或一只火灾探测器与一只手动火灾报警按钮的报警信号，作为送风口开启和加压送风机启动的联动触发信号，并应由消防联动控制器联动控制相关层前室等需要加压送风场所的加压送风口开启和加压送风机启动。

② 应由同一防烟分区内且位于电动挡烟垂壁附近的两只独立的感烟探测器的报警信号，作为电动挡烟垂壁降落的联动触发信号，并应由消防联动控制器联动控制电动挡烟垂壁的降落。

2）排烟系统的联动控制方式应符合下列规定：

① 应由同一防烟分区内的两只独立的火灾探测器的报警信号，作为排烟口、排烟窗或排烟阀开启的联动触发信号，并应由消防联动控制器联动控制排烟口、排烟窗或排烟阀的开启，同时停止该防烟分区的空气调节系统。

② 应由排烟口、排烟窗或排烟阀开启的动作信号，作为排烟风机启动的联动触发信号，并应由消防联动控制器联动控制排烟风机的启动。

3）防烟系统、排烟系统的就地手动控制的信号反馈应符合下列规定：

① 应能在消防控制室内的消防联动控制器上手动控制送风口、电动挡烟垂壁、排烟口、排烟窗、排烟阀的开启或关闭及防烟风机、排烟风机等设备的启动或停止，防烟风机、排烟风机的启动、停止按钮应采用专用线路直接连接至设置在消防控制室内的消防联动控制器的手动控制盘，并应直接手动控制防烟风机、排烟风机的启动、停止。

② 送风口、排烟口、排烟窗或排烟阀开启和关闭的动作信号，防烟风机、排烟风机启动和停止及电动防火阀关闭的动作信号，均应反馈至消防联动控制器。

③ 排烟风机入口处的总管上设置的280℃排烟防火阀在关闭后应直接联动控制风机停止，排烟防火阀及风机的动作信号应反馈至消防联动控制器。

④ 设于空调通风管道的防火阀，应采用定温保护装置，并应在风温达到70℃时直接动作，阀门关闭；关闭信号应反馈至消防控制室，并应停止相关部位空调机组、新风机、送风机。

9.4.5 防火卷帘及防火门系统的联动控制设计

1. 电动防火卷帘的联动控制与手动控制设计

1）疏散通道上设置的防火卷帘的联动控制设计，应符合下列规定：

① 联动控制方式：应由防火分区内任意两只感烟探测器或一只感烟探测器和一只防火卷帘专用感烟探测器的报警信号，联动控制防火卷帘下落至1.8m；任意一只防火卷帘专用感温探测器的报警信号联动防火卷帘下落到底；在卷帘的任意一侧距卷帘纵深0.5~5m内应设置不少于2只专门用于联动防火卷帘的感温探测器。

② 手动控制方式：应由防火卷帘两侧设置的手动控制按钮控制防火卷帘的升降。

2）非疏散通道上设置的防火卷帘的联动控制设计，应符合下列规定：

① 联动控制方式：应由防火卷帘所在防火分区内任意两只独立的火灾探测器的报警信号，作为防火卷帘下降的联动触发信号，并应联动控制防火卷帘直接下降到楼板面。

② 手动控制方式。应由防火卷帘两侧设置的手动控制按钮控制防火卷帘的升降，并应能在消防控制室内的消防联动控制器上手动控制防火卷帘的降落。

防火卷帘下降至距楼板面1.8m处、下降到楼板面的动作信号和防火卷帘控制器直接连接的感烟、感温探测器的报警信号，应反馈至消防联动控制器。

2. 常开防火门的联动控制设计规定

1）应由常开防火门所在防火分区内的两只独立的火灾探测器或一只火灾探测器与一只手动火灾报警按钮的报警信号，作为常开防火门关闭的联动触发信号，应由火灾报警控制器或消防联动控制器发出联动触发信号，并应由消防联动控制器或防火门监控器联动控制防火门关闭。

2）疏散通道上各防火门的开启、关闭及故障状态信号应反馈至防火门监控器。

9.4.6　非消防电源及电梯的联动控制设计

1）火灾确认后，应能在消防控制室切断火灾区域及相关区域的非消防电源。

2）火灾发生后，除超高层建筑中参与疏散人员的电梯外，其他客梯应依次停于首层或电梯转换层，并切断电源。

9.4.7　火灾警报器及消防应急广播系统的联动控制设计

1. 火灾警报器

1）火灾自动报警系统应设置火灾声光警报器，并应在确认火灾后启动建筑内的所有火灾声光警报器。

2）未设置消防联动控制器的火灾自动报警系统，火灾声光警报器应由火灾报警控制器控制；设置消防联动控制器的火灾自动报警系统，火灾声光警报器应由火灾报警控制器或消防联动控制器控制。

3）公共场所宜设置具有同一种火灾变调声的火灾声警报器；具有多个报警区域的保护对象，宜选用带有语音提示的火灾声警报器。

4）火灾声警报器设置带有语音提示功能时，应同时设置语音同步器。

5）同一建筑内设置多个火灾声警报器时，火灾自动报警系统应能同时启动和停止所有火灾声警报器工作。

6）火灾声警报器单次发出火灾警报时间宜为 8~20s，同时设有消防应急广播时，火灾声警报应与消防应急广播交替循环播放。

2. 消防应急广播

1）集中报警系统和控制中心报警系统应设置消防应急广播，并按疏散楼层或报警区域划分分路配线，其馈线电压宜采用 24V 安全电压；各输出分路应设有输出显示信号和保护、控制装置。

2）消防应急广播系统的联动控制信号应由消防联动控制器发出，当确认火灾后，应同时向全楼进行广播。消防应急广播用扬声器不宜加开关，当加开关或设有音量调节器时，应采用三线式配线，火灾时强制消防应急广播播放。

3）消防应急广播单次语音播放时间宜为 10~30s，应与火灾声警报器分时交替工作。

4）在消防控制室应能手动或按预设控制逻辑联动控制，选择广播分区、启动或停止应急广播系统，并应能监听消防应急广播。在通过传声器进行应急广播时，应自动对广播内容进行录音。

5）消防控制室内应能显示消防应急广播的播放分区工作状态。

6）消防应急广播与普通广播或背景音乐广播合用时，应具有强制切入消防应急广播的功能。

9.5　火灾自动报警系统工程实例

9.5.1　工程设计概况

某一类高层办公楼，带地下室，总建筑面积为 11356m^2，其中地上 1~11 层为办公楼，地下建筑面积为 1650m^2，地下室为设备用房及停车库等。地下室机动车位 51 辆，为 1 个防火分区。

火灾报警及联动工程设计概况：

1）本工程为集中报警系统，在一层设置消防控制室，对外直接开门。

2）系统组成：火灾自动报警系统、消防联动控制系统、消防应急广播系统、消防专用电话系统等。设置在现场的各种报警探测器、手动火灾报警按钮、联动模块、消火栓按钮、火灾声光警报器、火灾显示盘、应急广播扬声器、各种联动用中继器、电话插孔、电话分机等设备。

3）火灾报警控制器联动设计原则：

① 每台火灾报警控制器所连接的火灾探测器、手动火灾报警按钮和模块等设备总数和地址总数不超过3200点，其中每一总线回路连接设备的总数不超过200点，且留有不少于额定容量10%的余量；火灾报警控制器（联动型）所控制的各类模块总数不超过1600点，每一联动总线回路连接设备的总数不超过100点，且留有不少于额定容量10%的余量。

② 每一总线回路连接设备的总数不宜超过200点，超过200个点位需分组，确定总线根数；手动控制盘一对一控制各消防设备，即采用多线控制，包括排烟风机、送补风机、正压风机、消火栓泵、喷淋泵。

③ 系统总线上应设置短路隔离器，每只总线短路隔离器保护的消防设备总数按小于或等于32个的原则设置。总线穿越防火分区时，应在穿越处设置总线短路隔离器。

9.5.2 工程图设计及识图

根据【报警规13】和【14X报警规】要求，完成工程图设计，绘制图9-3～图9-6。图9-3、图9-4表达消防控制室所有设备及对应设备材料表，以及各设备与各下级端子箱间的配线关系。主要消防设备有消防电源柜，3台火灾自动报警器（联动型），多线控制器，气体灭火控制器，图形显示装置柜，液位显示器，广播系统控制柜，消防专用电话主机，电

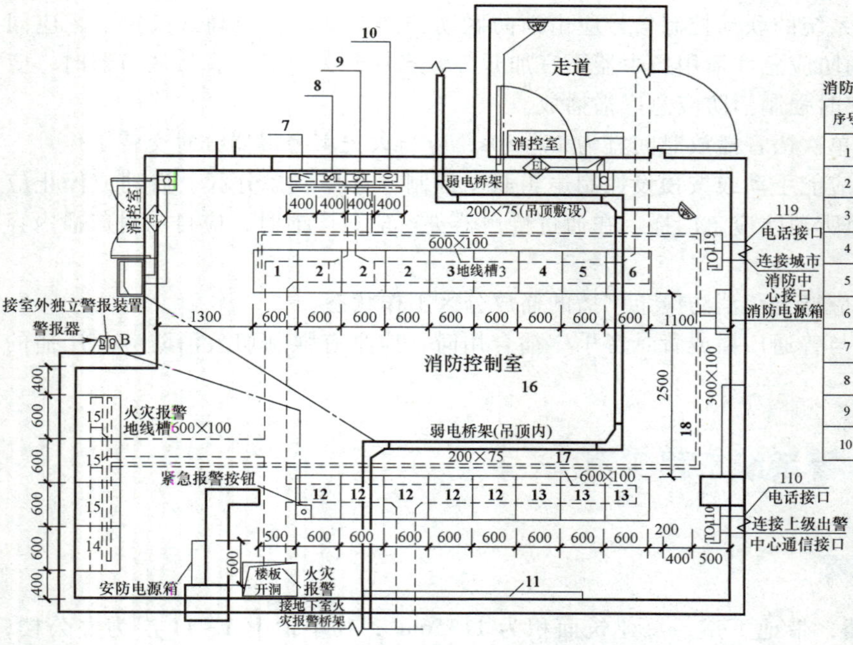

消防控制室设备表：

序号	消防控制室设备说明	序号	消防控制室设备说明
1	消防电源柜	11	拼接屏
2	火灾自动报警(联动型)3台	12	5联操作台
3	多线控制器气体灭火控制	13	网络机柜
4	图形显示装置液位显示器	14	UPS主机
5	广播系统控制柜	15	UPS电池柜
6	消防专用电话主机	16	抗静电地板
7	电气火灾监控主机	17	消防地面下线槽500×100
8	消防电源监控主机	18	电源地面下线槽300×100
9	防火门监控主机		
10	应急照明控制主机		

图9-3 消防控制室布置图

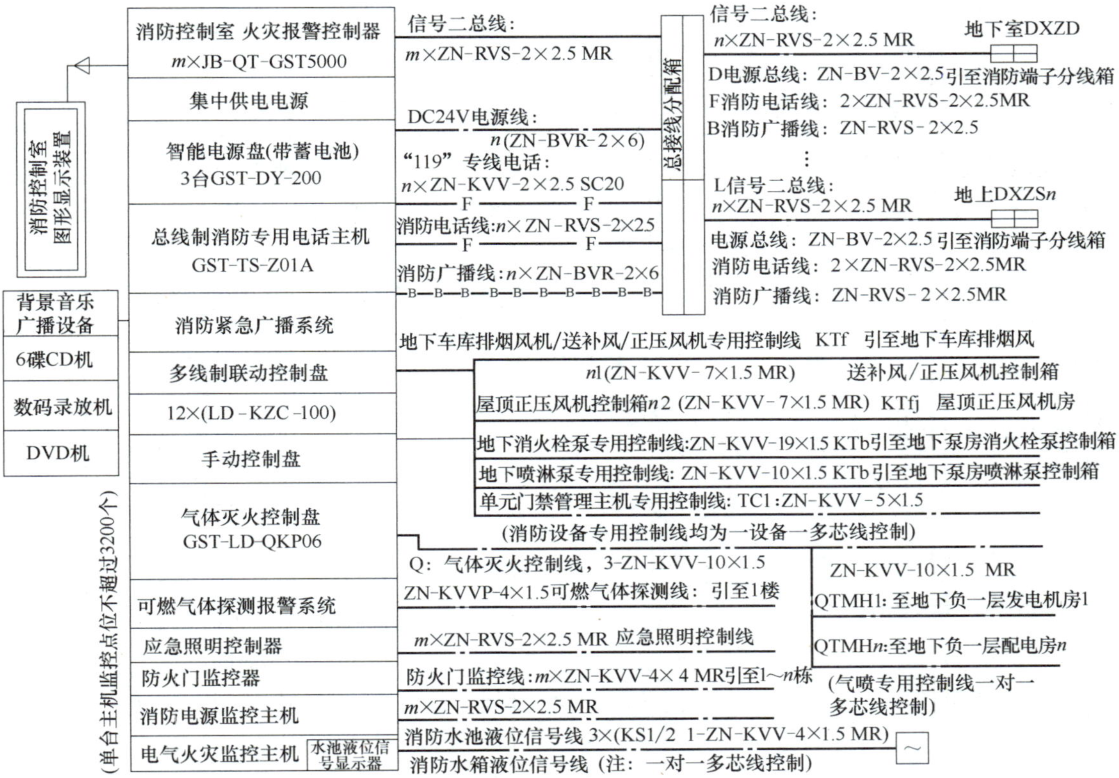

图 9-4　火灾报警及联动总系统图

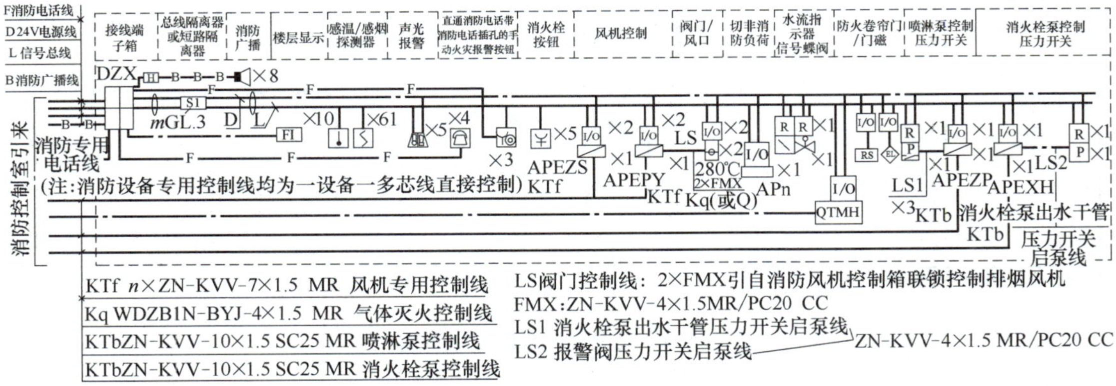

图 9-5　火灾报警及联动系统图（地下室）

气火灾监控主机，消防电源监控主机，应急照明控制主机，拼接屏（前维护支架安装），5 联操作台，网络机柜，UPS 主机，UPS 电池柜，安防电源箱，高 0.3m 的抗静电地板，消防地面线槽 500mm×100mm，电源地面线槽 300mm×100mm 等。消防控制室设置安防及门禁措施，安防采用桥架吊顶内线槽布线。

图 9-3、图 9-4 视频讲解

图 9-5、图 9-6 视频讲解

消防控制室各种管线经过总端子箱分配楼上部分经竖向桥架沿一层吊顶水平桥架到电井，再沿竖向桥架接每层端子箱，

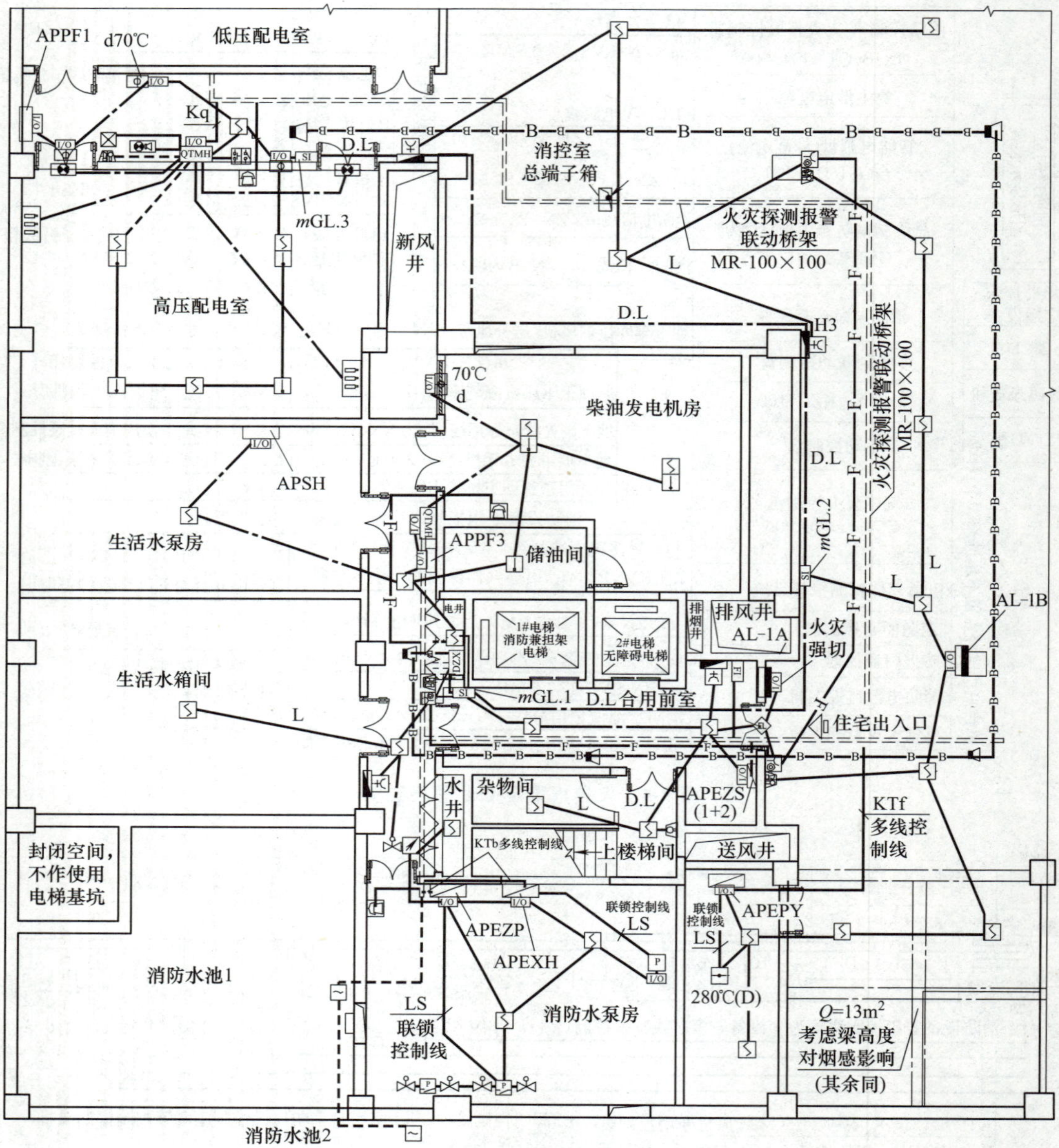

图 9-6 火灾报警及联动平面图

经过端子箱再向楼层或防火分区配线。通常进出端子箱线包括信号总线（L）、24V 电源线（D）、消防广播线（G）、消防电话线（F）。消防设备包括的补风机、排烟风机、消火栓泵、喷淋泵的多线控制是从手动控制盘直接一对一敷设控制的。

总线出线侧设置短路隔离器（信号线和电源线），每只总线短路隔离器保护的火灾探测器、手动火灾报警按钮和模块等消防设备的每组总数不应超过 32 点；各类火灾探测器、手动按钮的动作信号，直接由总线传输到火灾报警控制盘，若带输出及驱动动作信号则另带电源线；消火栓按钮、水流指示器、压力开关、防火阀及其他开关信号，通过输入模块，将报警点的报警信号及位置编码信号，经总线传输到火灾报警控制盘。因地下室各消防及动力设备较多，控制复杂且典型，以局部地下室火灾报警为例，绘制图 9-5 及图 9-6。由系统图可了解报警及联动设备种类、数量、控制逻辑、功能、规格、接线方式及敷设方式。平面图反映出这些设备的具体位置、数量及导线的走向，故需要系统图结合平面图对应识图及进行后续计数算量，系统图中所标数量与平面图中数量一致（若因笔误不一致，则以平面图为准）。端子箱出线除了 L 和 D 可共线敷设，注意分析平面图中电源线穿管过线情况，不得漏算；其余各出线均分开布线，大多数穿管，部分沿桥架加穿管敷设，如多线控制线、水位线等。消火栓泵控制箱由屋顶水箱到消火栓管网的流量开关、消火栓泵出口低压压力开关与逻辑联锁起泵线启动；喷淋泵控制箱由屋顶水箱到管网的流量开关、湿式报警阀组压力开关与逻辑联锁起泵线启动。

9.6 电气火灾监控系统

电气火灾监控系统设依据为【民电标 19】第 13 章、《电气火灾监控系统　第 2 部分：剩余电流式电气火灾监控探测器》GB 14287.2—2014、【报警规 13】【14X 报警规】。

9.6.1 电气火灾监控系统的组成

1）电气火灾监控器、接口模块。

2）剩余电流式电气火灾探测器。

3）测温式电气火灾探测器。

4）电弧故障探测器。

9.6.2 电气火灾监控系统的设计要求

1）电气火灾监控系统设置场所参照【民电标 19】第 13 章相关条文。

2）TN-C-S 系统、TN-S 系统或 TT 系统中的非消防负荷的配电回路中设置电气火灾监控系统时，应符合下列规定：

① 电气火灾监控系统应独立设置，设有火灾自动报警系统的场所，电气火灾监控系统应作为其子系统。

② 电气火灾监控系统应检测配电线路的剩余电流和温度，当超过限定值时应报警。

③ 电气火灾监控系统应具备图形显示装置接入功能，实时传送监控信息，显示监控数值和报警部位。

3）剩余电流式电气火灾探测器、测温式电气火灾探测器和电弧故障探测器的监测点设置应符合下列规定：

① 计算电流 300A 及以下时，宜在变电所低压配电室或总配电室集中测量；300A 以上时，宜在楼层配电箱进线开关下端口测量。当配电回路为封闭母线槽或预制分支电缆时，宜在分支线路总开关下端口测量。

② 建筑物为低压进线时，宜在总开关下分支回路上测量。

③ 国家级文物保护单位、砖木或木结构重点古建筑的电源进线宜在总开关的下端口测量。

4）已设置直接及间接接触电击防护的剩余电流保护电器的配电回路，不应重复设置剩余电流式电气火灾探测器。

5）已设置电气火灾监控系统的档口式家电商场、批发市场等场所的末端配电箱应设置电弧故障探测器或限流式电气防火保护器。储备仓库、电动车充电等场所的末端回路应设置限流式电气防火保护器。

6）电气火灾监控系统的剩余电流动作报警值宜为 300mA。测温式电气火灾探测器的动作报警值宜按所选电缆最高耐温的 70%~80%设定。

7）电气火灾监控系统应采用具备门槛电平连续可调的剩余电流动作报警器；测温式电气火灾探测器的动作报警值应具备 0~150℃连续可调功能。

8）采用独立式电气火灾监控设备的监控点数不超过 8 个时，可自行组成系统，也可采用编码模块接入火灾自动报警系统。报警点位号在火灾报警器上显示应区别于火灾探测器编号。

9）电气火灾监控系统的控制器应安装在建筑物的消防控制室内，宜由消防控制室统一管理。

10）电气火灾监控系统的导线选择、线路敷设、供电电源及接地，应与火灾自动报警系统要求相同。

电气火灾监控系统如图 9-7 所示，参照 HS 系列设计，配电箱柜内装监控模块，监控模块之间采用 RS485 专用通信网络连接，电气火灾报警系统主机安装在消防控制室（挂墙安装），主机自带 DC24V 电源装置，剩余电流探头安装在配电箱内，系统监控设备只报警不跳闸。

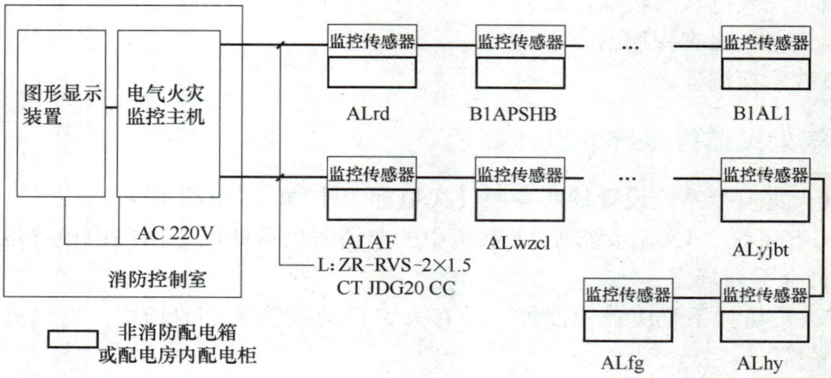

图 9-7 电气火灾监控系统

9.7 消防设备电源监控系统

设有消防控制室的建筑物应设置消防设备电源监控系统，设计依据为【民电标 19】第 13 章、【报警规 13】【14X 报警规】。参照《消防设备电源监控系统》GB 28184—2011 的相关规定，其设置应符合下列要求：

1）消防设备电源监控器应设置在消防控制室内，用于监控消防电源的工作状态，故障时发出报警信号。

2）消防设备电源监控点宜设置在下列部位：

① 变电所消防设备主电源、备用电源专用母排或消防电源柜内母排。

② 为重要消防设备（如消防控制室、消防泵、消防电梯、防排烟风机、应急照明、防火卷帘门等）供电的双电源切换开关的进出线端。

③ 无巡检功能的 EPS 应急电源装置的输出端。

④ 为无巡检功能的消防联动设备供电的直流 24V 电源的出线端。

3）应能显示消防用电设备的供电电源和备用电源的工作状态和故障报警信息。

4）应能将消防用电设备的供电电源和备用电源的工作状态和欠电压报警信息传输给消防控制室图形显示装置。

5）消防设备电源监控系统产品应符合《消防设备电源监控系统》GB 28184—2011 的规定，必须具备国家消防电子产品质量监督检验中心出具的产品型式检验报告。

6）系统专用于消防设备电源监控系统并独立安装，不能兼用其他功能的消防系统，不与其他消防系统共用设备，以保证本系统的文档安全。

消防设备电源监控系统如图 9-8 所示，系统由消防电源监控主机、监控传感器和传输电缆组成，系统采用总线制的连接方式，监控主机设置于消防控制室。消防设备电源监控系统通过检测消防设备电源的电流值、电压值及开关状态等，判断电源是否存在短路、断路、过电压、欠电压、过电流、断相、错相、过负荷等状态，并进行报警和记录。

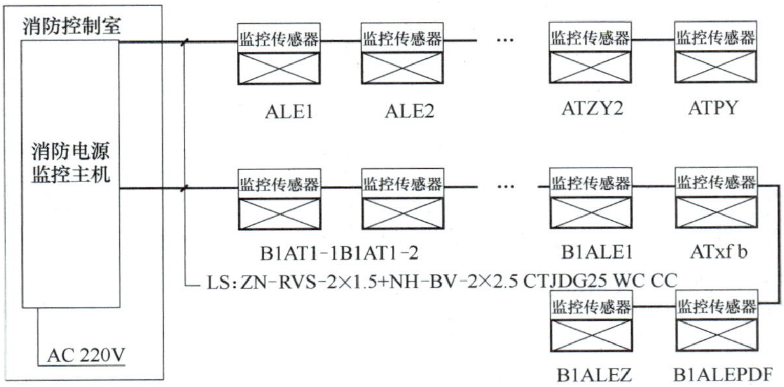

图 9-8　消防设备电源监控系统

9.8　防火门监控系统

设置火灾探测报警场所时必须设置防火门监控器。防火门监控器应设置在消防控制室内，其设置应符合下列要求，具体参照《防火门监控器》GB 29364—2012 以及【报警规13】的相关规定：

1）疏散通道上各防火门的开启、关闭及故障状态信号应反馈至防火门监控器。

2）电动开门器的手动控制按钮应设置在防火门内侧墙面上，距门不宜超过 0.5m，底边距地面高度宜为 0.9~1.3m。

3）防火门监控器的设置应符合火灾报警控制器的安装设置要求。

4）防火门监控器应能显示与其连接的防火门开、闭状态。

5）防火门监控器应能直接控制与其连接的防火门并设启动总指示灯。

6）防火门监控器应能记录与其连接的防火门的状态信息（包括防火门的地址、开闭和故障状态及相应的时间等，记录容量不应少于 1 万条）。

实例工程如图 9-9 所示，系统由防火门监控主机、监控分机、防火门门磁开关、防火门电磁释放器、电动闭门器、传输电缆等部件组成，采用总线制。火灾时，收到控制器的动作命令后对各执行机构进行调整，满足人员逃生、防火、防烟要求。防火门监控系统作用于全天候，全方位监视常开防火门的开闭及故障状态，安装图示见图集【14X 报警规】。

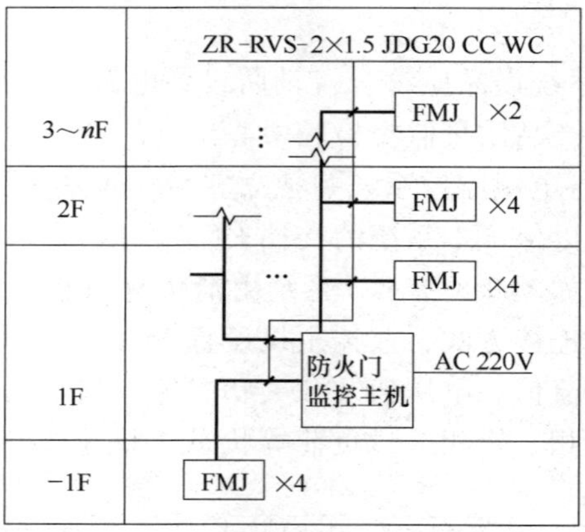

图 9-9　防火门监控系统

习　题

1. 简述火灾自动报警系统的组成。火灾自动报警系统的基本形式有哪些？
2. 简述集中报警系统的组成。
3. 哪些场所应单独划分探测区域？
4. 集中报警系统电话设置的原则是什么？
5. 湿式自动喷水灭火系统联动设计应考虑哪些因素？
6. 某商场发生火灾，其疏散通道上的卷帘门应有哪些联动控制要求？
7. 火灾报警控制器联动设计的原则是什么？
8. 根据图 9-3，识图回答：
(1) 序号 1、6、7、10 分别指什么设备？
(2) 消防控制室内弱电桥架、消防地线槽尺寸分别是多少？
(3) 消防控制室是否设置安防门禁系统？
9. 根据图 9-4、图 9-5，识图回答：
(1) 火灾报警控制器的型号是什么？单台主机监控点位不超过多少？
(2) 每一总线回路连接的设备总数不宜超过多少？
(3) 从消防控制室到分端子接线箱的消防专用电话线和电源线线型分别是什么？
(4) 由什么设备发出各类联动信号，联动信号再由总线传输到各联动设备？
(5) 地下车库喷淋泵、排烟风机专用控制线线缆名称分别是什么？分别引至何处？
10. 根据图 9-5，识图回答：
(1) 简述总线所带探测器及联动控制模块数为 80 时，短路隔离器的设置要求。
(2) 简述消火栓泵联动控制设计要求，并指出流量开关和压力开关起泵线线缆名称及敷设方式。
11. 根据图 9-6，识图回答：
(1) 火灾探测报警联动桥架型号是什么？
(2) 消防泵房内有几只报警阀组压力开关？几只消火栓低压压力开关？几只液位仪？

12. 根据图 9-7~图 9-9，识图回答：电气火灾监控系统、消防电源监控系统、常开防火门监控系统所用总线的线型分别是什么？各监控器主机分别位于何处？

10

第 10 章 建筑智能化系统及实例

本章概要

智能建筑基于现代建筑，利用现代通信、信息计算机网络、控制技术，对建筑及其设备的自动检测与优化控制、信息资源的优化管理和对使用者的信息服务，集成为最优化的整体，以满足用户对建筑物的监控、管理和信息共享的需求。本章主要介绍智能化设计基本必备的综合布线系统、安全防范系统、设备自动化、智能化系统集成等内容，结合工程实例，有效指导工程设计及识图。

10.1 建筑智能化系统的定义及内容

智能建筑过去通常称为弱电系统，建筑智能化系统（Building intelligent system）是应用现代通信技术、信息技术、计算机网络技术、监控技术的电子信息系统，包括楼宇自动化系统（BAS）、通信自动化系统（CAS）、办公自动化系统（OAS）、智能保安系统、智能防火系统、建筑耗能采集及能效监管等多个子系统，即通常说的智能 3A 或 5A 系统。实际的建筑智能化系统可为多个分项分部工程和系统集成。智能化系统设计应按照规范【智能建筑15】对应各类建筑的智能化配置表设计（注意：应配置、宜配置、可配置的区别选择）。

建筑智能化系统一般由以下系统组成：

（1）信息设施系统（Information technology system infrastructure，ITSI） 信息设施系统是指建筑物内各类具有接收、交换、传输、存储和显示等功能的信息系统的整合，形成能实现综合应用功能的统一、融合的信息设施基础。信息设施系统一般包括以下系统：

1）通信接入系统：利用接入网，将建筑物外部的公用或专用通信网引入建筑物内，提供电话、数据、图形图像等业务，满足建筑物内用户对各类信息通信业务的需求。

2）电话交换系统：电话通信的特点是通话双方要求实时对话，应具有传输和交换两种功能。这种系统通常由用户线路、交换中心、局间中继线和干线等组成。

3）信息网络系统：计算机网络系统，主要指局域网。

4）综合布线系统（Generic cabling system，GCS）：建筑物或建筑群内部之间的传输网络。综合布线系统是智能建筑重要的基础设施之一。综合布线系统要求有很强的通用性，可将建筑物内的语音、数据、视频传输融为一体，用于语音和计算机网络的通信。建筑物内的布线结构根据需要可以灵活改变，使建筑物内通信网络设备与外部的通信网络相连，也使建筑物或建筑群内部的语音、数据通信设备、信息交换设备、物业管理及建筑物自动化管理设备等系统之间彼此相连。各系统间建立起有机的联系，原来相对独立的资源、功能等被集合到一个相互关联、协调和统一的完整系统之中，通过综合计算机管理，统一为建筑设备管理系统，对各子系统进行科学、高效的综合管理，以实现信息综合、资源共享，实现智能建筑中的系统一体化集成，这也是智能建筑的核心。

5）室内移动通信覆盖系统：基站的信号可以通过有线方式接入室内的每个区域，再通过小型天线将基站信号发射出去。

6）卫星通信系统：由地球同步卫星、卫星地球站组成。卫星起中继作用，在两个地球站或多个地球站之间进行通信。

7）有线电视及卫星电视接收系统：由卫星电视接收系统、城市有线电视光节点和有线电视分配系统组成。

8）信息导引及发布系统：提供告知、信息发布和查询的系统。

9）时钟系统：由母钟、时间服务器、时钟网管系统、子钟等构成，为有时基要求的系统提供同步校对信号。

10）广播系统、会议系统等。

（2）信息化应用系统（Information technology application system，ITAS） 信息化应用系统是指多种信息设备装置及应用操作程序组合的应用系统。系统结构一般由数据库、服务器、工作站、网关、路由器等网络设备及软件构成。信息化应用系统一般包括工作业务应用系统、物业运营管理系统、公共服务管理系统、智能卡应用系统、信息网络安全管理系统。

（3）建筑设备管理系统（Building management system，BMS） 建筑设备管理系统是指为实现绿色建筑的目标，对各类建筑机电设施进行功效优化和综合管理的系统。建筑设备管理系统一般包括暖通空调、制冷、给水排水、供配电、照明控制、电梯、智能保安、智能防火、建筑耗能采集及能效监管等基本设备管理系统。

（4）公共安全系统（Public security system，PSS） 公共安全系统是指综合运用现代科学技术，以维护公共安全，应对危害社会安全的各类事件而构建的技术防范系统或安全保障体系。公共安全系统一般包括火灾自动报警系统（FAS）、安全防范系统（SAS）和应急联动系统（CERS）等。

（5）机房工程（Engineering of electronic equipment plant，EEEP） 机房工程是指提供各智能化系统设备装置的安装条件，并建立确保各智能化系统安全、可靠和高效地运行与维护的环境而实施的综合工程。

（6）建筑环境（Architectural environment，AE） 建筑环境应是高效、健康的工作和生活环境；应能适应人们对建筑物功能性、安全感、舒适度、便利性的需求；应符合人们对建筑环保、节能等绿色环境的要求。

（7）智能化集成系统（Intelligent integration system，IIS） 智能化集成系统是指将不同功能的建筑智能化系统，通过统一的信息平台实现集成，以形成具有信息汇集、资源共享及优化管理等综合功能的系统。

10.2 信息化基础设施平台

10.2.1 综合布线系统设计

1. 综合布线的作用及特点

信息技术是应用信息科学的原理和方法，研究信息的产生、获取、传输、存储、处理、显示及应用的工程技术。综合布线技术是信息技术中关于信息传输的一种特殊技术，即将建筑物内所有电信、图文、数据、多媒体设备等的布线综合在一套标准的布线系统上，实现多种信息系统的兼容、共用、互操作的功能。综合布线（Generic cabling）是由线缆（如铜缆、光缆等）和相应的连接硬件（如配线架、连接模块、插头、插座、适配器等）组成的信息传输通道。它不仅使建筑物内的电信图文、数据、多媒体设备、交换设备等彼此相连，而且能够使上述设备与外部通信网络相连，实现多种信号在一套标准的布线系统中传输。综合布线具有兼容性、开放性、灵活性、可靠性、先进性、经济性、系统性等特点。图 10-1 为综合布线系统构成示意图。

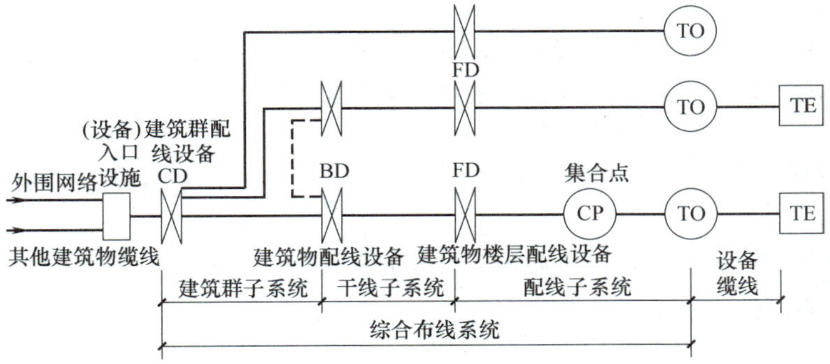

图 10-1　综合布线系统构成示意图

2. 综合布线系统的构成和应用

综合布线系统的基本结构是星形的，由建筑群主干布线子系统、设备间子系统、建筑物主干布线子系统、管理子系统、水平布线子系统和工作区布线子系统六个子系统组成。

（1）建筑群主干布线子系统（建筑群子系统）　该系统由连接各建筑物之间的综合布线缆、建筑群配线设备（Campus distributor，CD）及设备缆线和跳线（Jumper）等组成。采用光纤作为传输媒体，宜采用电缆沟或地下管道进行敷设。

（2）设备间子系统　设备间是建筑物内专设的安装设备的房间，也是网络管理和值班人员的工作场所。其系统组成包括设备间中的电（光）缆、各种大型设备（电话交换机、计算机主机等）、总配线架及防雷保护装置等。该系统是把建筑内公共系统需要互相连接的各种不同设备集中装设的子系统，可以完成各个楼层水平子系统间的通信线路的调配、连接和测试等任务，还可与建筑外的公用通信网连接形成对外传输的通道。设备间子系统可以说是整个综合布线系统的中心单元。

（3）建筑物主干布线子系统（干线子系统）　该系统由建筑物配线设备（Building distributor，BD）、跳线以及设备间到各个楼层交接间的干线线缆组成。传输媒体一般为光纤或双绞线线缆，宜采用 GCS 的专用通道敷设或与弱电竖井合用。

（4）管理子系统　管理子系统设置在每个楼层中的接续设备房间内，是连接干线子系统和水平布线子系统的纽带。其主要功能是将干线子系统与各楼层间的水平子系统相互连接起来。该系统的主要设备包括配线架和跳线等。当终端设备的位置或局域网的结构产生变化时，只需通过跳线方式即可解决，而不需要重新布线。管理子系统充分体现了综合布线的灵活性，是综合布线的一个重要子系统。

（5）水平布线子系统　该系统由工作区的信息插座（Information outlet，IO）到楼层配线设备（Floor distributor，FD）的配线线缆、楼层配线设备和跳线等组成。传输媒体多采用 4 对双绞线线缆，线缆长度不应超过 90m。当带宽需求较高时，可使用光纤到桌面（FTTD）的方式。

（6）工作区布线子系统　该系统由信息插座延伸到终端设备的连接线缆和适配器（或插头）组成。工作区是放置终端设备的地方，属于非永久性的，随应用种类而改变。

综合布线系统应用范围包括两类：一类为单栋建筑物内；另一类为若干建筑物组成的建筑群小区，如住宅小区、园区等。综合布线一般适用于建筑物跨度不超过3000m，办公面积不超过100万m^2的场所。GCS支持BAS、OAS、CAS对于多种信息的传输需求，传输速率范围为数十kbit/s至1000Mbit/s。

3. 综合布线系统构成的相关规定

1）配线子系统中可以设置集合点（CP），也可不设置集合点。

2）建筑物配线设备（BD）之间、建筑物楼层配线设备（FD）之间可以设置主干线缆互通。

3）FD可以经过主干线缆连至建筑群配线设备（CD），信息插座（TO）也可以经过水平线缆连至BD。

4）已设置设备间的建筑物，设备间所在楼层的FD可以和设备间中的BD和CD及入口设施安装在同一场地。

5）单栋建筑物，无建筑群配线设备（CD），入口设施和BD之间可设置互通的路由。

6）综合布线系统光纤信道的构成应符合下列规定：

① 水平光缆和主干光缆在楼层电信间（弱电间）的光配线设备（FD）经光纤跳线连接时，应符合图10-2的连接模式。

② 水平光缆和主干光缆在楼层电信间的配线设备（FD）处经接续（熔接或机械连接）互通时，FD处只设水平光缆和主干光缆光纤之间的接续点。

③ 水平光缆或主干光缆经楼层电信间（弱电间）直接连接到大楼设备间光配线设备（BD）互通时，FD处仅作为光缆路径空间。

④ 当工作区用户终端设备或某区域网络设备需直接与公用电信网进行互通时，宜将光缆从工作区直接布放到电信业务经营者提供的入口设施处的光配线设备。光纤信道构成如图10-2所示。

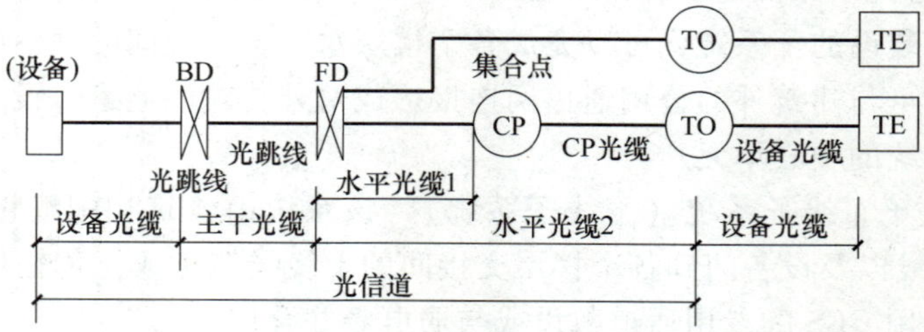

图10-2　光纤信道构成

7）综合布线系统各段线缆的长度划分应符合下列规定：

① 配线子系统信道的最大长度不应大于100m。各线缆长度应符合表10-1的规定。

表10-1　配线子系统线缆长度

项目	最小长度/m	最大长度/m
FD-CP	15	85
CP-TO	5	—
FD-TO（无CP）	15	90

（续）

项目	最小长度/m	最大长度/m
工作区线缆	2	5
跳线	2	—
FD 设备线缆	2	5
设备线缆与跳线总长度	—	10

② 建筑物与建筑群配线设备之间（FD 与 BD、FD 与 CD、BD 与 BD、BD 与 CD 之间）组成的信道出现 4 个连接器件时，主干线缆的长度不应小于 15m。

一个独立的需要设置终端设备（TE）的区域宜划分为一个工作区。工作区面积的划分与信息点配置数量应根据不同建筑物的功能和应用进行具体分析后确定，可参考【20X 综合布线】表 2-8、表 2-9。

电缆布线系统等级与类别，见表 10-2，具体见【19D 数据】表 10.10 及【综合布线 16】。

表 10-2　电缆布线系统等级与类别

业务种类		配线子系统		干线子系统		建筑群子系统	
		等级	类别	等级	类别	等级	类别
语音		D/E	5/6(4 对)	C/D	3/5(大对数)	C	3(室外大对数)
数据	电缆	D、E、E_A、F、F_A	5、6_A、7、7_A	E、E_A、F、F_A	6、6_A、7、7_A	—	—
	光纤	OF-300 OF-500 OF-2000	OM1、OM2、OM3、OM4 多模光缆，OS1、OS2 单模光缆	OF-300 OF-500 OF-2000	OM1、OM2、OM3、OM4 多模光缆，OS1、OS2 单模光缆	OF-300 OF-500 OF-2000	OS1、OS2 单模光缆
其他应用		可采用 5/6/6_A类 4 对绞电缆和 OM1、OM2、OM3 OM4 多模，OS1、OS2 单模光缆及相应连接器件					

光纤信道的分级和其支持的应用长度：光纤信道等级 OF-300、OF-500、OF-2000 分别对应长度大于 300m、500m、2000m。

10.2.2　综合布线线缆的选择和敷设

1）综合布线系统应根据环境条件、用户对电磁兼容性要求、带宽要求采用相应的线缆和配线设备，并应符合下列规定：

① 综合布线区域内存在的电磁干扰场强高于 3V/m 时，应采用屏蔽布线系统或光缆布线系统。

② 用户对防电磁干扰和防信息泄露有较高要求或对网络有安全保密需要时，应采用屏蔽布线系统或光缆布线系统。

③ 采用非屏蔽布线无法满足安装现场条件对线缆的间距要求时，应采用金属导管、金属槽盒敷设，或采用屏蔽布线系统及光缆布线系统。

2）当综合布线采用屏蔽布线系统时，采用的电缆、连接器件、跳线等都应屏蔽，并应符合下列规定：

① 采用屏蔽布线系统时，各个布线链路的屏蔽层应保持连续性。

② 屏蔽布线系统中所选用的信息插座、对绞电缆、连接器件、跳线等所组成的布线链

路应具有良好的屏蔽及导通特性。

③ 采用屏蔽布线系统时，屏蔽配线设备（FD 或 BD、CD）端必须良好接地。

综合布线系统选用的电缆、光缆应根据建筑物的使用性质、火灾危险程度、系统设备的重要性和线缆的敷设方式，选用相应阻燃等级的线缆，并应符合【民电标 19】第 13.9 节的规定。

建筑群之间的线缆宜采用地下管道或电缆沟敷设方式，并应预留备用管道。干线子系统垂直通道宜采用电缆竖井方式，电缆竖井的位置宜上下对齐。从电信间引出的水平线缆成束敷设时，宜采用槽盒的敷设方式。从槽盒引出至信息插座，可采用金属导管或可弯曲金属导管敷设。综合布线穿管、穿线及线槽设置参见【20X 综合布线】第 5 章施工部分。

10.2.3 无源光网络及组网

1. 计算机网络常用的组网方式

计算机组网方式参见【19D 数据】表 10.8，【20X 综合布线】第 4~5 章。组网包括千兆位以太网、万兆位以太网、以太网无源光网，建筑物和建筑群的网络一般包括主干（核心）层、汇聚层和终端接入层三个层次，规模较小的网络只包括主干层和终端接入层两个层次。以太网无源光网主干层传输速率为 1Gbit/s，通过无源分线器分成 16 路、32 路、64 路至用户端，每个用户端的平均传输速率为 66Mbit/s 或 33Mbit/s，实现光纤对建筑物（FTTB）及对用户 FTTD 连接，故以太网广为采用。

2. 无源光局域网

无源光局域网（POL）是一种基于无源光网络（PON）技术的局域网组网方式。其基本原理是将传统的局域网/广域网协议转换为光纤通信协议，通过纤芯数目较多的光纤传输信息，将多个数据集中在一条光纤上传输。无源光网络向终端用户提供光纤，只需使用光分路器和光纤接口，使单根光纤能够服务多个终端节点，实现了点对多架构；不需要光电转换器和信号增强器，具有高速传输、传输距离远、成本低等优势。无源光局域网系统如图 10-3 所示。

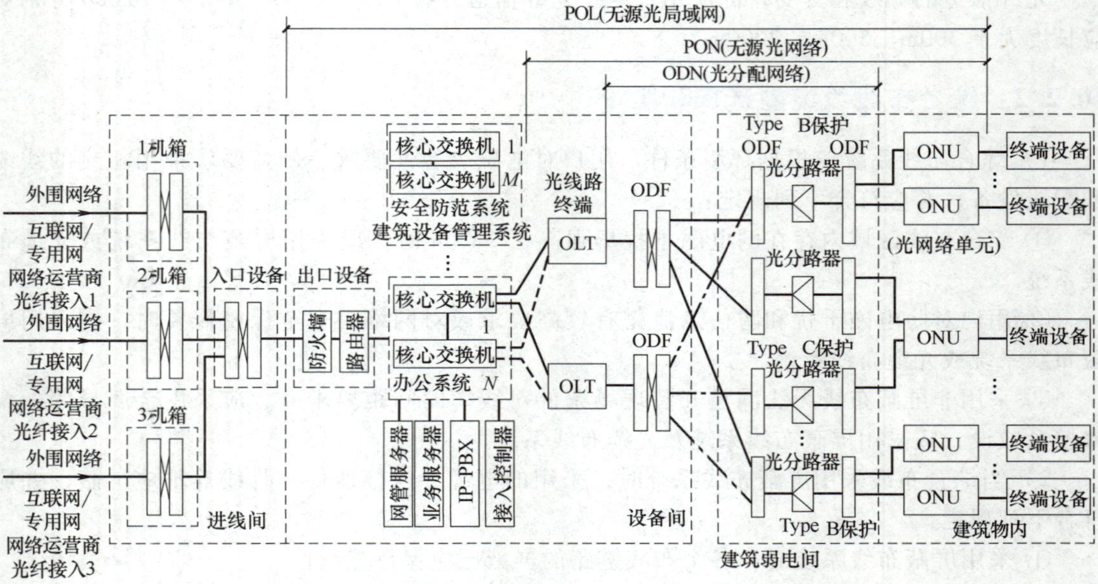

图 10-3 无源光局域网系统

（1）进线间（入口设施）

1）提供至少三家电信业务经营者的网络机箱进行业务接入选择。

2）电信业务经营者接入光缆连接建筑物入口设施，网络设备链路通过配线架连接设备间出口设备。

（2）设备间

1）以核心交换机为业务连接核心，上连出口路由器和防火墙，接入控制器和 IP-PBX、各种网管服务器和业务服务器。按照业务需求，核心交换机可采用双机热备。

2）两台光线路终端（OLT）设备进行双机热备，POL 系统采用 Type B 保护连接到楼内配线系统。对备份要求比较高的部分，光分配网络（ODN）采用 Type C 保护设计。

3）采用 Type B 保护或 Type C 保护的 POL 系统，宜采用一级分光模式，光分路位于建筑物弱电间。

（3）园区室外光缆

1）园区室外光缆采用 B 类保护方式，将建筑物内光分路连接到两个 OLT 以保护处于室外环境易发生光纤损坏的骨干光缆。

2）Type B 保护的室外线按照星形拓扑结构进行设计。

（4）建筑物配线

1）分路安装位置按照建筑物内的信息点数量规模及光布放便利性确定。信息点数量较少时，可统一放置在建筑设备间；信息点数量较多时，可分散在每楼层弱电间。

2）内置光网络单元（ONU）光口或 SFP 形态 ONU 的摄像机和 AP 等终端设备，可通过配线架直接与光分路器相连。

3. 全光网络综合布线系统实例

建筑的综合布线系统是将各种不同部分构成一个有机的整体，而不是像传统的布线那样自成体系，互不相关。

全光网络的传输部分主要由 ONU、ONT、光分路器（分光器）和 OLT 组成，终端网络设备硬件可直接接入 ONU，局端 OLT 可接入运营商广域网或社区核心交换机组建强大的社区基础网络。ONU 是无源光网络系统的用户侧设备，通过 PON 技术用于终结从 OLT 传送来的业务。与 OLT 配合，ONU 可向相连的用户提供各种宽带服务，如网上冲浪、VoIP、HDTV、视频会议等业务。

OLT 是无源光网络中的局端设备，也是光接入网的核心设备，同时它也是一个多业务提供平台，同时支持 IP 业务和传统的 TDM 业务。放置在局域网边缘或社区接入网出口，接入业务并分别传递到 IP 网。OLT 能向 ONU 以广播方式发送以太网数据；OLT 可发起并控制测距过程，并记录测距信息；OLT 能够为 ONU 分配带宽，控制 ONU 发送数据的起始时间和发送窗口大小。

核心交换机是指放置在网络结构核心层或最顶层的能够进行高速数据交换和转发具有强大数据吞吐量的高性能交换机。在全光网络架构中，核心交换机部署于整个无源光网络传输链路之上，将 OLT 由光信号转换来的 IP 网络数据包通过其强大的数据处理能力实现路由、交换、组播、逻辑隔离、虚拟、分层、堆叠、聚合、ACL 控制、QoS 等以太网业务功能。

以某园区综合办公楼综合布线系统的设计方案为例，该园区一个 LAN，主要包括网络管理中心、1#楼、2#楼、3#楼等。基于网络综合布线建设楼宇内局域网，要求整个网络具有先进性和可扩展性，以利于将来各楼宇局域网的扩容和与计算中心互联成整体网。无源光局域网拓扑图如图 10-4 所示，综合布线系统图如图 10-5 所示（扫二维码看图）。

（1）该办公园区网采用 GCS 设计

1）GCS 采用国际标准建议的星形拓扑结构，遵守 ISO/IEC 11801 标准，满足目前和将来的信息传输需要。

2）GCS 的信息出口采用国际标准的 RJ45 插座，传输速率为 100Mbit/s。

3）GCS 满足开放式原则，符合综合业务数据网（ISDN）的要求。

该办公园区网络的计算机主机房位于 1#大楼 1 层，通过主光纤（多模光纤），分别连接园区 3 幢建筑物，在各个建筑物内部采用 5 类 4 对 UTP 电缆（线径为 0.5mm，传输速率为 100Mbit/s 的实心铜导线）。

（2）布线系统的设计内容

1）工作区布线子系统设计。

2）建筑物主干布线子系统（干线子系统）设计。建筑物内配线设备（BD）有两种类型，分别连接光纤和铜缆。

3）建筑群主干布线子系统（建筑群子系统）设计。楼宇间的连接使用多模光纤，参阅平面图计算出光纤实际敷设距离，宜采用连通的地下室（若有）弱电桥架进行布线敷设。

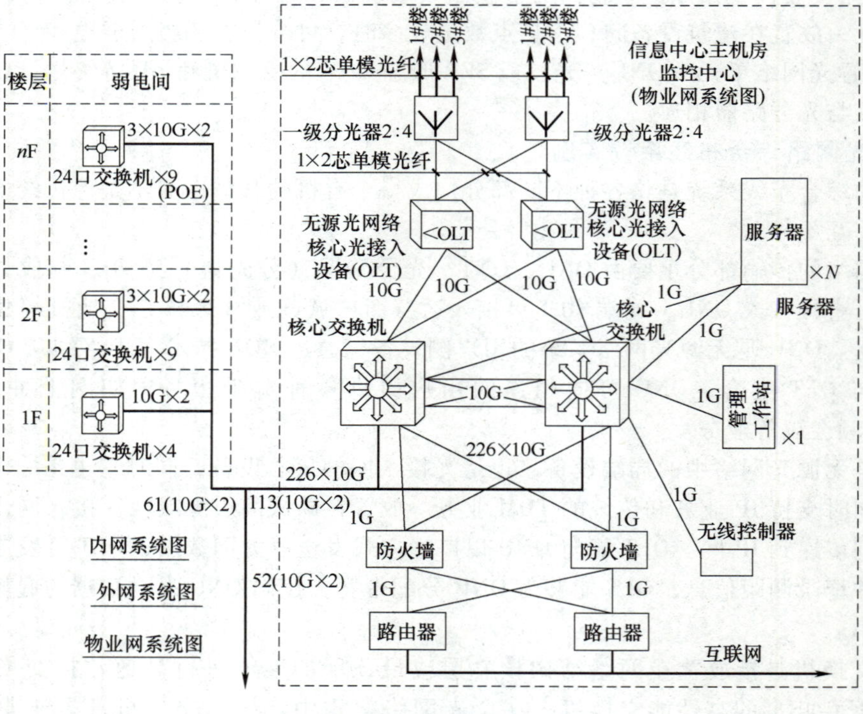

图 10-4 无源光局域网拓扑图

图 10-5 综合布线系统图

10.2.4 以太网供电（POE）系统

1）以太网供电（POE）系统由供电端设备（PSE）和受电端设备（PD）组成。

① PSE 为以太网客户端设备供电的设备，同时也是整个 POE 供电过程的管理者。

② PD 为 POE 系统中接受供电的 PSE 负荷，即以太网客户端设备。

③ PD 具有不同的等级，供电端设备通过标准化的功率等级对受电端设备进行供电和供电管理。

2）PSE 类型。PSE 可分为中跨 PSE 和端跨 PSE。

① 中跨 PSE：中跨电源位于以太网交换机和 PD 之间，在网络中提供 PD 所需的电源，不中断数据信号。中跨 PSE 通常指 POE 供电器，也可用作独立电源。供电方式如图 10-6a 所示。

② 端跨 PSE：端跨 PSE 内置在以太网交换机端口内，由以太网交换机的端口完成供电。端跨 PSE 供电方式如图 10-6b 所示，PSE 通常设计为端跨电源。

3）POE 系统 PD 主要是指一些网络摄像机、无线 AP 设备、IP 电话设备以及部分小功率的家居办公（SOHO）交换机、掌上电脑（PDA）及移动电话充电器等许多其他以太网设备。

4）应用 POE 时需要测试论证，应充分考虑下列因素对 POE 性能指标参数产生的影响：功率；直流环路电阻和不平电阻指标参数；温度；电长度和线规。

5）综合布线支持 POE 供电，应根据 POE 功率等级采用 2 对线或 4 对线供电。

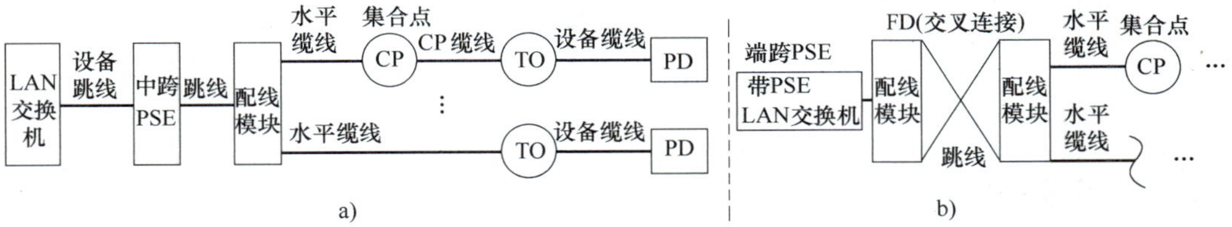

图 10-6 PSE 供电 POE 系统

a）中跨 PSE 供电 POE 系统 b）端跨 PSE 供电 POE 系统

10.2.5 无线局域网络设置要求

1）宜采用无线局域网络（WLAN）技术作为有线网络的补充与延伸，满足各类智能终端设备无线接入的需求。

2）WLAN 应满足接入高速度、转发高容量、频谱能防护、安全可管控、准入无感知、终端可识别、控制虚拟化的设计要求。

3）WLAN 设计应遵守 IEEE 802.11 族标准、WAPI 标准及 IETF 的无线接入点的控制和配置协议（CAPWAP）。

4）WLAN 设备应选择支持 MIMO 智能天线、帧聚合、块应答等符合 IEEE 802.11n 技术的产品架构，向下兼容 802.11a/b/g 设备，并具有支持 IPv4/IPv6 双协议的能力。

5）在有高速无线局域网络需求时，可采用符合 IEEE 802.11ac 标准的无线设备。

6）无线局域网络架构选择应符合下列规定：

① 在无线 AP 上完成接入和控制的，应采用独立的 AP 架构（胖 AP 架构）。

② 大规模无线局域网络中，应采用基于无线控制器（AC）的 AP 架构（瘦 AP 架构）。

③ 在瘦 AP 架构网络中，应根据网络覆盖和设备与用户的管控特点，选择集中式、分布式或二者混合使用的 AC 设置模式。

7）图 10-7 所示为无线 WiFi 管理拓扑图，无线 AP 的布置方案应根据建筑平面、用户密度等因素，按下列步骤确定：

① 应根据用户提供的平面图和所选用产品的技术参数，以及无线 AP 在室内外覆盖的差异，形成初步覆盖方案。

② 对覆盖区域的特殊部位，应采用设备实测，根据结果调整方案。

③ 因条件限定不能实测的区域，应进行人工勘测，并最终确定覆盖方案。

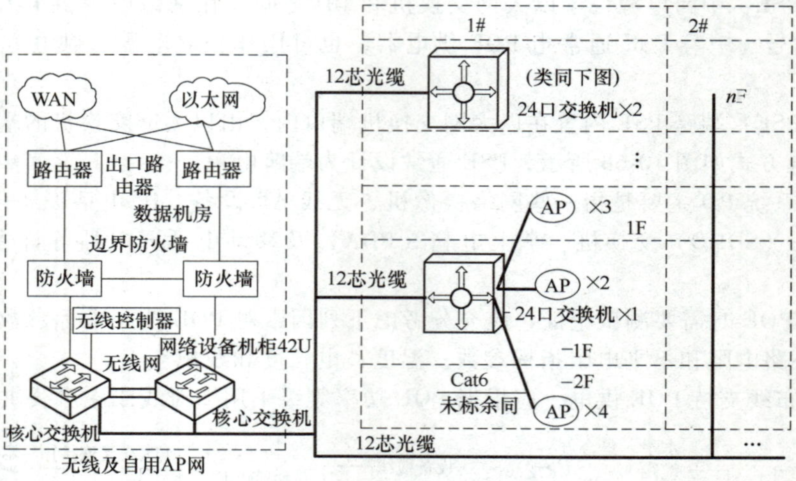

图 10-7 无线 WiFi 管理拓扑图

10.3 安全防范系统

安全防范系统宜由安全管理系统和若干个相关子系统组成。相关子系统宜包括停车场（库）管理系统、出入口控制系统、访客对讲系统、视频监控系统、入侵报警系统、无线对讲系统、电子巡更系统等。

10.3.1 停车场管理系统

停车场管理系统采用车牌识别技术准确识别进出车辆的车牌号码，并以车辆的车牌号码作为车辆的系统识别标识，实现车辆的快速进出等功能。停车场出口设置收费点收费，实现停车场的自动化、可视化管理，从而降低停车场的管理费用，提高停车场的管理水平。在停车场的 2 个出入口各设置一套停车场管理设备，有效控制车辆出入。

1. 停车场管理系统主要设备

1）停车场管理系统通过管理中心主机统一管理。系统由出入口机箱、出入口道闸、闸杆、地感线圈、车辆图像抓拍摄像头、补光灯、管理工作站、通信线缆、中央服务器等设备组成。

2）在地下车库的出入口处设置视频识别式车库管理系统，在入口处设置车辆检测器、道闸、车牌识别固定摄像头、满位显示屏等；在出口处设置收费岗亭，用于人工收费管理。在岗亭内设置 1 台收费管理主机，系统可实现收费、控制、图像对比、车牌自动识别等功能，系统通过收费主机信息点接入综合管理网。根据业主、物管需求确定系统安装位置。

停车场管理系统图和停车场安装布线图分别如图 10-8 和图 10-9（扫二维码看图）所示。

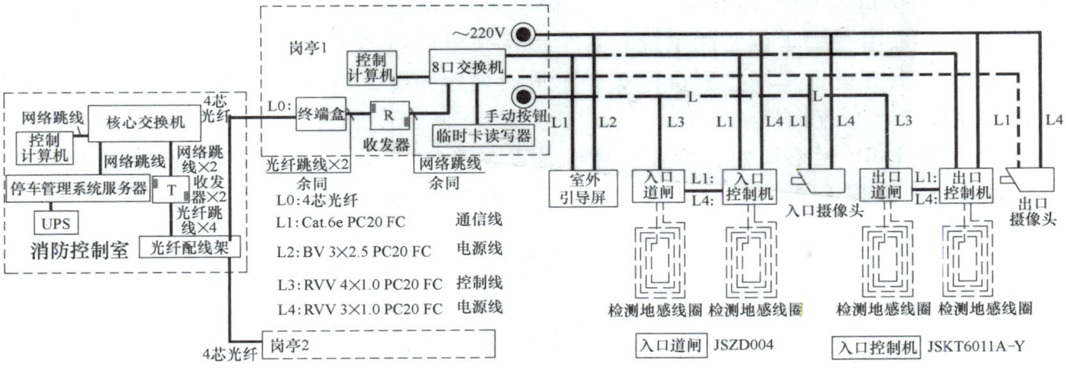

图 10-8　停车场管理系统图

图 10-9　停车场安装布线图

2. 停车场进出场流程

（1）进场　车辆驶入停车场入口，车辆压地感线圈，触发车牌识别器抓拍图像并识别车牌号码，系统记录车牌号码、入场抓拍图像、入场时间等信息，显示屏语音提示相关信息（如车牌号码、欢迎入场、固定车辆剩余日期等），并开启挡车器，车辆入场，闸杆自动落下，车辆进入车场内泊车。

（2）出场　车辆驶到停车场出口，车辆压地感线圈，触发车牌识别器抓拍图像并识别车牌号码，系统记录车牌号码、出场抓拍图像、出场时间等信息，显示屏语音提示相关信息（如车牌号码、一路平安、固定车辆剩余日期、延期等），并开启挡车器，车辆出场，闸杆自动落下，车辆离开停车场。

根据入场时间与出场时间自动计算停车时间，按照停车时间与收费标准自动计算应收费用；收费标准可以根据需要由停车场管理软件非常方便地定义并下传到控制机中。

当车辆进出场异常，如车牌号码识别有误不开闸时，可以由岗亭工作人员人工操作核对放行。

3. 视频车位引导系统

1）系统功能：提供实时停车场空闲泊位信息，引导车主快速找到空闲泊位，为车主节省时间，减少交通拥堵，提高停车场车位使用率。停车场信息系统具有监控、管理和维护所管理的泊车引导屏的功能及软件界面。

2）系统组成：由组合显示屏、剩余车位显示屏、视频识别车位探测器、车位显示灯和各控制器组成。

3）设备安装方式：地下车库入口设置一套组合显示屏，主要显示地下车库各层的总剩余车位。剩余车位显示屏设置在各岔路口，主要显示该区域的剩余车位。视频识别车位探测器设置在车位前方，安装于车位诱导系统桥架下方，探测器自带显示灯位，用于提示车位是否被占用。

4）由控制器至组合显示屏、剩余车位显示屏、视频识别车位探测器、车位显示灯的线路均采用 MR100mm×50mm 线槽敷设，安装高度为 2.5m。

① 停车场采用视频车位监测系统，每个摄像头可以监测 3 个或 6 个车位。

② 在车位上方设置车辆检测摄像头，车道设置导向牌，主要入口设置剩余车位显示牌，部分电梯厅设置寻车查询机。

③ 采用 TCP/IP 网络架构，管理计算机设置在消防控制室，车辆检测摄像机独立供电。

车位引导平面图及拓扑图如图 10-10 所示（扫二维码看图）。

图 10-10　车位引导平面图及拓扑图

4. 停车场管理系统功能配置要求

停车场管理系统根据实际需要可以有不同的功能配置。其中，入口处车位信息显示、出口收费显示、自动控制出入挡车器、车辆出入识别与控制、自动计费与收费管理为基本配置；出入口及场内通道行车指示、泊位显示与调度控制、保安对讲、报警、视频安防监控、车牌和车型自动识别、认定、多个出入口的联网与综合管理、分层（区）的车辆统计与车位显示、车辆查询服务等为可选款配置，系统应根据安全技术防范管理的需要及用户的实际需求合理配置功能。停车场（库）管理系统应具备先进、灵活、高效等特点，也可人工收费管理。停车场（库）管理系统宜独立运行，也可与安全管理系统联网。

10.3.2　出入口控制系统

1. 系统分类

出入口控制系统又称为门禁管理系统，一般由前端识读装置与执行机构、传输部件、处理与控制设备、显示记录设备四个主要部分组成。

（1）按设计原理分类

1）控制器与读卡器（识别仪）分体。这类系统控制器安装在室内，只有读卡器输入线露在室外，其他所有控制线均在室内，而读卡器传递的是数字信号，因此，若无有效卡片或密码任何人都无法进门。这类系统应是用户的首选。

2）控制器自带读卡器（识别仪）。这种设计的缺陷是控制器须安装在门外，因此部分控制线必须露在门外，内行人不需要卡片或密码即可轻松开门。

（2）按进出识别方式分类

1）卡片识别。通过读卡或读卡加密码方式来识别进出权限。按卡片种类分为磁卡和射频卡。

① 磁卡的优点是成本较低，一人一卡（+密码），安全性一般，可连微型计算机，有开门记录。其缺点是卡片、设备有磨损，使用寿命较短；卡片容易复制，不易双向控制；卡片信息容易因外界磁场丢失而使卡片失效。

② 射频卡的优点是卡片、设备无接触，开门方便安全；寿命长，理论寿命至少 10 年；安全性高，可连微型计算机，有开门记录，可以实现双向控制，卡片很难被复制。其缺点是成本较高。

2）密码识别。通过检验输入密码来识别进出权限。这类产品又分为普通型和乱序键盘型。

① 普通型的优点是操作方便，无须携带卡片，成本低。其缺点是同时只能容纳三组密码，容易泄露，安全性差，无进出记录，只能单向控制。

② 乱序键盘型的数字不固定，不定期自动变化。其优点是操作方便，无须携带卡片。其缺点是密码容易泄露，安全性不高，无进出记录，只能单向控制，成本高。

3）人像识别。通过检验人员生物特征等方式来识别进出权限，有指纹型、虹膜型、面部识别型等。人像识别的优点是安全性很好，无须携带卡片。其缺点是成本很高，识别率不高，对环境要求高，对使用者要求高（如指纹不能划伤，眼不能红肿出血，脸上不能有伤，或胡子的多少等），使用不方便（如虹膜型和面部识别型，安装高度位置是一定的，但使用者的身高却各不相同）。

2. 出入口控制系统的工作原理

出入口控制系统是用来控制进出建筑物或一些特殊区域的管理系统。出入口控制系统采用个人识别卡方式，给每个有权进入的人发一张个人身份识别卡，系统根据卡号和当前的时间等信息，判断该卡持有人是否可以进出。在建筑物内的主要管理区、出入口、电梯厅、主要设备控制中心机房、贵重物品库房等重要部位的通道口安装出入口控制系统，可有效控制人员的流动，并能对工作人员的出入情况进行及时的查询，同时系统还可兼作考勤统计，如果遇到非法进入者，还能实现报警。某工程出入口控制系统如图 10-11 所示（扫二维码看图）。

图 10-11　某工程出入口控制系统

3. 出入口控制系统的功能

出入口控制系统应根据安全技术防范管理的需要，在建筑物、建筑群出入口、通道门、重要房间门等处设置，并能实现以下基本功能：

1）进出通道的权限：就是对每个通道设置哪些人可以进出，哪些人不能进出。重要通道的出入口控制系统应具有非法进入报警功能；主要出入口的控制系统中宜有非法进入报警装置。

2）进出通道的方式：就是对可以进出该通道的人的进出方式的授权。进出方式通常有密码、读卡/生物识别、读卡/生物识别+密码三种方式。设置在安全疏散口的出入口控制装置应与火灾自动报警系统联动；在紧急情况下应自动释放出入口控制系统，安全疏散门在出入口控制系统释放后应能随时开启。

3）进出通道的时段：就是设置可以进出该通道的人在什么时间范围内可以进出。

10.3.3　访客对讲系统

访客对讲系统是指为来访客人与住户之间提供双向通话或可视通话，并由住户遥控防盗门的开关及向保安管理中心进行紧急报警的一种安全防范系统。它适用于单元式公寓、高层住宅楼及办公楼等，目前用得较多的是可视化对讲系统。

楼宇对讲系统主要由单元门口主机及副机、室内分机、开门按钮、手报按钮等组成。可视对讲是在对讲系统基础上增加了影像传输功能，大门入口处增加了一部微型摄像机，用户终端设一部监视器。对讲系统要求对讲语言清晰、信噪比高、失真度低。控制系统采用总线制传输、数字编码解码方式控制，只要访客按下户主代码，对应的户主摘机就可以与访客通话，并决定是否打开防盗安全门；而户主可以凭电磁钥匙出入该单元大门。

对讲系统用的电控安全防盗门是在一般防盗安全门的基础上加上电控锁、闭门器等构件。除具有传统访客对讲系统对讲开门和向管理中心报警的功能外，还增加了监控器的室内可视分机，即具有如下功能：

1）通过观察监视器上来访者的图像，可以将不希望的来访者拒之门外。

2）按下呼出键，即使没人拿起听筒，屋里的人也可以听到来客的声音。

3）按下“电子门锁打开按钮”，门锁可以自动打开。

4）按下“监视按钮”，即使不拿起听筒，也可以监听和监看来访者长达30s，而来访者却听不到屋里的任何声音；再按一次，解除监视状态。

某工程楼宇访客可视对讲系统如图10-12所示（扫二维码看图）。

图10-12 某工程楼宇访客可视对讲系统

10.3.4 视频监控系统

视频监控系统是电视技术在安全防范领域的应用，是一种先进的、安全防范能力极强的综合系统。它的主要功能是通过摄像机及其辅助设备来监控现场，并把监测到的图像、声音内容传送到监控中心。

1. 视频监控系统的工作原理

视频监控系统通常包括摄像、传输分配、控制、图像显示与记录五个部分。工作时，摄像部分把所监视目标的光、声信号变成电信号，送入传输分配部分。传输分配部分将摄像机输出的视频（有时包括音频）信号馈送到中心机房或其他监视点。系统在中心机房通过控制设备对系统的摄像和传输分配部分的设备进行远距离操作。系统传输的图像信号可依靠相关设备进行切换、记录、重放、加工和复制等处理。视频监控系统如图10-13所示（扫二维码看图）。

图10-13 视频监控系统

2. 视频监控点位选择

视频监控的设防范围包括楼周边路边、街口等区域的监管，建筑关键出入口的监管及房间/区域的监管。所以常见的点位包括所有人行出入通道口、室外主要道路、室外人员密集活动区域、写字楼及公寓大堂、地下停车场、写字楼及公寓的电梯轿厢内及消防楼梯间、主要机房出入口、主要机房内部等。设计可以查阅【民电标19】14.3.1条。

3. 视频监控系统说明

常见的全数字化视频监控系统，从前端的摄像机到终端控制设备，全采用网络型设备，实现数字化管理。整个系统主要分为前端视频采集设备、网络传输部分、监控中心管理部分、网络存储部分和显示控制部分等。

通常图像存储应采用存储磁盘阵列以数字视频方式记录，同时对所有摄像机信号进行存储，存储视频图像回放质量 4 级以上；支持网络视频查询、下载与回放，并可以实现随时查询图像。每路图像录像按 1080P 画质、H265 编码、2Mbit/s 的码流 24h 实时存储，存储时间不低于 30 天，UPS 供电后备时间不低于 30min。

监控中心配置一台视频监控管理工作站，对视频管理服务器、视频解码器、存储磁盘阵列等设备以及本区域内的视频监控系统进行管理和保存。电梯监控画面采用无线网桥传输。

系统接地采用建筑的联合接地体。分别在中心、弱电井和前端设备处接地，分为信号地和安全地，两种接地应分开接，最后汇集到建筑物的共用接地体。接地线的长度和直径按相关规范要求实施，接地系统不得形成接地封闭回路，当形成接地封闭回路时，用隔离器进行隔离，消除接地对图像的影响。

10.3.5　入侵报警系统

入侵报警系统是采用红外、微波等技术的信号探测器，在一些无人值守的部位，根据不同部位的重要程度和风险等级要求以及现场条件进行布设的线路控制。

入侵报警系统可以划分成多个子系统，扩展到数百个防区。可将多个主机乃至多个建筑物内的不同主机联合应用，在一个地方就可以布防、显示其他各个地方的主机。有的主机还可以和门禁、监视系统集成在一起使用，门禁模块以及小型矩阵系统可以使报警主机具备报警、CCTV、门禁等系统的综合性能。

入侵报警系统主要由前端设备（包括探测器和紧急报警装置）、传输设备、处理/控制/管理设备和显示/记录及联动设备构成。操作控制部分主要是报警控制器。监控中心负责接收、处理各子系统发来的报警信息、状态信息等，并将处理后的报警信息、监控指令分别发往报警接收中心和相关子系统。

前端探测器主要有被动式探测器、微波探测器、玻璃破碎探测器、振动探测器等，还有采用几种技术的复合探测器，如红外+微波探测器、红外+动态监测探测器等。入侵报警系统采用红外、微波等探测技术，在无人值守的部位，将入侵信号通过无线或有线方式传送到报警主机，进行声光报警、启动联动设备，并可以自动拨号将报警信息报告给报警中心或个人，以便迅速响应。

在入侵报警系统中，探测器安装在防范现场，用来探测和预报各种危险情况。当有入侵发生时，发出报警信号，并将报警信号经传输系统发送到报警主机。由信号传输系统送到报警主机的电信号经控制器做进一步的处理，以判断有或无危险信号。若有情况，控制器就控制报警装置发出声、光报警信号，引起值班人员的警觉。在残疾人卫生间及公寓室内卧室（接入公寓可视对讲分机）应设置紧急报警按钮，报警信号接入一层消防控制室内，当有求助报警信号时，值班室立即启动求助援助。

某工程入侵报警系统如图 10-14 所示（扫二维码看图）。

图 10-14　某工程入侵报警系统

10.3.6 无线对讲系统

无线对讲系统具有机动灵活，操作简便，语音传递快捷，使用经济的特点，是实现生产调度自动化和管理现代化的基础手段。无线对讲系统是指根据无线通信设备（主要是对讲机）的实时对讲系统，系统为安全保卫、设备维护、物业管理等各项管理工作将带来极大的便利，在现代物业中使用较为广泛。无线对讲系统的具体频道划分由物业管理部门统一分配使用，中转台等设备安装在消防控制室无线对讲机柜内。

1. 无线对讲系统的组成及设计

无线对讲系统的组成包括中继台、分路器、合路器、双工器、耦合分配器、功率分配器、室内吸顶天线、同轴电缆、连接器、全向玻璃钢天线。某工程无线对讲系统（选用 403~470MHz 频段进行设计）如图 10-15 所示（扫二维码看图）。

图 10-15 某工程无线对讲系统

2. 无线对讲系统的工作原理

无线对讲系统要具备双向通话功能，需要有发射部分和接收部分，同时还要具备调制信号和信息处理的功能。

（1）发射部分 锁相环和压控振荡器产生发射的射频载波信号，经过缓冲放大，激励放大、功放，产生额定的射频功率，经过天线低通滤波器，抑制谐波成分，然后通过天线发射出去。

（2）接收部分 接收部分为二次变频超外差方式，从天线输入的信号经过收发转换电路和带通滤波器后进行射频放大，再经过带通滤波器，进入一混频，将来自射频的放大信号与来自锁相环频率合成器电路的第一本振信号，在第一混频器处混频并生成第一中频信号。

第一中频信号通过晶体滤波器进一步消除邻道的杂波信号。滤波后的第一中频信号进入中频处理芯片，与第二本振信号再次混频生成第二中频信号，第二中频信号通过一个陶瓷滤波器滤除无用杂散信号后，被放大和鉴频，产生音频信号。

音频信号通过放大电路、带通滤波器、去加重电路等，进入音量控制电路和功率放大器放大，驱动扬声器，得到人们所需的信息。

（3）调制信号 人的话音通过麦克风转换成音频的电信号，音频信号通过放大电路、预加重电路及带通滤波器进入压控振荡器直接进行调制。

（4）信息处理 CPU 产生的信号经过放大调整，进入压控振荡器进行调制。接收鉴频后得到的低频信号，一部分经过放大和亚音频的带通滤波器进行滤波整形，进入 CPU，与预设值进行比较，根据其结果控制音频功放和扬声器的输出，如果与预设值相同，则打开扬声器，若不同，则关闭扬声器。

10.3.7 电子巡更系统

电子巡更系统是大型保安系统的一部分，是对巡逻情况进行监控的系统。在智能楼宇小区各区域内及重要部位安装巡更站点，保安巡更人员携带巡更记录卡，按指定路线和时间到达巡更点并进行记录，并将记录信息传送到管理中心计算机。电子巡更系统可实现对保安人员的管理和保护，实现人防和技防的结合。

电子巡更系统工作设计及分析如下：

1）系统须使用带地址码巡更站，通过手提巡更记录器（数据获取器）阅读每个位置的巡更站，经记录传送器（数据通信座）传送已被阅读的巡更站数据至系统计算机主机。

2）手提巡更记录器可下载巡更线路、巡更地点及多条巡更计划，保安人员可以根据实际情况选择自己的巡更线路、地点，并可随时查看自己需要检查的部位、顺序及时间。

3）在巡更时，保安人员利用手提巡更记录器阅读巡更站的记忆码址，记录器显示屏上会显示巡更站检查的事项。

4）同一个巡更站不能连续重读。

5）在完成巡更后，巡逻数据可直接打印。

6）巡更站宜设在楼梯口、走廊、门厅、地下停车库、周界等重要保护部分。

7）电子巡更系统由信息纽扣、手提巡更记录器、下载器、计算机及其管理软件等组成。信息纽扣安装在现场，如各住宅楼门口附近、车库、主要道路旁等处。

8）手提巡更记录器由巡更人员值勤时随身携带；下载器是连接手提巡更记录器和计算机进行信息交流的部件，设置在计算机房。无线巡更系统安装简单，不需要专用计算机，而且系统扩容、修改、管理非常方便。

电子巡更系统如图 10-16 所示（扫二维码看图）。

图 10-16　电子巡更系统

10.4　信息管理平台

10.4.1　信息发布及室外 LED 大屏系统

信息导引及发布显示系统是通过信息发布平台很好地将所有信息发布设备有效地控制与管理起来，通过网络将相应的信息分配传输到大堂、电梯厅、公共走道及休息区、会议室等各处的显示屏进行信息发布、流程导引等。信息发布的内容包括欢迎词、公告、新闻、疏散、警告、提示等信息。管理单位可通过信息导引及发布系统对外发布各类图文信息，也可对外发布租赁广告等。

1. 信息发布及室外 LED 大屏设置点位

1）首层大厅彩屏、触摸查询一体机、各层电梯厅。

2）垂直电梯轿厢。

3）室外 LED 大屏。

2. 信息发布及室外 LED 大屏系统设备设置要求

1）信息发布及室外 LED 大屏系统主要包括显示器、显示控制器、信息发布服务器、六类网线、HDMI 显示线、220V 电源、RJ45 接口。

2）信息发布系统服务器设置在网络机房或监控机房。

3）信息发布系统的显示器均需提供独立信号，播放格式为主流的流媒体格式。信息显示系统可通过网络控制，由有权限的人员来设置在何时在哪个显示器中播放何种内容（内容包括但不限于会议信息、天气预报、时间、汇率、新闻、广告等）。

4）系统可独立运行，任意一台媒体播放器关闭并不会影响其他。

信息发布系统图如图 10-17 所示（扫二维码看图）。

图 10-17　信息发布系统图

10.4.2　视频会议系统

视频会议系统又称为会议电视系统，是指两个或两个以上不同地方的个人或群体，通过传输线路及多媒体设备将声音、影像及文件资料互传，实现及时且互动的沟通，以实现会议目的的系统设备。

某工程视频会议系统构成如图 10-18 所示（扫二维码看图）。

图 10-18　某工程视频会议系统构成

视频会议系统主要分为三个部分：

（1）会议中心　会议中心配置主要包括专业扩声系统、图像显示系统、集中控制系统、矩阵及信号切换系统、数字会议系统。

（2）两个远程会议室　远程视频会议配置主要包括电子白板、拾音器、背景音乐（扩声）、会议系统主机。

（3）一个常规会议室　常规视频会议配置主要包括投影仪、拾音器、背景音乐（扩声）。

10.4.3　电梯五方通话系统

电梯五方通话是指电梯对讲系统中管理中心主机、电梯轿厢、电梯机房分机、电梯顶部、电梯井道底部五方之间进行的通话。系统提供电梯轿厢、电梯机房以及控制中心三方或五方对讲功能，当电梯轿厢发生运行故障或其他紧急情况时，轿厢内人员可通过轿厢内的对讲设备与电梯机房或消防控制值班人员通话报警。该系统既可以解决电梯故障困人问题，也可以进行平时电梯保养维修。

1. 电梯五方通话系统的功能

电梯五方通话系统属于安防对讲行业中的一个系列，一般具备如下功能：

1）可以通过增加电梯对讲机，实现监控中心或值班室、机房、轿厢、轿顶、坑底多方通话。

2）电梯内主动呼叫主机后通过交换机的管理可实现一对一的通话。

3）工程接口齐全。

4）如果中控机主动通话，交换机所管理的多部电梯能同时接收，并且多部电梯里的说话全部传回中控台。

5）当某部电梯发生故障时，呼叫中控机后，中控机所得到的故障电梯指示是交换机所管理的全部电梯，不能精确到哪一部电梯出现故障，但可以通过一对一对讲与轿厢内人员确认故障电梯位置。

2. 电梯五方通话系统图的绘制

电梯五方通话系统如图 10-19 所示（扫二维码看图）。电梯机房至监控中心之间的布线（包括线材、线管及敷设工程）一般由弱电智能化施工单位完成。电梯五方通话系统常用 6 芯屏蔽线，如图 10-19 中的 RVVP6×1.0。设备安装与调试一般由电梯公司负责，如果调试过程中出现线路问题，弱电公司配合排查处理。所以，电梯五方通话系统在弱电系统中并不是特别重要的系统，但在电梯验收中是一个非常重要的环节。

图 10-19　电梯五方通话系统

10.5　弱电工程综合平面图

智能建筑弱电系统子系统类别多，在设计时，各子系统一般按系统类别分别绘制，但是平面图绘制时，前述各弱电系统在各层弱电设备及末端点位并不多，所以多个子系统弱电工程的平面图也常常合并在一起绘制，只需要将各子系统末端点位及穿管线分开即可。以某单元式高层办公楼弱电综合平面图为例，如图 10-20、图 10-21 所示（扫二维码看图）。通常弱电点位、设备以平面图为准，管线尺寸可在平面图上按比例量取，竖向依据高差和标高算取。

图 10-20　一层弱电综合平面图

图 10-21　顶层弱电综合平面图及户内系统图

10.6　建筑设备自动化

建筑设备自动化系统（Building automation system，BAS）又称为楼宇自动化系统，基于建筑物或建筑群所属建筑设备，其功能是监视、控制、调节建筑物内各种设施，如冷热源系统、空调及通风系统、给水排水系统、供配电系统、照明、电梯和扶梯等设备，使其始终运行在最佳状态。详细设计及要求具体见【民电标 19】第 18 章、【智能建筑 15】第 4.5 节、【电与智能通用 22】第 5.2 节、【设备监控规 14】和【19X 设备管理】、【19D 数据】第 11 章。BAS 设计除了绘制系统图、平面图外，还需要结合各设备专业控制与调节需要，绘制控制原理图。

10.6.1 建筑设备自动化控制内容及要求

1. 给水系统的监视与控制

内容包括市政给水压力的显示；生活水池高、低水位的显示和报警，高位水箱高、低水位的显示和报警，生活水泵运行状态显示和故障报警，水泵的运行时间记录，开水器的控制，时间程序控制其电源的通断等。

2. 排水系统的监视与控制

内容包括集水坑各水位显示，集水坑高水位的报警，潜水泵运行状态显示和故障报警，水泵的运行时间记录等。

3. 空调制冷（供热）系统的监视与控制

以建筑中常见的冷热源（冷水机组、热交换器/锅炉）为例。

冷源系统监控包括冷水机组启停控制、运行状态显示和故障报警，冷冻水泵和冷却水泵的启停控制、运行状态显示和故障报警，冷却塔供水蝶阀控制，冷却塔风机启停控制、运行状态显示和故障报警，冷却水供回水温度，冷冻水供回水温度、压力、供水流量，机组、水泵及冷却塔的开关机顺序控制，冷水机组开启台数控制，冷冻水供回水总管压差监控及旁通阀的控制，水箱的高、低液位开关状态等。

热源系统监控包括一次侧热水/蒸汽温度、压力、流量，热交换器一次侧热水/蒸汽调节阀控制，热水循环泵运行状态、故障报警、手/自动状态、水流开关状态，热水循环泵启停控制，二次侧供回水温度、压力，供水流量热水泵的启停控制，运行状态显示和故障报警等。

建筑冷热源如果是热泵、冰蓄冷等其他类型，可参阅【设备监控规 14】第 4.2 节进行选择。

4. 新风机组的监视与控制

内容包括风机启停控制，运行状态显示和故障报警；送风温度测量；根据送风温度调节冷、热水阀的开度；过滤器淤塞报警；防冻防护；防火阀动作联锁停风机；送风湿度测量；根据送风湿度调节蒸汽阀开度或开启加湿机等。

5. 空调机组的监视与控制

内容包括风机启停控制，运行状态显示和故障报警；送、回风温度测量；根据送、回风温度调节冷、热水阀的开度；过滤器淤塞报警；防冻防护；防火阀动作联锁停风机；送、回风湿度测量；根据送、回风湿度调节蒸汽阀开度或开启加湿机等。

6. 排烟风机的监视与控制

内容包括风机启停控制，运行状态显示和故障报警等。

7. 高压配电系统的监视

内容包括进、出线开关、母联开关的状态显示；进、出线电流电压显示；功率因数显示；有功、无功功率显示，计量；变压器的监视；温度显示及超温报警等。

8. 低压配电系统的监视

内容包括进线开关、母联开关的状态显示，进线电流电压显示，功率因数显示，计量等。

9. 照明系统的控制

内容包括办公照明控制，室外照明控制，节日照明控制，走廊照明控制，车库照明控制等。

10. 电梯设备的监视

内容包括电梯运行状态监测，停电及紧急状况处理。

10.6.2 楼宇设备自动化 DDC 系统

DDC 系统是利用先进的数字控制技术，将分散的设备直接控制与中央集中监控相结合的分层控制方式。先将局部的数据首次处理，再将有限的数据传送到中央计算机进行数据交换。这可大大加强各子系统的独立性和可靠性，减少中央计算机的工作量，提高计算机性能，降低成本。在这种系统中，计算机要对几十个甚至上百个回路进行控制，对某一个回路来说，送到调节阀上的信号是一种断续信号，信号中断后，须保持原来阀位不变。

DDC 系统控制实质上和采样调节一样，是一种断续的调节系统，也称为多通道数字巡回检测调节器。只要将采样周期取得足够短，这种断续的调节就近似于连续的模拟调节。DDC 系统除了能实现上述功能外，还可实现对测量值的显示、打印、报警等。DDC 系统原理如图 10-22 所示。

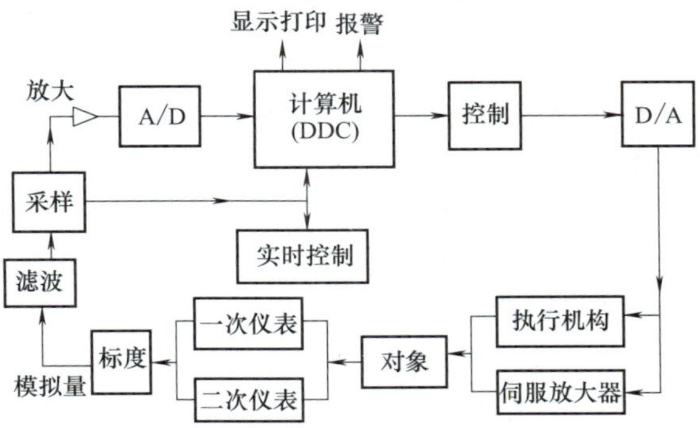

图 10-22 DDC 系统原理

10.6.3 建筑设备监控系统网络结构

1. 设计原理

建筑设备监控系统宜采用分布式系统和多层次的网络结构，应根据系统规模、功能要求及选用产品的特点，采用三层、两层或单层的网络结构。在楼宇中需实时监测与控制的设备品种多、数量大，而且分布在楼宇的各个部分。楼宇自动化系统要达到整体综合优化的要求，因此不同网络结构均应满足分布式系统集中监视操作和分散采集控制的原则。

大型系统宜采用三层或两层的网络结构，三层网络结构由管理、控制、现场三个网络层构成，中、小型系统宜采用两层或单层的网络结构。各网络层应符合下列规定：

1）管理网络层应完成系统集中监控和各子系统的功能集成。

2）控制网络层应完成建筑设备的自动控制。

3）现场网络层应完成末端设备控制和现场仪表的信息采集和处理。

现场网络层由本层网络及其所连接的末端设备控制器、分布式智能 I/O 模块和传感器、电量变送器、照度变送器、执行器、阀门、风阀、变频器等智能现场仪表组成。现场控制器直接与传感器、变送器、执行装置相连，实现对现场设备的实时监控，并通过通信网络实现与控制计算机之间的信息交互。在这一层中实现对单个设备的自动控制，是由安装在被控设备附近的现场控制器来完成的。现场控制器较多用直接数字控制技术，因此又称为直接数字控制器（Direct digital controller，DDC）。DDC/PLC 是 BAS 的现场控制设备，既可以作为一个独立的智能控制器运行，又能作为系统的组成部分。其功能主要有 PID 控制、开关控制、焓值计算、逻辑、联锁等。通过传感器、执行器，不仅可以方便地进行数据采集，开环、闭环控制，还可通过自身通信接口与系统相连。

控制层计算机是现场控制器的上层机或上位机，可分为监控站和操作站。监控站直接与现场控制器通信，监视其工作情况，并将来自现场控制器的系统状态数据通过通信网络传递给操作站及运营管理层计算机。而操作站则为管理人员提供操作界面，它先将操作请求通过通信网络传递给监控站，再由监控站实现具体操作。为了有更高的管理级参与，需将上述局域网连至更高速的广域网，这是第三级网。

用于网络互联的通信接口设备，应根据各层不同情况以 ISO/OSI 开放式系统互联模型为参照体系，合理选择中继器、网桥、路由器、网关等互联通信接口设备。

2. 建筑设备监控系统网络拓扑图

建筑设备监控系统网络结构包括基于网络控制器连接管理层的 BAS 拓扑结构，基于 DDC 直连管理层的 BAS 拓扑结构，混合型 BAS 拓扑结构。图 10-23 所示为混合型 BAS 拓扑结构示意图，现场直接控制器（DDC）（网络）、网关、网络控制器等设备上行数据直接接入 TCP/IP 网络中，与 BAS 服务器进行通信。现场直接控制器（DDC）总线型设备接入网络控制器后再接入 TCP/IP 网络中。图 10-23 中各类末端与控制器或网关设备的搭配仅为示例，设计时需根据末端接入设备的不同，按照实际使用情况，选用不同的控制器或网关设备，可以是 DDC（网络）、网关、网络控制器三者中任意组合接入 TCP/IP 网络。常用的 BAS 控制设备包括网络控制器、DDC、网关、路由器、I/O 扩展模块、VAV 控制器、能效控制器等，均支持 BACnet、Modbus、M-bus、KNX、OPC 等标准通信协议，供电均为 24VDC（AC）；其主要功能及网络结构可查阅【19X 设备管理】。

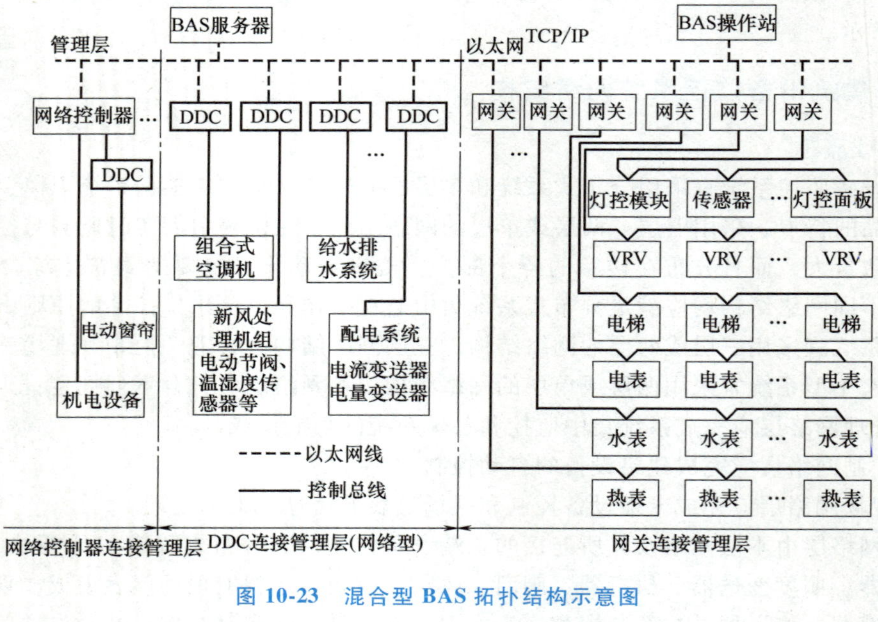

图 10-23 混合型 BAS 拓扑结构示意图

10.6.4 典型建筑设备监控系统介绍

1. 低压配电设备自动监控

低压配电系统监测示意图如图 10-24 所示。由 DDC 监控设备对供配电设备的运行状况进行监视，并对各参数进行测量，如电压、电流、频率、功率等。管理中心根据数据进行统计分析，找出供电异常情况，进行电力负荷控制，电网的供电状况随时受到监控。当发生断电时，监控系统立即做出停电控制信息，将应急发电机投入，确保消防、安保、电梯等重要场所的用电。10kV 供电线路的电流和电压自动检测线路，电流通过电流互感器经电流变送器传送至 DDC，电压值通过电压互感器经电压变送器送至 DDC。

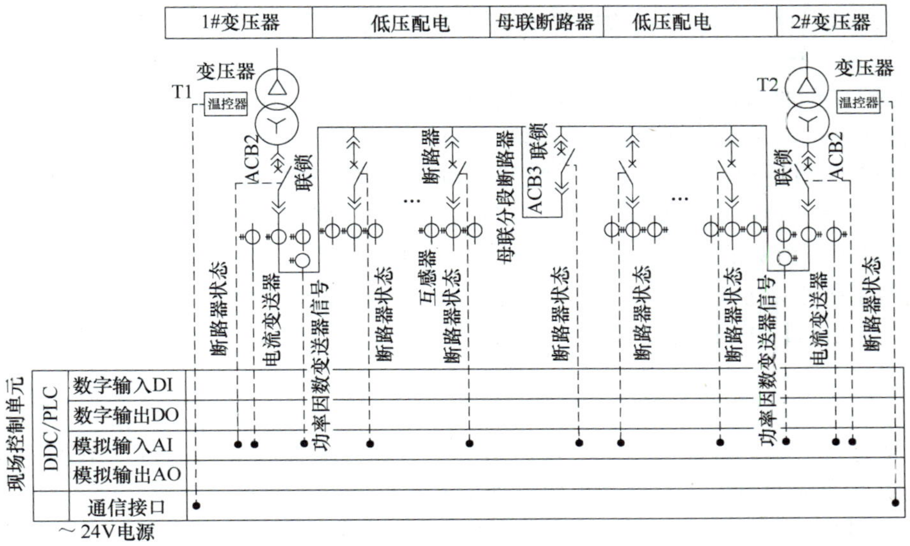

图 10-24　低压配电系统监测示意图

2. 组合式空调机控制系统

组合式空调器（定频）控制原理图及控制平面图如图 10-25 所示。系统主要由风门驱动器、风管式温度传感器、湿度传感器、压差报警开关、二通电动调节阀、压力传感器及现场控制器等组成。

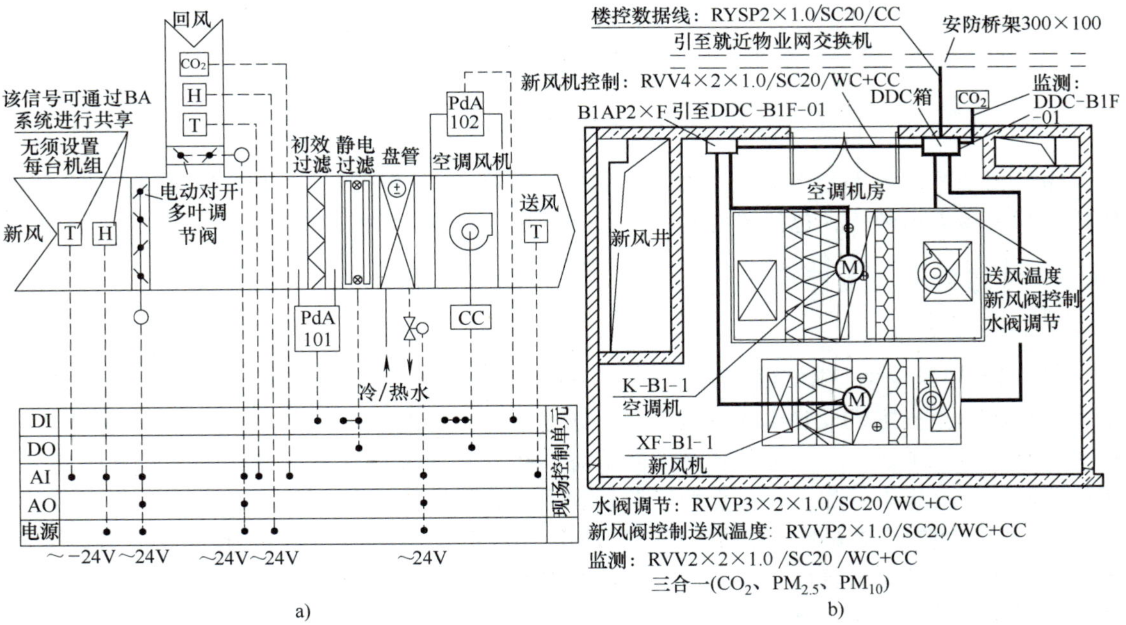

图 10-25　组合式空调器（定频）控制原理图及控制平面图

a）组合式空调器（定频）控制原理图　b）空调及新风机组 DDC 控制平面图

自动控制设计监控对象及参数：

1）监测新风进风的温度及湿度，该信号可通过 BA 系统进行共享，无须设置每台机组。

2）监控新风管、回风管上电动对开多叶调节阀的开度。

3）监测回风的温度、湿度、CO_2 浓度。

4）监测初效过滤段进出口的压差；监测静电过滤段的工作状态、故障报警状态，控制静电过滤段的开关。

5）监控盘管回水管上电动二通调节阀的开度。

6）监测风机的手/自动状态、运行状态及故障报警状态，控制风机的启停。

风机控制柜设手/自动转换开关，当开关切换到“手动”时，风机由操作人员通过手动就地控制；当开关切换到“自动”时，风机由自动控制器自动控制。

7）监测风机两侧的压差；监测机组送风的温度、湿度。

其余给水排水及空调热源、压缩制冷系统、新风机组、通风、照明等系统控制参考【设备监控规 14】【19X 设备管理】【19D 数据】第 11 章。

10.6.5 楼宇设备自动化工程 BMS 案例

某大楼是一大型综合性的用于商业用途的建筑物。大楼的 BAS 选用 BACNET 通信协议产品，以中央控制站为中心，进行集中管理、监测显示、分散控制。建筑设备管理系统如图 10-26 所示（扫二维码看图）。在该集中控制系统中，由分布安装于空调器等被控设备的直接数字控制器（DDC）实施就地控制，通过控制总线、网络接口、以太网、DDC 将数据传送到中央控制站。中央控制站也可执行集中监测、控制与管理。中央监控系统对大楼内的各子系统及装置进行实时的监测和控制，同时采集、记录、存储及管理各系统中的重要信息数据，并且具备节能管理及报警处理的能力。

图 10-26 建筑设备管理系统实例

系统由四个主要部分组成：①中央控制站，包括 PC、打印机、UPS 等；②通信网络及 DDC；③现场支承硬件，包括传感器、变送器、执行器等；④控制软件。

10.6.6 绿色节能监控平台

1. 能耗监测系统

1）通常建筑物的 BME 系统由供配电、机电设备、消防、安全防范、空气质量检测等子系统组成，系统主机设置于弱电机房内。通过系统平台以及开放接口协议将变配电智能监控系统及远传计量系统所收集的各种能耗信息，在综合能源管理系统进行部分数据的共享，实现能源数据的集中管理，构成综合能源管理系统的数据源。

2）综合能源管理系统分为操作层、管理层、决策层三层能耗展示。操作层具备能耗数据采集、能耗累计用量统计、实时监测、运行记录、报表管理等功能。管理层具备能耗综合查询、能源预警及计划、重点能耗设备诊断、能耗数据补录、分类分项的对比、对标分析等功能，使节能管理更加标准化、精细化和量化。决策层具备能耗数据汇总查询、能耗预警及计划、决策支持等功能。

2. 远程抄表系统

（1）系统的智能抄表　把要求的水、电、空调计量表等表具连接至每层数据采集器，管理人员可随时通过抄表系统的中心控制软件查看表具读数，计算费用、从而实现远程抄表，达到集中管理的目的。图 10-27 所示为能源管理抄表系统图（扫二维码看图）。

图 10-27　能源管理抄表系统图

（2）系统说明

1）采集器配置多个 RS485 端口和一个 10/100M 网络端口，满足短时间内抄录数千以上仪表数据。

2）通过 10/100M 网络端口，实现与抄表计算机的数据传递，并可通过综合布线系统专线，将表的数据传送到抄表计算机。

3）通过 RS-485 端口，读取各个智能抄表终端的计量表读数，实现远程抄读的功能。

4）抄表计算机存储并记录所抄表数据，自动计费。

10.7　建筑智能化系统集成

建筑智能化集成是由相互作用、相互联系的若干要素所组成的具有特定功能的统一整体。系统集成是指从一定的应用需求出发，将彼此之间存在相互作用的各个子系统借助相应的技术进行有机结合，使之成为一个统一、高效、实用、可靠的整体。系统集成可简单地描述为把智能建筑内分离的、不同功能的智能化子系统通过计算机网络，实现物理上、逻辑上、功能上的连接，成为一个统一协调的系统，满足信息综合、资源共享、任务重组等要求。智能建筑是信息时代的产物，是一种理念、方法或技术手段，实现它的核心技术是系统集成。

10.7.1　智能建筑系统集成的内容

智能建筑系统集成的内容主要包括功能集成、网络集成、界面集成等。

1. 功能集成

功能集成将原来分离的各智能化子系统功能进行集成，从而形成原来各个子系统所没有的、新的全局性监控功能。功能集成包括两部分内容：

1）IBMS 管理层的功能集成，包括集中监控和管理功能、信息综合管理功能、全局事件管理功能、公共通信网络管理功能等的集成。

2）各个智能化子系统的功能集成，即 INS、CNS、BMS 的功能集成。

2. 网络集成

网络集成是指通信设备及通信线路与网络设备及网络线路的有机结合，其侧重点在网络协议和网络互联设备上。

3. 界面集成

界面集成就是在统一的界面上，实现整个系统的运行和管理。智能建筑集成管理系统（IBMS）把 BMS、INS、CNS 集成在一个计算机平台上，在统一的界面环境下运行，实现优化控制和管理，创造节能、高效、舒适、安全的环境。实现界面集成的关键在于解决不同网络通信协议之间的转换，满足各个子系统之间的数据信息交换。

10.7.2　智能建筑系统集成模式

1. 智能建筑综合管理的一体化集成模式

它将 BMS、INS、CNS 等从各个分离的设备和信息等集成到一个相互关联的、统一协调的系统中，易于对各种信息进行综合管理。它使得整个智能建筑采用统一的计算机操作平台、统一的界面环境进行操作，实现集中的监控和管理功能。智能建筑集成管理系统是系统集成的最高目标。

2. 集成系统架构

1）集成架构：考虑到以后系统扩展的需求，智能化集成系统由独立于其他各子系统的第三方集成软件平台实现。各级智能化集成系统之间实时数据、控制命令的传输采用 TCP/IP，由智能化设备网络支持。

2）数据整合架构：智能化集成的最终目标是搭建基于智能化集成数控整合平台技术架构的数据整合平台。技术架构采用平台化的设计思路，流程优化、技术先进。架构通过从各个智能化系统独立的数据库中进行数据抽取、转换、集成、装载等数据整合以及数据的更新和校验，实现了将不同功能的建筑智能化系统通过统一的信息标准平台实现集成，以形成具有信息汇集、资源共享及优化管理等综合功能的系统。

3）本系统应遵循“将不同功能的建筑智能化系统，通过统一的信息平台实现集成，以形成具有信息汇集、资源共享及优化管理等综合功能的系统”的总体原则。

4）系统服务器通过 10/100M 数据交换机与各工作站通信，服务器与数据交换机之间用六类双绞线连接，提供 100M 带宽，工作站与数据交换机之间也用六类双绞线连接，提供 10M 带宽。

3. BMS 集成模式

基于狭义 BAS 的平台，BMS 实现以 BAS 与 FAS、SAS 之间的集成。各个子系统均以 BAS 为核心，运行在 BAS 的中央监控机上，实现相应的功能。

1）各子系统之间的网络协议（通信协议）一致。

2）以 BAS 为主，其他系统存在不同的通信协议（即存在第三方系统）。

3）采用 OPC 互联软件技术。

4. BMS 与 INS 集成模式

它是面向物业管理的集成模式。它把 BMS、INS 和智能一卡通系统等进行集成，完成 BMS、INS 的紧密集成。它在建筑的物业管理中占有极其重要的地位，如 INS 中的租赁管理、来客访问及电子公告牌、多媒体信息查询等功能；BMS 中的 HVAC 设备监控、照明设备监控、火灾报警等功能。

5. 集成及实例

IBMS 包括 INS、CNS、BAS 的集成。INS、CNS 及 BAS 三个子系统设备先各自集成，这是最基本的集成，也是实现高层次集成的基础，再将三个子系统集成在一起。集成内容包括闭路电视监控系统、出入口控制系统、入侵报警系统、电子巡更系统、停车场管理系统、一卡通系统、消防报警系统、信息发布系统、楼宇自动控制系统、智能照明系统、远程抄表系统、无线对讲系统、访客管理系统。某实际工程 IBMS 如图 10-28 所示（扫二维码看图）。

图 10-28 某实际工程 IBMS

10.8　设备设施管理平台

机房工程是指为提供机房内各智能化系统设备及装置的安置和运行条件，以确保各智能化系统安全、可靠和高效地运行与便于维护的建筑功能环境而实施的综合工程。

智能化系统机房宜包括信息接入机房、有线电视前端机房、信息设施系统总配线机房、智能化总控室、信息网络机房、用户电话交换机房、消防控制室、安防监控中心、应急响应中心和智能化设备间（弱电间、电信间）等，并可根据工程具体情况独立配置或组合配置。机房工程详细设计及要求具体见【民电标 19】第 23 章、【智能建筑 15】第 4.7 节、【20X 综合布线】、18DX009《数据中心工程设计与安装》、【19D 数据】第 13 章，具体设计要求及过程不再赘述。

以某办公楼智能化机房为例，机房总面积为 300m^2，以监控机房为公共通行空间，在监控机房的周围隔出消防控制机房、园区数据机房、UPS 蓄电池机房，如图 10-29 所示。

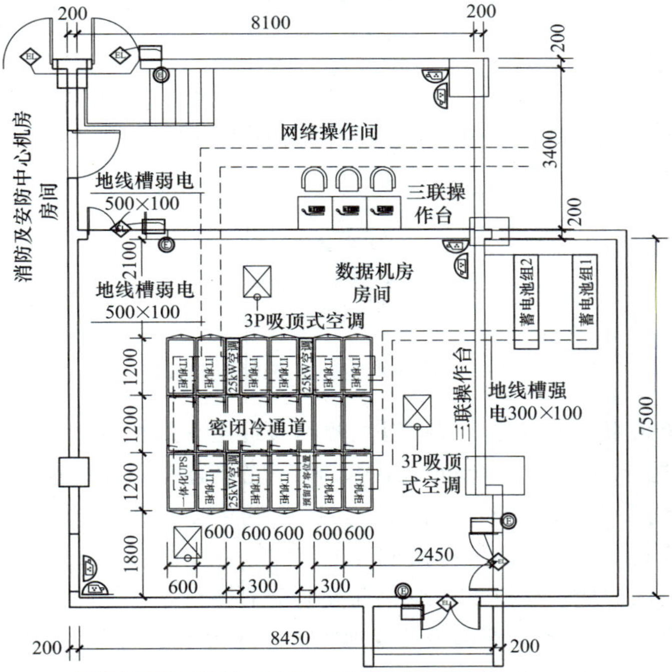

图例	图例说明	数量	安装方式	敷设方式
	网络半球摄像机	8	吸顶安装	Cat5e+RVV2×1.0SC25
	门禁读卡器	6	壁装1.4m	SC20/WC/FC/RVVP4×0.75
	磁力锁	6	嵌入门内安装	SC20/WC/FC/RVV4×1.0
	开门按钮	6	壁装1.4m	SC20/WC/FC/RVV2×0.5

图 10-29　信息主机房设备布置图

1. 机房装修

机房安装抗静电地板，规格为 600mm×600mm×35mm。敷设高度不低于 300mm。弱电中心机房的强弱电配线电缆都从地板下进入设备机柜，网络中心机房的强电线缆由地板下敷设，弱电线缆由机柜上方敷设进入机柜。采取防静电地板、防水、防鼠等相关措施。机房顶棚表面刷聚氨酯防尘漆（两遍以上）。采用铝合金微孔吸声顶棚吊顶处理。墙面采用环保型乳胶漆进行防尘、防潮。

2. 机房配电

1）机房总供电进线采用 TN-S 三相五线制供电方式，按保障负荷配电敷设电缆至数据机房总配电箱安装位置。

2）机房设总配电柜及 UPS 输出配电柜各一个，总配电柜内设置的配电开关包含 UPS 输入、空调、新风机、排风机、普通照明、墙面普通维修插座、备用回路等。

3）UPS 配电输出柜内设置的配电开关回路包含所有机柜、管理插座设备、墙面 UPS 维修插座、塔楼弱电（网络）系统用电、备用回路等。

4）所有配电柜内应装置各级电源防雷器，并具有过电流、短路等保护功能。柜内配有独立的零、地汇流排。信息主机房配电系统图如图 10-30 所示（扫二维码看图）。

图 10-30 信息主机房配电系统图

3. 机房防雷接地

（1）防雷设计　总电源进线处安装二级电源防雷，UPS 电源进线处安装三级电源防雷。

（2）接地设计　机房安装等电位接地网。信息主机房接地及门禁图如图 10-31 所示（扫二维码看图）。

图 10-31 信息主机房接地及门禁图

1）本接地系统采用综合接地方式，以大楼本身地基钢结构网作为接地体，每一配线柜均要可靠接地，接地导线采用 BV6mm^2 铜线，机房应设有专用接地铜母排，单独布接地线至接地体，接地导线采用≥BV35mm^2 铜线，接地电阻要求小于 1Ω。

2）在机房防静电地板下，用铜排做成等电位网，并安装接地端子箱。

3）计算机安全保护地、交流工作地、直流地全部接到等电位网上。

4）从接地体引 35mm^2 电缆到机房活动地板下，与等电位网连接，机房活动地板支架及金属墙板、顶棚等也与等电位相连。

4. 机房综合管理系统

（1）系统构成　机房综合管理系统包括出入控制、视频监控、电源监测、漏水监测、空调监测、温/湿度检测、粉尘检测等。其中出入控制和视频监控由门禁系统和视频监控系统实现，并通过接口接入机房综合管理系统，由主机房服务器对所有机房区域监控系统进行统一管理。机房综合管理系统平面图如图 10-32 所示（扫二维码看图）。

图 10-32 机房综合管理系统平面图

（2）环境检测　环境检测包括温湿度监测；漏水检测，通过机房四周敷设检测专用电缆，有水渗透或泄漏时远程报警；粉尘检测；照度检测。

（3）设备检测

1）电源监测：设备应提供自身的运行参数及运行状态，并对所有故障提供报警（主要包括 UPS 输入电压、输入电流、输出电压、输出电流、输出频率、旁路状态、输出负荷比例、各相零地电压、整流器状态、逆变器状态、电池电压、电池温度、剩余供电时间等，同时能远程控制 UPS 的开关机），并通过接口接入机房综合管理系统。

2）UPS 电池检测：机房通过电池监控仪实时检测电池组中每个单体电池的参数（电压、电流、温度、内阻等参数）。

3）配电柜监控：监控配电柜的实时工作状态。

4）空调监控：实时对机房内空调的运行参数及运行状态进行监控，并对所有故障提供报警（主要包括远程设置空调上下限设定值、远程开关机）。

机房综合管理的环境监控系统图如图 10-33 所示（扫二维码看图）。

图 10-33　机房综合管理的环境监控系统图

习　题

1. 什么是建筑 3A 系统？
2. 信息设施系统哪些包括内容？
3. 建筑设备管理系统包括哪些内容？
4. 综合布线系统由什么构成？
5. 无源光局域网组成及原理分别是什么？
6. 视频车位引导系统功能组成是什么？
7. 信息发布及室外 LED 大屏系统组成及原理分别是什么？
8. 简述建筑设备监控系统网络结构及常见控制设备。
9. 安全防范系统包括哪些内容？
10. 能耗监测系统的内容及构成分别是什么？
11. 根据图 10-20、图 10-21，识图回答：摄像机接线的线型是什么？无线 AP 连线的线型是什么？无线对讲天线连接线的线型是什么？弱电桥架型号是什么？
12. 根据图 10-26，识图回答：楼控数据线的线型是什么？新风机控制线的线型是什么？CO_2 连接线的线型是什么？
13. 根据图 10-29～图 10-33，识图回答：环境检测中温度传感器与控制器间通信线的线型是什么？双电缆末端切换电源带 UPS 电池型号是什么？

参考文献

[1] 中华人民共和国住房和城乡建设部. 民用建筑电气设计标准：GB 51348—2019 [S]. 北京：中国建筑工业出版社，2020.

[2] 段春丽，黄仕元. 建筑电气 [M]. 2 版. 北京：机械工业出版社，2017.

[3] 中国航空规划设计研究总院有限公司. 工业与民用供配电设计手册：上册 [M]. 4 版. 北京：中国电力出版社，2016.

[4] 中国航空规划设计研究总院有限公司. 工业与民用供配电设计手册：下册 [M]. 4 版：北京：中国电力出版社，2016.

[5] 中华人民共和国住房和城乡建设部. 建筑电气与智能化通用规范：GB 55024—2022 [S]. 北京：中国建筑工业出版社，2022.

[6] 赵乃卓. 建筑电气 [M]. 哈尔滨：哈尔滨工业大学出版社，2014.

[7] 王建彬. 手把手教你供配电设计 [M]. 北京：中国建筑工业出版社，2014.

[8] 中华人民共和国住房和城乡建设部. 建筑电气常用数据：19DX101-1 [S]. 北京：中国计划出版社，2019.

[9] 中华人民共和国住房和城乡建设部. 消防应急照明和疏散指示系统技术标准：GB 51309—2018 [S]. 北京：中国计划出版社，2019.

[10] 汪永华. 建筑电气 [M]. 2 版. 北京：机械工业出版社，2017.

[11] 李玉云. 建筑设备自动化 [M]. 2 版. 北京：机械工业出版社，2016.

[12] 中华人民共和国住房和城乡建设部. 应急照明设计与安装：19D702-7 [S]. 北京：中国计划出版社，2020.

[13] 中华人民共和国住房和城乡建设部. 民用建筑电气设计计算及示例：12SDX101-2 [S]. 北京：中国计划出版社，2013.

[14] 陈松柏，褚晓锐. 建筑电气 [M]. 北京：中国水利水电出版社，2012.

[15] 李红芳. 建筑弱电工程识图 [M]. 北京：中国电力出版社，2018.

[16] 中华人民共和国住房和城乡建设部. 火灾自动报警系统设计规范. GB 50116—2013 [S]. 北京：中国计划出版社，2014.

[17] 袁进东，李双喜. 建筑电气工程 [M]. 3 版. 北京：中国林业出版社，2019.

[18] 中华人民共和国公安部. 建筑设计防火规范 (2018 年版)：GB 50016—2014 [S]. 北京：中国计划出版社，2018.

[19] 中华人民共和国住房和城乡建设部. 建筑防火通用规范：GB 55037—2022 [S]. 北京：中国计划出版社，2023.

[20] 北京照明学会照明设计专业委员会. 照明设计手册 [M]. 3 版. 北京：中国电力出版社，2016.

[21] 中华人民共和国住房和城乡建设部. 建筑照明设计标准：GB/T 50034—2024 [S]. 北京：中国建筑工业出版社，2024.

[22] 中华人民共和国住房和城乡建设部. 智能建筑设计标准：GB 50314—2015 [S]. 北京：中国计划出版社，2015.

[23] 中华人民共和国住房和城乡建设部. 20kV 及以下变电所设计规范：GB 50053—2013 [S]. 北京：中国计划出版社，2014.

[24] 中华人民共和国住房和城乡建设部. 综合布线系统工程设计规范：GB 50311—2016 [S]. 北京：中国计划出版社，2017.

[25] 中华人民共和国住房和城乡建设部. 安全防范工程通用规范：GB 55029—2022 [S]. 北京：中国计划出版社，2022.
[26] 中华人民共和国建设部. 入侵报警系统工程设计规范：GB 50394—2007 [S]. 北京：中国计划出版社，2007.
[27] 中华人民共和国住房和城乡建设部. 建筑设备管理系统设计与安装：19X201 [S]. 北京：中国计划出版社，2019.
[28] 中华人民共和国住房和城乡建设部. 建筑设备监控系统工程技术规范：JGJ/T 334—2014 [S]. 北京：中国建设工业出版社，2014.